"十三五"普通高等教育本科规划教材

FPGA/CPLD 设计与实践教程

沈莉丽　卢家凰　张志立　编
周　骅　主审

中国电力出版社
CHINA ELECTRIC POWER PRESS

内 容 提 要

本书为“十三五”普通高等教育本科规划教材。

本书是可编程逻辑器件理论课程的配套实验和实践教材，以“可编程逻辑器件及应用”课程的理论教学大纲为基础，结合现代先进的实验教学方法，精心设计了10个基础实验和5个综合实验，较全面地涵盖了可编程逻辑器件理论知识的重点和难点。本书共分4章，第1章为FPGA/CPLD概述，主要介绍了FPGA/CPLD的结构原理及开发应用选择；第2章介绍项目开发环境，主要对软件设计平台——Quartus Ⅱ及硬件实验平台——KH-310进行介绍；第3章为基础实验，精选的10个实验项目内容涵盖了多个知识点；第4章为综合实验，包括数字钟、简易电子奏乐系统、数字频率计、出租车计费系统及交通灯控制系统的设计。

本书可作为高等院校自动化、电气工程及其自动化、测控技术与仪器等专业可编程逻辑器件课程的实验与实践教材，也可作为电子设计竞赛、FPGA开发应用的自学参考教材。

图书在版编目（CIP）数据

FPGA/CPLD设计与实践教程 / 沈莉丽，卢家凰，张志立编. —北京：中国电力出版社，2017.1（2020.7重印）
“十三五”普通高等教育本科规划教材
ISBN 978-7-5198-0146-5

Ⅰ. ①F… Ⅱ. ①沈… ②卢… ③张… Ⅲ. ①可编程序逻辑器件—系统设计—高等学校—教材 Ⅳ. ①TP332.1

中国版本图书馆CIP数据核字（2016）第308061号

中国电力出版社出版、发行
（北京市东城区北京站西街19号 100005 http://www.cepp.sgcc.com.cn）
北京雁林吉兆印刷有限公司印刷
各地新华书店经售

*

2017年1月第一版 2020年7月北京第三次印刷
787毫米×1092毫米 16开本 11.75印张 283千字
定价 **26.00** 元

前　言

随着信息技术的不断发展，“可编程逻辑器件及应用”已成为电子信息类学生的一门重要专业基础课程，并且在教学、科研及各类大学生电子设计竞赛中起着越来越重要的作用。为了适应现代电子技术的发展和高等院校的教学要求，我们编写了本教程。教程突出了实用性及工程应用的实际性，有助于培养学生工程实践能力、实际问题解决能力、综合应用能力及创新能力。

本书是可编程逻辑器件理论课程的配套实验和实践教材，以“可编程逻辑器件及应用”课程的理论教学大纲为基础，结合现代先进的实验教学方法，精心设计了10个基础性实验和5个综合系统设计项目，较全面地涵盖了可编程逻辑器件理论知识的重点和难点。

本书共分为4章，第1章为FPGA/CPLD概述，主要介绍了FPGA/CPLD的结构原理及开发应用选择；第2章介绍项目开发环境，主要对软件设计平台——Quartus Ⅱ及硬件实验平台——KH-310进行介绍；第3章为基础实验，为了更好地与数字电路衔接，精选的10个实验项目包含了组合逻辑和时序逻辑电路中典型电路的设计，考虑到理论课程选用VHDL语言作为硬件描述语言的教学内容，每个实验都给出了完整的VHDL参考程序及实验步骤，通过实验学生能够掌握VHDL语言的一般编程方法、硬件描述语言程序设计的基本思想和方法，熟悉开发工具和相关软硬件，激发学生学习的热情，尽快进入FPGA设计实践阶段；在每个实验后还增加了相关知识及实验拓展部分，以供学生进行更为深入的研究；第4章为综合实验，包括数字钟、简易电子奏乐系统、数字频率计、出租车计费系统及交通灯控制系统的设计。每个实验项目都给出了一个设计方案，以供参考，学生可以根据设计要求自行设计其他方案。通过综合系统设计，学生能够掌握模块化程序设计思想，提高分析问题和解决问题的能力。

本书设计的10个基础实验项目和5个综合实验项目，都通过Quartus Ⅱ软件进行仿真测试，并通过FPGA实验平台进行硬件验证。教师可以根据教学课时及教学实验要求等，选择相应的实验项目。

本书由沈莉丽、卢家凰、张志立共同编写，其中第1章，第2章的2.2节，第3章的3.4、3.6、3.10节，第4章的4.3节和附录A由沈莉丽编写；第2章的2.1节，第3章的3.3、3.5、3.9节和第4章的4.2、4.5节由卢家凰编写；第3章的3.1、3.2、3.7、3.8节和第4章的4.1、4.4节由张志立编写；全书由沈莉丽统稿。本书由周骅主审。

本书在编写过程中得到了许多专家和老师的大力支持与帮助，他们对教材的编写提出了宝贵的意见，在此表示衷心的感谢。

限于编者水平，书中疏漏及不足之处在所难免，恳请读者批评指正，并请于编者联系。联系邮箱为ivy_shen@nuaa.edu.cn。

编　者

2016年12月

目　　录

第 1 章　FPGA/CPLD 概述

1.1　PLD　概　述

1.1.1　PLD 发展历程

可编程逻辑器件（Programmable Logic Device），简称 PLD，是一种由用户编程以实现某种逻辑功能的新型逻辑器件，诞生于 20 世纪 70 年代。PLD 是大规模集成电路技术发展的产物，是一种半定制的集成电路，结合 EDA 技术可以灵活方便地构建数字电子系统。

很早以前，电子工程师们就曾设想设计一种逻辑可再编程的器件，但由于集成电路规模的限制，难以实现。20 世纪 70 年代，集成电路技术迅猛发展，随着集成电路规模的增大，才使得可编程逻辑器件得以诞生和迅速发展。

随着大规模集成电路、超大规模集成电路技术的发展，可编程逻辑器件发展迅速，从 20 世纪 70 年代以来，可编程逻辑器件经历了 PROM（Programmable Read Only Memory）、PLA（Programmable Logic Array）、PAL（Programmable Array Logic）、GAL（Generic Array Logic）等低密度 PLD 到 CPLD（Complex Programmable Logic Device）和 FPGA（Field Programmable Gate Array）高密度 PLD 的发展过程，PLD 集成度、速度不断提高，功能不断增强，结构趋于更合理，使用变得更灵活。

可编程逻辑器件的演变过程大致如下：

（1）20 世纪 70 年代，熔丝编程的 PROM 和 PLA 器件是最早的可编程逻辑器件。

（2）20 世纪 70 年代末，对 PLA 进行了改进，AMD 公司推出 PAL 器件。

（3）20 世纪 80 年代初，Lattice 公司发明电可擦写的、比 PAL 使用更灵活的 GAL 器件。

（4）20 世纪 80 年代中期，Xilinx 公司提出现场可编程概念，同时生产出世界上第一片 FPGA 器件。同一时期，Altera 公司推出 EPLD 器件，比 GAL 器件有更高的集成度，可以用紫外线或电擦除。

（5）20 世纪 80 年代末，Lattice 公司又提出在系统可编程技术，并且推出了一系列具备在系统可编程能力的 CPLD 器件，将可编程逻辑器件的性能和应用技术推向了一个全新的高度。

（6）20 世纪 90 年代后，可编程逻辑集成电路技术进入飞速发展时期。器件的可用逻辑门数超过了百万门，并出现了内嵌复杂功能模块的 SoPC（System on a Programmable Chip）。

（7）进入 21 世纪以来，FPGA 在逻辑规模、适用领域、工作速度及成本功能方面的进步变得更加瞩目。

1.1.2　PLD 分类

常见的 PLD 有 PROM、PAL、GAL、PLA、FPGA 等。目前对 PLD 的分类没有统一的标准，一种器件往往具有多种特征，并没有严格分类。一般可按以下几种方法进行分类。

1. 按集成度来分

（1）简单 PLD。一般是芯片集成度较低的，早期出现的 PROM、PLA、PAL 及 GAL 都属于简单 PLD，可用的逻辑门数大概在 500 门以下。

（2）复杂 PLD。一般是集成度较高的，如现在大量使用的 CPLD、FPGA 器件等。

2. 按编程结构来分

（1）乘积项结构 PLD。其基本结构是与—或阵列，大部分简单 PLD 和 CPLD 都属于这一类，包括 PROM、PLA、PAL、GAL、CPLD 等器件。

（2）查找表结构 PLD。由简单的查找表组成可编程门，再构成阵列形式，多数 FPGA 属于这一类。

3. 按互连结构来分

（1）确定型 PLD。确定型 PLD 提供的互连结构，每次用相同的互连线布线，其时间特性可以确定预知，是固定的，如 CPLD 器件。

（2）统计型 PLD。统计型结构是指设计系统时，其时间特性是不可以预知的，每次执行相同的功能时，却有不同的布线模式，因而无法预知线路的延时，如 FPGA 器件。

4. 按编程工艺来分

（1）熔丝型 PLD。早期的 PROM 器件就是采用熔丝结构的，编程过程是根据设计的熔丝图文件来烧断对应的熔丝，达到编程的目的。

（2）反熔丝型 PLD。这是对熔丝技术的改进，在编程处通过击穿漏层使得两点之间获得导通，与熔丝烧断获得开路正好相反。

（3）EPROM 型 PLD。即紫外线擦除电可编程逻辑器件，是用较高的编程电压进行编程，当需要再次编程时，用紫外线进行擦除。EPROM 可多次编程。

（4）EEPROM 型 PLD。即电可擦写编程器件，与 EPROM 型 PLD 相比，不用紫外线进行擦除，可直接用电擦除，使用更加方便。GAL 器件和部分 CPLD 是 EEPROM 型 PLD。

（5）SRAM 型 PLD。即 SRAM 查找表结构的器件，目前大部分 FPGA 器件都是 SRAM 型 PLD，可方便快速的配置，但是掉电后，其内容丢失，再次上电需要重新配置，因而需要专用器件来完成这类配置操作。

（6）Flash 型 PLD。现在很多 CPLD 器件采用 Flash 工艺，采用此工艺的器件的编程次数可达万次以上，且掉电后不需要重新配置。

1.2 FPGA/CPLD 结构原理

简单 PLD 在实用中已经被淘汰，目前，PLD 的主流产品全部是以超大规模集成电路工艺制造的 CPLD 器件和 FPGA 器件。CPLD 是复杂可编程逻辑器件（Complex Programmable Logic Device）的简称，FPGA 是现场可编程门阵列（Field Programmable Gate Array）的简称，两者的功能基本相同，编程过程也基本相同，只是芯片内部的实现原理和结构略有不同。下面对两种器件的基本结构和工作原理分别进行介绍，在介绍之前，先对描述 PLD 内部结构的专用电路符号做一个简单的说明。

接入 PLD 内部的与—或阵列输入缓冲器电路一般采用互补结构，电路符号如图 1-1 所示，等效于图 1-2 所示的逻辑结构，即当信号输入 PLD 后，分别以其同相和反相信号接入。

PLD 内部的与阵列用如图 1-3 所示的简化电路符号来描述，表示可以选择 A、B、C 和 D 四个信号中的任一组或全部输入与门。在这里用于形象地表示与阵列，这是在原理上的等效。

同样，或阵列也用类似的方式表示，用如图 1-4 所示的简化电路符号来描述。阵列线连接关系用如图 1-5 所示的简化电路符号来描述，十字交叉线表示两条线未连接；交叉线的交点上打黑点，表示固定连接，即在 PLD 出厂时已连接；交叉线的交点上打叉；表示该点可编程（可改变），在 PLD 出厂后通过编程，其连接可根据需要随时改变。

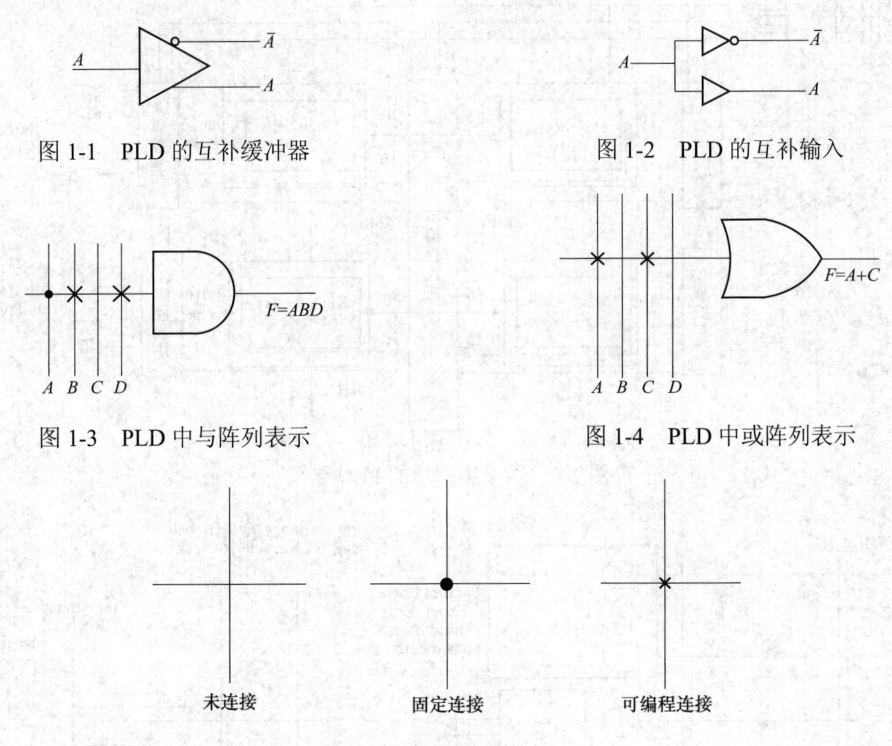

图 1-1　PLD 的互补缓冲器

图 1-2　PLD 的互补输入

图 1-3　PLD 中与阵列表示

图 1-4　PLD 中或阵列表示

图 1-5　阵列线连接表示

1.2.1　基于乘积项的 PLD 结构

采用这种结构的 PLD 芯片有 Altera 的 MAX7000、MAX3000 系列（EEPROM 工艺），Xilinx 的 XC9500 系列（Flash 工艺）和 Lattice、Cypress 的大部分产品（EEPROM 工艺）。下面先看一下这种 PLD 的总体结构（以 MAX7000 为例，其他型号的结构与此都非常相似），如图 1-6 所示。

这种 PLD 可分为宏单元、可编程连线（PIA）和 I/O 控制块。每个阵列逻辑块 LAB 由 16 个宏单元组成，宏单元是 PLD 的基本结构，由它来实现基本的逻辑功能。宏单元的结构如图 1-7 所示，它是由一些与—或阵列加上触发器构成的，其中与—或阵列用以完成组合逻辑功能，触发器用以完成时序逻辑功能。可编程连线负责信号传递，连接所有的宏单元、布线池、布线矩阵。CPLD 中的布线资源比 FPGA 的要简单得多，布线资源也相对有限，一般采用集中式布线池结构。所谓布线池，其本质就是一个开关矩阵，通过打结点可以完成不同宏单元的输入与输出项之间的连接。由于 CPLD 的布线池结构固定，因此 CPLD 的输入管脚到输出管脚的标准延时固定，被称为 pin to pin 延时，用 T_{pd} 表示。T_{pd} 延时反映了 CPLD 器件可以实现的最高频率，也清晰地表明了 CPLD 器件的速度等级。I/O 控制块是 CPLD 外部封装引脚和内部逻辑间的接口。I/O 控制块负责输入、输出的电气特性控制，如可以设定集电极开路输出、摆率控制、三态输出等。每个 I/O 单元对应一个封装引脚，对 I/O 单元编程，可将引脚定义为输入、输出和双向功能。图 1-6 中的 INPUT/GCLK1、INPUT/GCLRn、INPUT/OE1、INPUT/OE2 是全局时钟、清零和输出使能信号，这几个信号由专用连线与 PLD 中每个宏单元相连，信号到每个宏单元的延时相同并且延时最短。

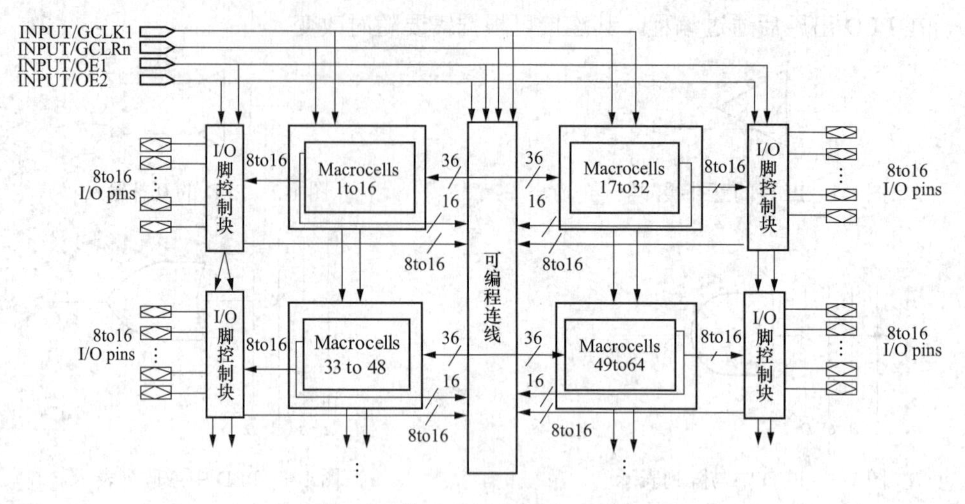

图 1-6 基于乘积项的 PLD 结构

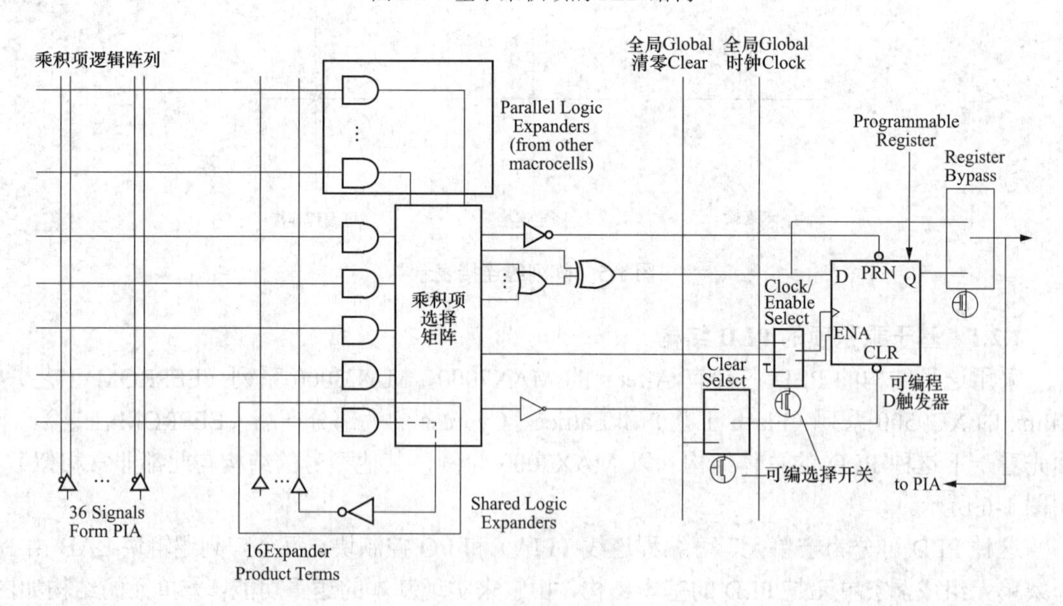

图 1-7 宏单元结构

图 1-7 中左侧是乘积项阵列，实际就是一个与—或阵列，每一个交叉点都是一个可编程熔丝，如果导通就是实现与逻辑；后面的乘积项选择矩阵是一个或阵列。两者一起完成组合逻辑。右侧是一个可编程 D 触发器，它的时钟、清零输入都可以编程选择，可以使用专用的全局清零和全局时钟，也可以使用内部逻辑（乘积项阵列）产生的时钟和清零。如果不需要触发器，也可以将此触发器旁路，信号直接输给 PIA 或输出到 I/O 脚。

1.2.2 乘积项结构 PLD 的逻辑实现原理

下面以一个简单的电路为例，具体说明 PLD 是如何利用以上结构实现逻辑的，电路如图 1-8 所示。

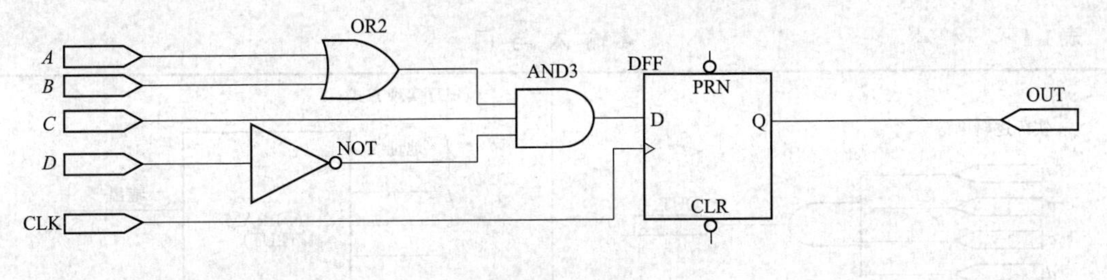

图 1-8　电路图 1

假设组合逻辑的输出（AND3 的输出）为 f，则 $f=(A+B)\bullet C\bullet\overline{D}=AC\overline{D}+BC\overline{D}$。PLD 将以图 1-9 所示的方式来实现组合逻辑 f。

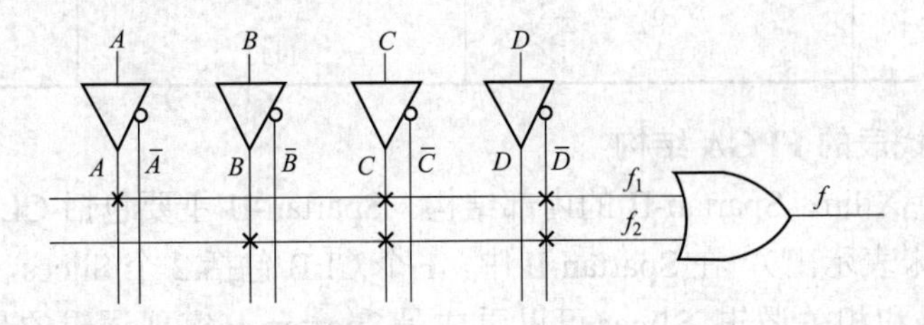

图 1-9　电路图 2

A、B、C、D 由 PLD 芯片的管脚输入后进入可编程连线阵列（PIA），在内部会产生 A、$\overline{A}$、B、$\overline{B}$、C、$\overline{C}$、D、$\overline{D}$ 8 个输出。图 1-9 中每一个叉表示相连，即可编程熔丝导通，所以可得 $f=f_1+f_2=(A+B)\bullet C\bullet\overline{D}=AC\overline{D}+BC\overline{D}$。这样组合逻辑就实现了。电路中 D 触发器的实现比较简单，直接利用宏单元中的可编程 D 触发器来实现。时钟信号 CLK 由 I/O 脚输入后进入芯片内部的全局时钟专用通道，直接连接到可编程触发器的时钟端。可编程触发器的输出与 I/O 脚相连，把结果输出到芯片管脚。这样 PLD 就完成了电路的功能。以上这些步骤都是由软件自动完成的，不需要人为干预。

图 1-8 的电路是一个很简单的例子，只需要一个宏单元就可以完成。但对于复杂的电路，一个宏单元是不能实现的，这时就需要通过并联扩展项和共享扩展项将多个宏单元相连，宏单元的输出也可以连接到可编程连线阵列，再作为另一个宏单元的输入。这样 PLD 就可以实现更复杂的逻辑功能。

这种基于乘积项的 PLD 基本都是由 EEPROM 和 Flash 工艺制造的，一上电就可以工作，无须其他芯片配合。

1.2.3　查找表的原理与结构

采用这种结构的 PLD 芯片称为 FPGA，如 Altera 的 ACEX、APEX 系列、Xilinx 的 Spartan、Virtex 系列等。

查找表（Look-Up-Table）简称为 LUT，LUT 本质上就是一个 RAM。目前 FPGA 中多使用 4 输入的 LUT，所以每一个 LUT 可以看成一个有 4 位地址线的 16×1 的 RAM。当用户通过原理图或 HDL 语言描述了一个逻辑电路以后，PLD/FPGA 开发软件会自动计算逻辑电路的所有可能的结果，并把结果事先写入 RAM，这样，每输入一个信号进行逻辑运算就等于输入一个地址进行查表，找出地址对应的内容，然后输出即可。

表 1-1 所示是一个 4 输入与门的例子。

表 1-1 4 输 入 与 门

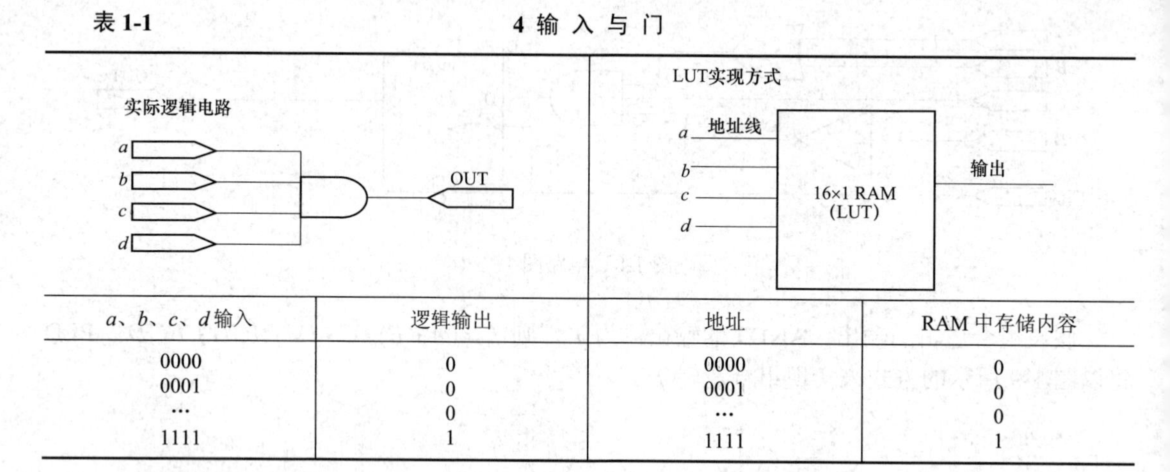

a、b、c、d 输入	逻辑输出	地址	RAM 中存储内容
0000	0	0000	0
0001	0	0001	0
…	0	…	0
1111	1	1111	1

1.2.4 基于查找表的 FPGA 结构

图 1-10 所示为 Xilinx Spartan-II 的内部结构。Spartan-II 主要包括 CLBs、I/O 块、RAM 块和可编程连线（未表示出）。在 Spartan-II 中，1 个 CLB 包括 2 个 Slices，每个 Slices 包括 2 个 LUT、2 个触发器和相关逻辑。Slices 可以看成是 Spartan-II 实现逻辑的最基本结构（Xilinx 其他系列，如 SpartanXL、Virtex 的结构与此稍有不同，具体请参阅数据手册）。

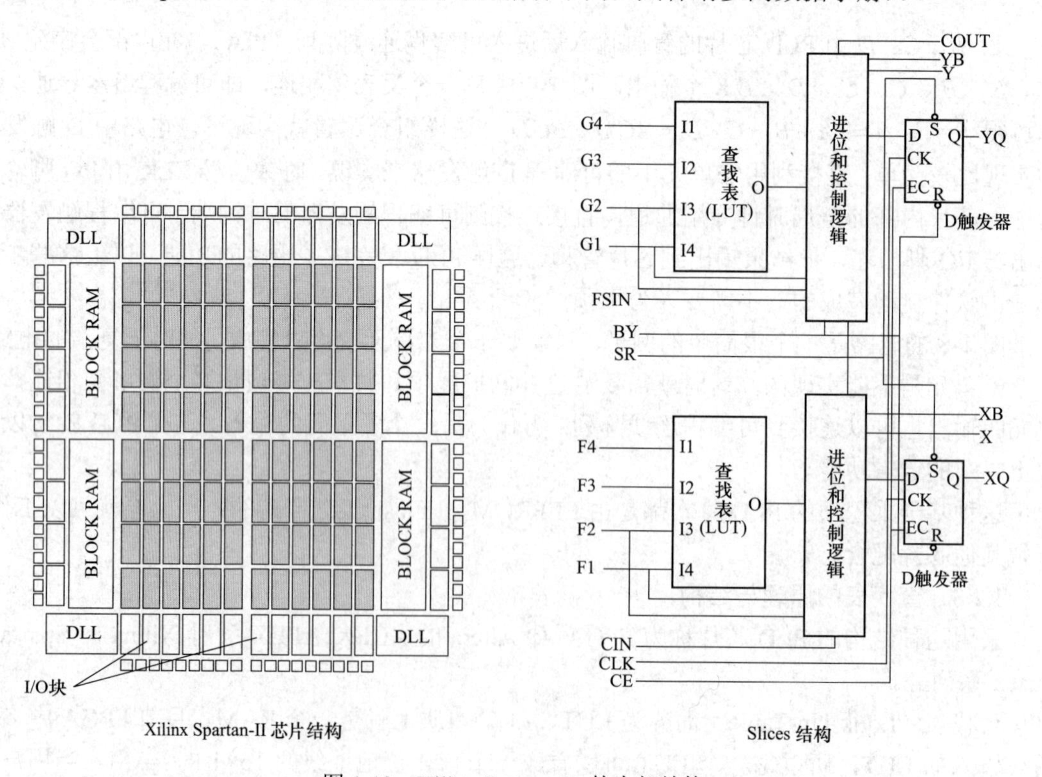

图 1-10 Xilinx Spartan-II 的内部结构

Altera 的 FLEX/ACEX 芯片的内部结构如图 1-11 所示。

逻辑单元（LE）的内部结构如图 1-12 所示。

FLEX/ACEX 的结构主要包括 LAB、I/O 块、RAM 块（未表示出）和可编程行/列连线。

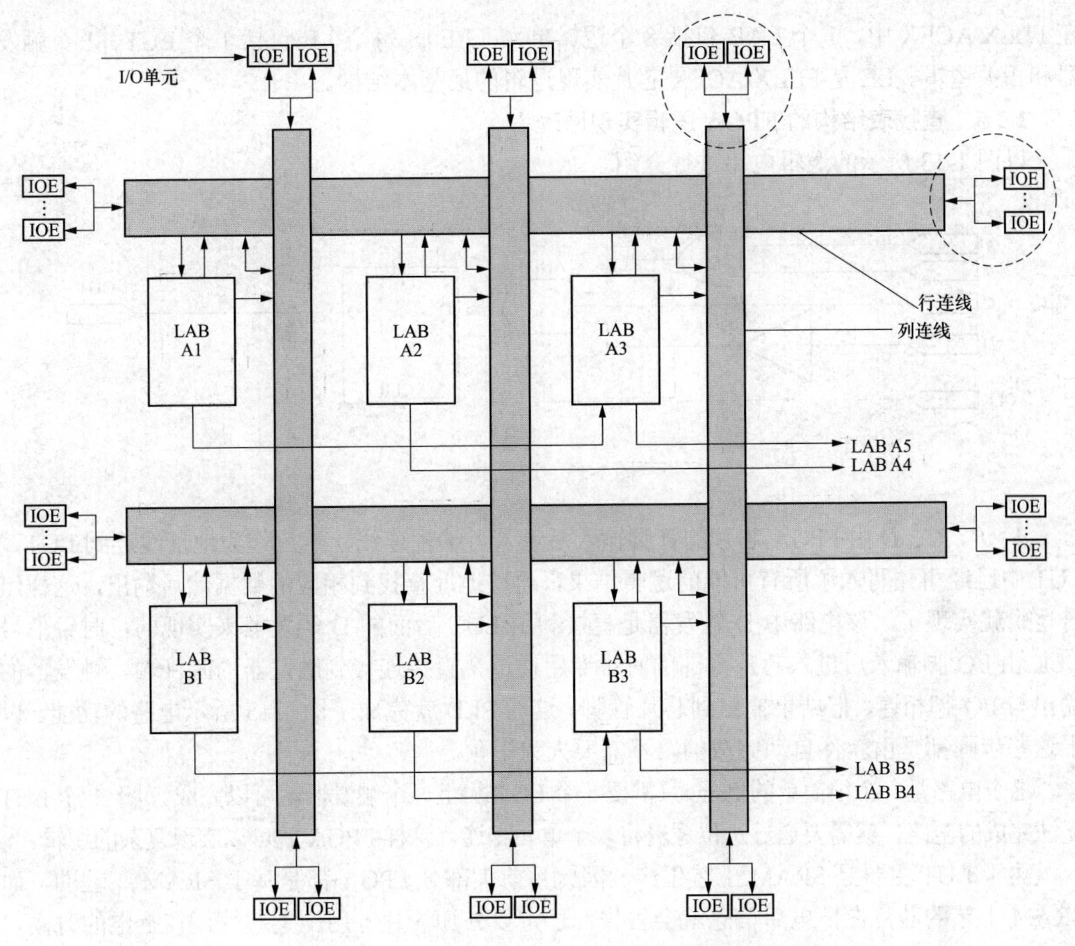

图 1-11　Altera 的 FLEX/ACEX 芯片的内部结构

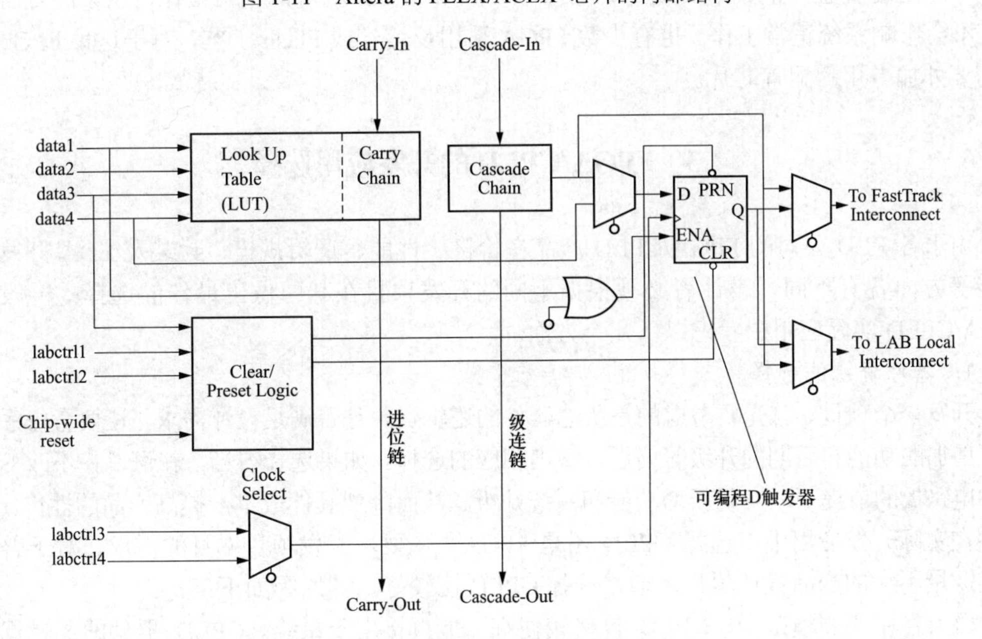

图 1-12　逻辑单元（LE）的内部结构

在 FLEX/ACEX 中，1 个 LAB 包括 8 个逻辑单元（LE），每个 LE 包括 1 个 LUT、1 个触发器和相关逻辑。LE 是 FLEX/ACEX 芯片实现逻辑的最基本结构。

1.2.5 查找表结构的 FPGA 逻辑实现原理

以图 1-13 所示的逻辑电路进行介绍。

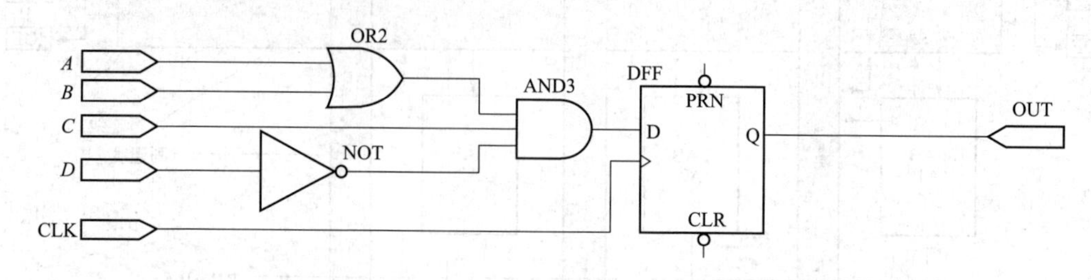

图 1-13 逻辑电路

A、*B*、*C*、*D* 由 FPGA 芯片的管脚输入后进入可编程连线，然后作为地址线连到 LUT，LUT 中已经事先写入了所有可能的逻辑结果，通过地址查找到相应的数据然后输出，这样组合逻辑就实现了。该电路中 D 触发器是直接利用 LUT 后面的 D 触发器来实现的。时钟信号 CLK 由 I/O 脚输入后进入芯片内部的时钟专用通道，直接连接到触发器的时钟端。触发器的输出与 I/O 脚相连，把结果输出到芯片管脚。这样 PLD 就完成了图 1-13 所示电路的功能。以上这些步骤都是由软件自动完成的，不需要人为干预。

这个电路是一个很简单的例子，只需要一个 LUT 加上一个触发器就可以完成。对于一个 LUT 无法完成的电路，就需要通过进位逻辑将多个单元相连，这样 FPGA 就可以实现复杂的逻辑。

由于 LUT 主要是 SRAM 工艺生产，因此目前大部分 FPGA 都是基于 SRAM 工艺的，而 SRAM 工艺的芯片在掉电后信息就会丢失，一定要外加一片专用配置芯片，在上电的时候，由这个专用配置芯片把数据加载到 FPGA 中，然后 FPGA 就可以正常工作，由于配置时间很短，不会影响系统正常工作。也有少数 FPGA 采用反熔丝或 Flash 工艺，对于这种 FPGA，就不需要外加专用的配置芯片。

1.3 FPGA/CPLD 的开发应用选择

由于各 PLD 公司的 FPGA/CPLD 产品在价格、性能、逻辑规模、封装及 EDA 开发工具性能等方面各有不同，设计者必须根据不同的开发项目在其中做出最佳的选择。一般，在 FPGA/CPLD 实际应用中考虑以下几个方面。

1. 器件资源的选择

开发一个项目，首先要考虑的是所选器件的逻辑资源是否满足设计需求，还要考虑系统可能要增加的功能和后期的升级等问题，做出相应的选择。如果选择得当，就可以在不改变系统硬件电路板的前提下，实现新增功能和系统升级，从而降低硬件成本，提高产品的性价比。

在实际开发应用中，选择 CPLD 还是 FPGA，主要看开发项目本身的需求，对于普通规模且产量不大的产品设计项目，通常选择 CPLD 比较好，其原因如下：

（1）在中小规模范围，CPLD 价格较便宜，能直接用于系统。CPLD 器件的逻辑规模覆盖面属于中小规模（1000～5000 门），有很宽的选择范围，上市速度快，市场风险小。

（2）CPLD 主要是基于 EEPROM 或 FLASH 存储器编程，编程后即可固定所下载的逻辑功能，使用方便，电路简单，而且系统断电后，编程信息不丢失。

（3）CPLD 的编程工艺采用 EEPROM 或 FLASH 技术，无须外部存储器芯片，使用简单，保密性好。

（4）CPLD 有专门的布线区，无论实现何种逻辑功能，或采用怎样的布线方式，引脚至引脚之间的信号延时几乎是固定的，与逻辑设计无关。这种设计使得 CPLD 的设计调试比较简单，逻辑设计中的毛刺现象比较容易处理。

对于大规模的数字逻辑设计或单片系统设计，则多采用 FPGA。从逻辑规模上讲，FPGA 覆盖了中大规模范围，逻辑门数为 50000～2000000 门。一般情况下，FPGA 保存逻辑功能的物理结构多为 SRAM 型，即掉电后将丢失原有的逻辑信息。所以，在使用过程中需要为 FPGA 芯片配置一个专用的 ROM，将设计好的逻辑信息烧录到该 ROM 中，电路一旦上电，FPGA 就能自动地从 ROM 中读取逻辑信息。

如果需要，可以在同一个系统中选用不同的器件，充分利用各种器件的优势。

2. 器件速度的选择

随着集成技术的不断提高，可编程逻辑器件的工作速度也不断提高。目前，CPLD 和 FPGA 的工作速度很高，pin to pin 延时已达纳秒级，在一般的应用中，器件的工作频率已经足够了。但在具体设计中应对芯片速度的选择有一个综合考虑，并非速度越快越好，器件速度应与所设计系统的最高工作速度相一致。使用速度过高的器件将加大电路板设计的难度，这是因为器件的高速性能越好，对外界小毛刺信号的反应越灵敏，若电路处理不当，或者编程前的配置选择不当，极易使系统处于不稳定的工作状态。

3. 器件功耗的选择

由于在系统编程的需要，CPLD 的工作电压大多为 5V 和 3.3V，而 FPGA 工作电压的流行趋势是越来越低，3.3、2.5、1.8V 等低工作电压的 FPGA 应用已十分普遍。因此，就低功耗和高集成度方面，FPGA 具有绝对的优势。

4. 器件封装的选择

CPLD/FPGA 器件的封装形式很多，其中主要有 PLCC、PQFP、TQFP、RQFP、VQFP、MQFP、PGA 和 BGA 等。芯片的引脚从 28～1517 不等，同一型号的器件可能有多种不同形式的封装。一般 PLCC 插座，插拔方便，在开发应用中比较容易使用，适用于小规模的开发，其缺点是需要添加插座等额外的成本，I/O 资源有限及易被人非法解密。PQFP、TQFP 及 VQFP 是贴片式封装形式，无需插座，引脚间距只有零点几毫米，可以直接焊接，适合于一般规模的产品开发或者生产。PGA 封装成本较高，价格昂贵，一般不直接作为系统器件，但可用于硬件仿真。BGA 封装的引脚属于球状引脚，是大规模可编程器件的常用封装形式，但是这种封装采用球状引脚，以特定的阵列有规律地排列在芯片的背面，使得芯片可引出尽可能多的引脚，同时由于引脚排列的规律性，因而适合某一系统的同一设计程序能在同一电路板位置上焊上不同大小的 BGA 器件，这是它的重要优势。此外，BGA 封装的引脚结构具有更强的抗干扰和机械抗震性能。

不同的设计项目，应使用不同的封装。对于逻辑含量不大而外接引脚数量较多的系统，需要大量的 I/O 资源才能以单片形式将外围器件的工作系统协调起来，选用贴片封装形式的器件比较好。

第2章　集成开发环境使用介绍

2.1　软件平台——Quartus Ⅱ

2.1.1　Quartus II 软件简介

Quartus II 是由 Altera 公司开发的 EDA 集成开发工具，属于第四代 PLD 开发平台，是 MAX+Plus II 的升级版本。目前 Altera 已经停止了对 MAX+Plus II 的更新支持。Quartus II 是 Altera 公司针对的 FPGA/CPLD 系列器件的综合性开发软件，它的版本不断升级，从 4.0 版到 16.0 版，这里介绍的是 Quartus II 8.0 版。

1. Quartus II 的优点

该软件界面友好、使用便捷、功能强大，有一个完全集成化的可编程逻辑设计环境，是先进的 EDA 工具软件。该软件具有开放性、与结构无关、多平台、完全集成化、丰富的设计库、模块化工具等特点，支持原理图、VHDL、Verilog HDL 以及 AHDL（Altera Hardware Description Language）等多种设计输入形式，内嵌自有的综合器以及仿真器，可以完成从设计输入到硬件配置的完整 PLD 设计流程。

Quartus II 可以在 XP、Linux 以及 Unix 上使用，除了可以使用 Tcl 脚本完成设计流程外，提供了完善的用户图形界面设计方式。它具有运行速度快、界面统一、功能集中、易学易用等特点。

2. Quartus II 对器件的支持

Quartus II 支持 Altera 公司的 MAX 3000A 系列、MAX 7000 系列、MAX 9000 系列、ACEX 1K 系列、APEX 20K 系列、APEX II 系列、FLEX 6000 系列、FLEX 10K 系列，支持 MAX7000/MAX3000 等乘积项器件；支持 MAX II CPLD 系列、Cyclone 系列、Cyclone II、Stratix II 系列、Stratix GX 系列等；支持 IP 核，包含了 LPM/Mega Function 宏功能模块库，用户可以充分利用成熟的模块，简化了设计的复杂性，加快了设计速度。此外，Quartus II 通过和 DSP Builder 工具与 Matlab/Simulink 相结合，可以方便地实现各种 DSP 应用系统；支持 Altera 的片上可编程系统（SOPC）开发，集系统级设计、嵌入式软件开发、可编程逻辑设计于一体，是一种综合性的开发平台。

3. Quartus II 对第三方 EDA 工具的支持

对第三方 EDA 工具的良好支持也使用户可以在设计流程的各个阶段使用熟悉的 EDA 工具。

Altera 的 Quartus II 可编程逻辑软件属于第四代 PLD 开发平台。该平台支持一个工作组环境下的设计要求，其中包括支持基于 Internet 的协作设计。Quartus 平台与 Cadence、Exemplar Logic、Mentor Graphics、Synopsys 和 Synplicity 等 EDA 供应商的开发工具相兼容，改进了软件的 Logic Lock 模块设计功能，增添了 Fast Fit 编译选项，推进了网络编辑性能，而且提升了调试能力。

2.1.2　Quartus II 软件的安装

Quartus II 软件的安装流程分两步：安装 Quartus II 软件和注册 Quartus II 软件。有关注册

Quartus II 软件部分参考软件注册说明书，下面介绍 Quartus II 软件的安装。

（1）双击“setup.exe”，运行安装文件，进入如图 2-1 所示的安装界面。

（2）单击“Next”，进入如图 2-2 所示的“License Agreement”界面，选择“I accept the terms of the license agreement（我接受许可协议的条款）”。

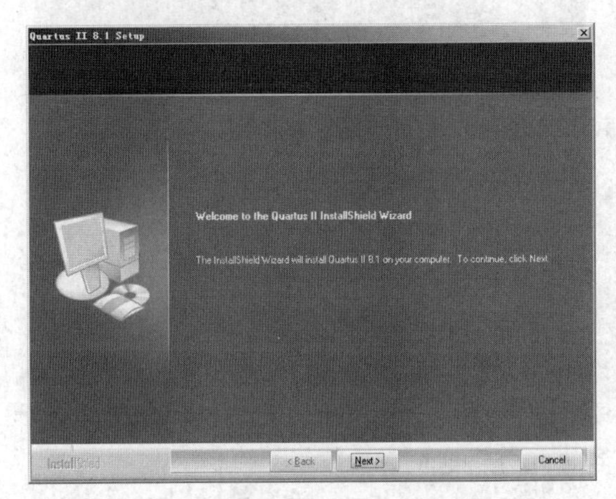

图 2-1　Quartus II 软件的安装界面

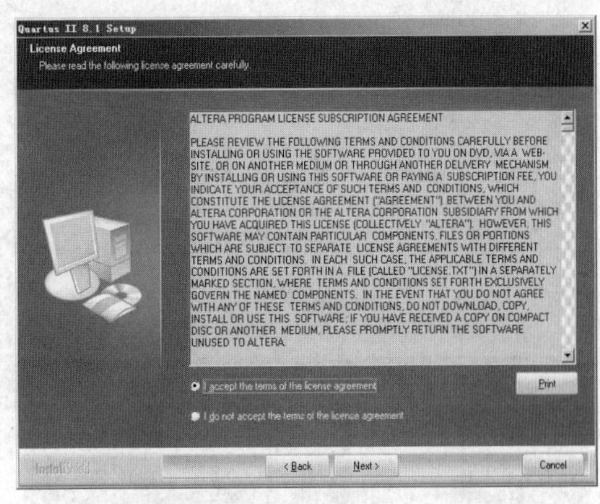

图 2-2　“License Agreement”界面

（3）继续单击“Next”，进入如图 2-3 所示的用户信息设置界面，填写好用户名及公司名。

（4）继续单击“Next”，进入如图 2-4 所示的软件安装位置设置界面，可以选择默认的安装位置（C:\altera\81），或者自行选择其他的安装位置。

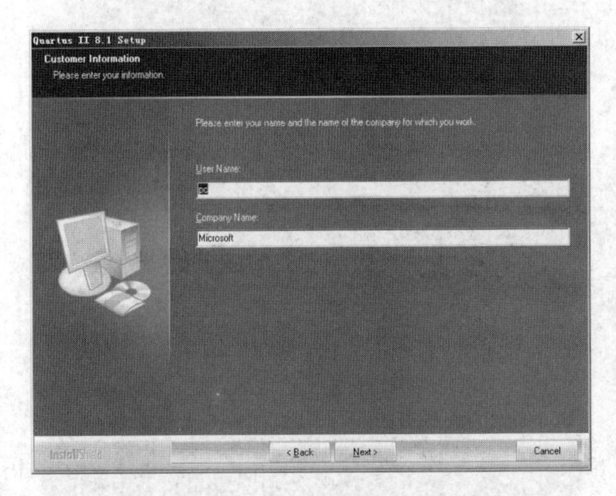

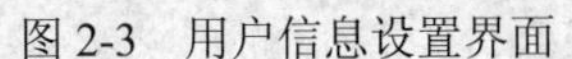
图 2-3　用户信息设置界面

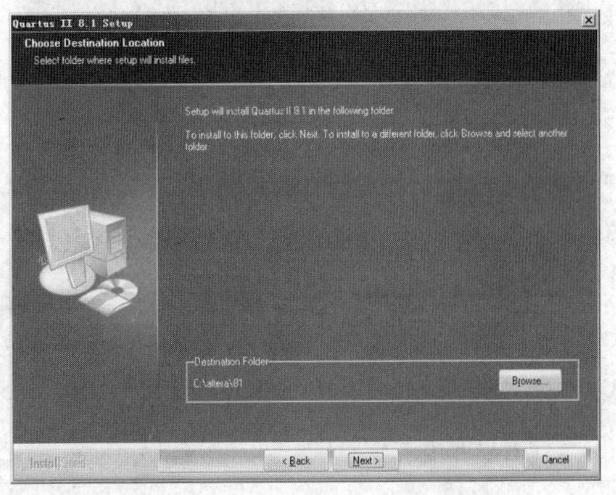

图 2-4　软件安装位置设置界面

（5）继续单击“Next”，进入如图 2-5 所示的软件安装文件夹设置界面，可以选择默认的安装软件夹（Altera），或者自行设定新的文件夹。

（6）继续单击“Next”，进入如图 2-6 所示的安装类型选择界面，可以选择完整（Complete）安装，即安装 Quartus II 软件所有的功能；或者选择自定义（Custom）安装，根据自己的选择，安装 Quartus II 软件的部分功能。

（7）继续单击“Next”，进入如图 2-7 所示的安装信息汇总界面，此界面显示了之前所有的安装设置信息。

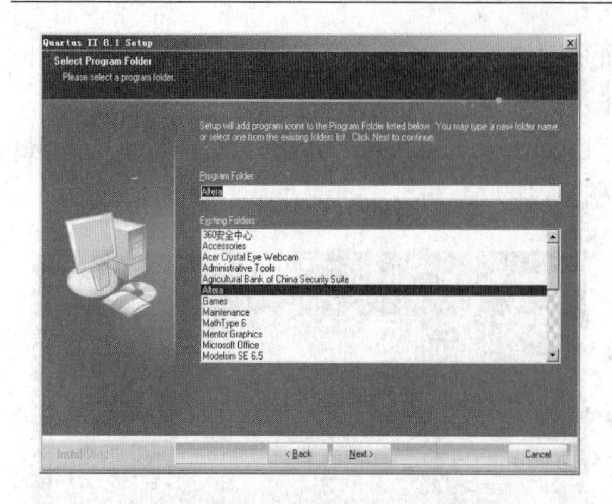

图 2-5 软件安装文件夹设置界面

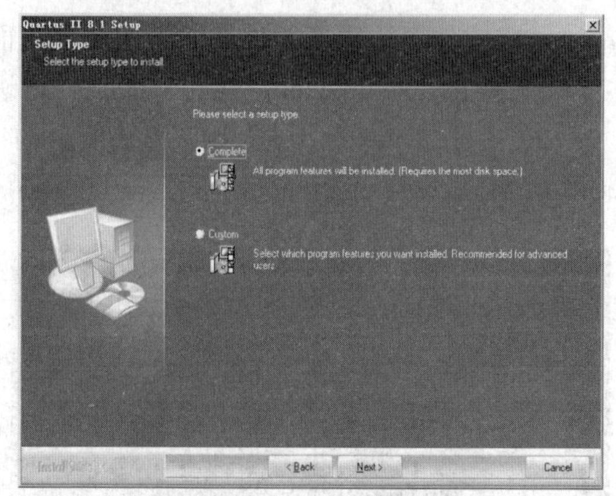

图 2-6 安装类型选择界面

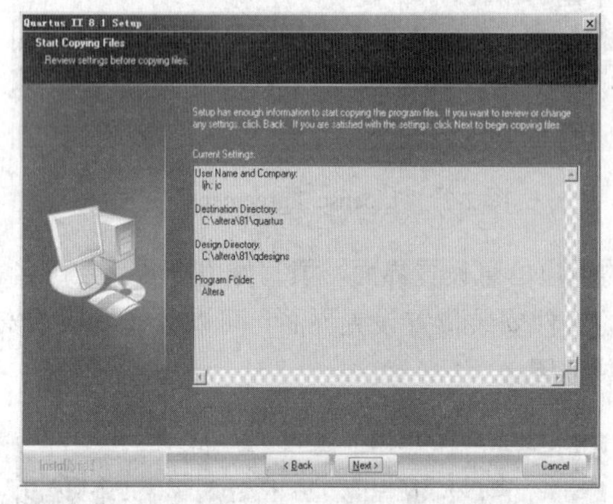

图 2-7 安装信息汇总界面

（8）继续单击“Next”，进入自动安装阶段，安装进度如图 2-8 所示，安装过程需要几分钟到十几分钟时间。

（9）安装完成后出现如图 2-9 所示界面，选择“是”，在桌面上将出现 Quartus II 软件的快捷方式，随后出现如图 2-10 所示界面，选择“Finish”，至此，Quartus II 软件安装结束。

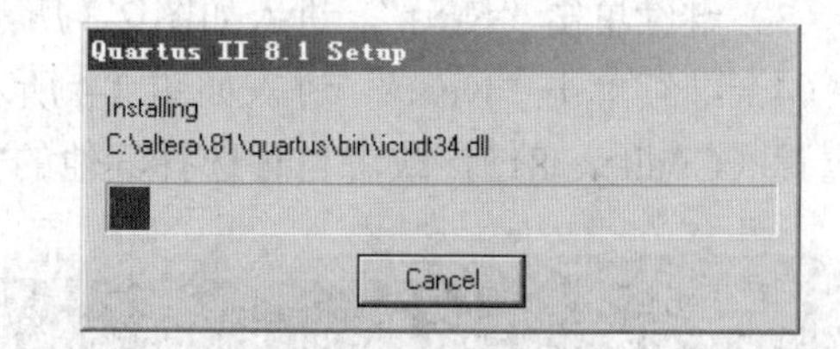

图 2-8 安装进度

2.1.3 Quartus II 设计流程

和目前大多数软件开发环境（如 Visual C++）一样，Quartus II 对设计项目也采取工程管理模式，即每一个设计项目对应一个工程。在一个工程下，可以包含多个设计文件，可以随时根据设计需要调整各个设计文件之间的层次关系，可以将其他设计资源加入工程，也可以将某些设计文件从本工程中移除。典型的基于 Quartus II 开发平台的设计流程如图 2-11 所示。

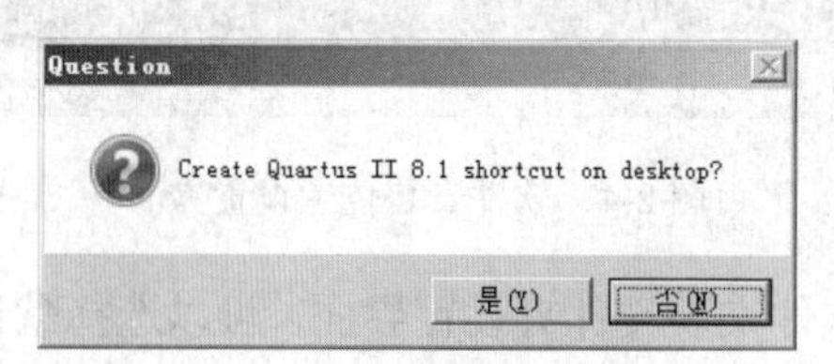

图 2-9 生成桌面快捷方式

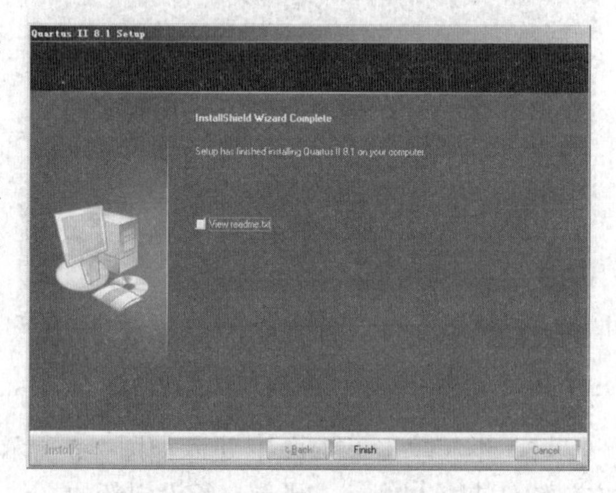

图 2-10 安装成功界面

（1）新建工程。新建一个工程，包含所有的设计文件，可以将其他设计资源加入工程，也可以将某些设计文件从本工程中移除。

（2）设计输入。包括原理图输入、HDL 文本输入、EDIF 网表输入、波形输入等方式。

（3）编译。先根据设计要求设定编译方式和编译策略，如器件的选择、逻辑综合方式的选择等，然后根据设定的参数和策略对设计项目进行网表提取、逻辑综合、器件适配，并产生报告文件、延时信息文件及编程文件，供分析、仿真和编程使用。

（4）仿真与定时分析。仿真和定时分析均属于设计校验，其作用是测试设计的逻辑功能和延时特性。仿真包括功能仿真和时序仿真。定时分析器可通过三种不同的分析模式分别对传播延时、时序逻辑性能和建立/保持时间进行分析。

（5）编程、下载。用得到的编程文件通过编程电缆配置 PLD。

（6）在线测试。通过加入实际激励，进行在线测试。

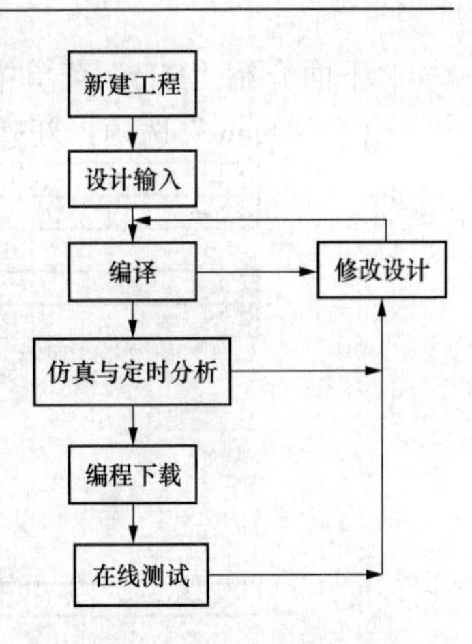

图 2-11　基于 Quartus II 开发平台的设计流程

在设计过程中，如果出现错误，则需重新回到设计输入阶段，改正错误或调整电路后重新测试。

2.1.4　Quartus II 工作环境

启动 Quartus II，进入如图 2-12 所示管理器窗口（主窗口）。

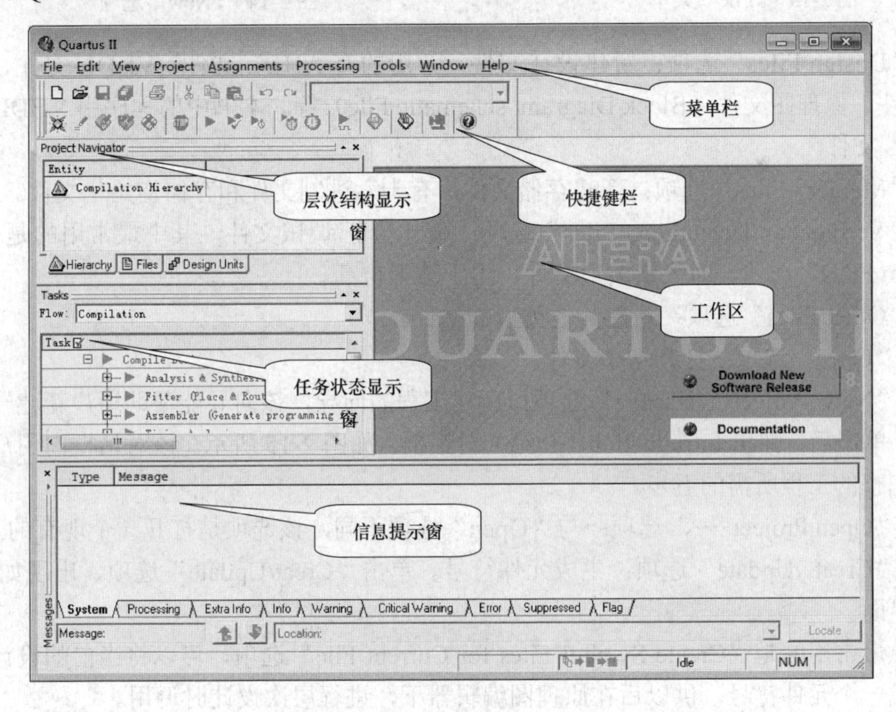

图 2-12　Quartus II 主窗口

2.1.4.1　菜单栏

1. “File” 菜单

“File” 菜单除具有一般的文件管理功能外，还有许多 QuartusII 特有的选项，如图 2-13 所示。

下面介绍“File”菜单中 Quartus II 特有的几个功能选项：

（1）“New”选项：新建选项，单击后出现子菜单，如图 2-14 所示。

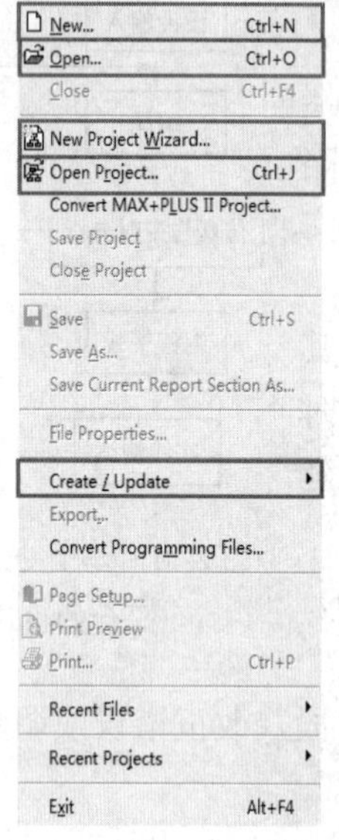

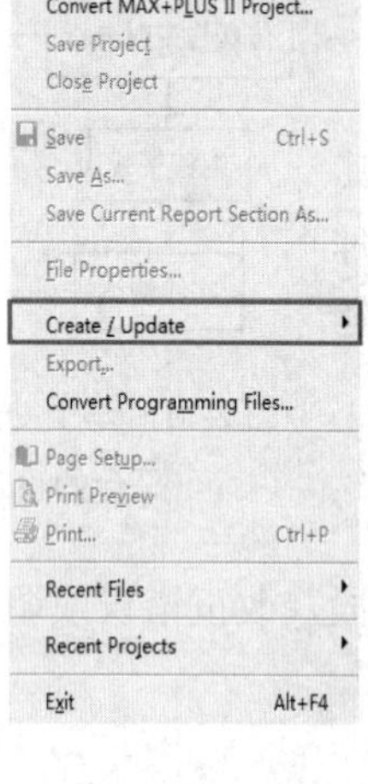

图 2-13 “File”菜单

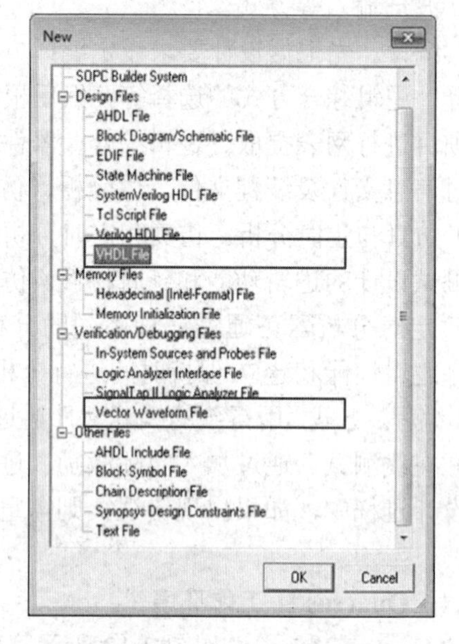

图 2-14 “New”选项

1）“Design Files”选项：新建设计文件，常用的有 AHDL 文件、VHDL 文件、Verilog HDL 文件、原理图文件（Block Diagram/ schematic File）等。本书中的程序用 VHDL 编写，为 VHDL 文件。

2）“Memory Files”选项：新建存储文件，有十六进制文件和存储初始化文件。

3）“Verification/Debugging Files”选项：新建验证/调试文件，其中最常用的是“Vector Waveform Files”选项，即矢量波形文件，用于波形仿真。

4）“Other Files”选项：新建其他类型的文件。

（2）“Open”选项：打开一个文件。

（3）“New Project Wizard…”选项：新建工程的向导，该向导能帮助用户新建一个完整的工程，单击后，弹出 Introduction（介绍）对话框，如图 2-15 所示。该对话框向用户介绍新建一个完整的工程所需的五步。

（4）“Open Project …”选项：与“Open”选项不同，该选项是打开一个现有的工程。

（5）“Creat /Update”选项：生成元件符号。单击“Creat/Update”选项，出现如图 2-16 所示的界面。

其中最常用的是“Create Symbol Files for Current File”选项，可以将当前的设计电路文件封装成一个元件符号，供以后在原理图编辑器下，进行层次设计时调用。

2. “View”菜单

“View”菜单为视图菜单，单击出现如图 2-17 所示界面，可以将主窗口进行全屏显示（Full Screen），还可以设置主窗口显示哪些子窗口，包括层次结构显示窗口（Project Navigator）、节点查询窗口（Node Finder）、任务状态窗口（Tasks）、信息提示窗口（Messages）等。

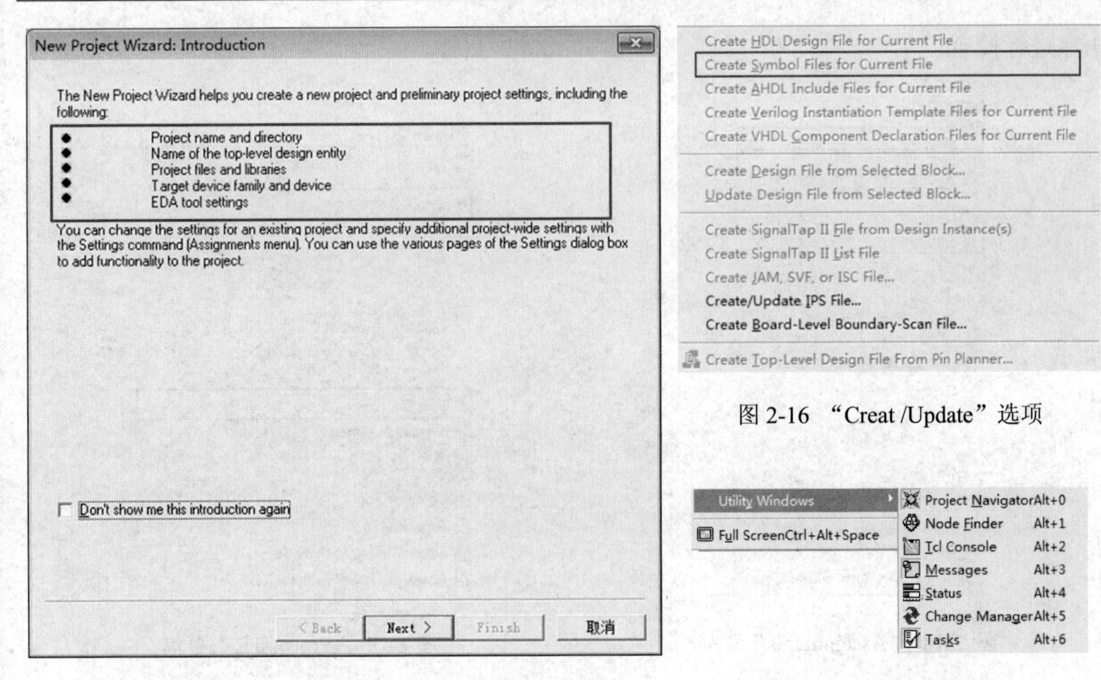

图 2-16 “Creat /Update”选项

图 2-15 “New Project Wizard…”选项

图 2-17 “View”菜单

3. “Assignments” 菜单

“Assignments”菜单如图 2-18 所示。

常用的选项如下：

（1）“Device”选项：为当前设计选择对应的芯片。

（2）“Pin”选项：为当前层次树的一个或多个逻辑功能块分配芯片引脚或芯片内的位置。

（3）“Timing Ananlysis Setting”选项：为当前设计的 tpd、tco、tsu、fmax 等时间参数设定时序要求。

（4）“EDA Tool Setting”选项：EDA 设置工具。使用此工具可以对工程进行综合、仿真、时序分析等。EDA 设置工具属于第三方工具。

（5）“Setting”选项：设置控制。可以使用它对工程、文件、参数等进行修改，还可以设置编译器、仿真器、时序分析、功耗分析等。

（6）“Assignment Editor”选项：任务编辑器。

（7）“Pin Planner”选项：可以使用它将所设计电路的 I/O 引脚合理地分配到已设定器件的引脚上。

4. “Processing” 菜单

“Processing”菜单的功能是对所设计的电路进行编译和检查设计的正确性，如图 2-19 所示。

常用的选项如下：

（1）“Stop Process”选项：停止编译设计项目。

（2）“Start Compilation”选项：开始完全编译过程，这里包括分析与综合、适配、装配文件、定时分析、网表文件提取等过程。

（3）“Analyze Current File”选项：分析当前的设计文件，主要是对当前设计文件的语法、语序进行检查。

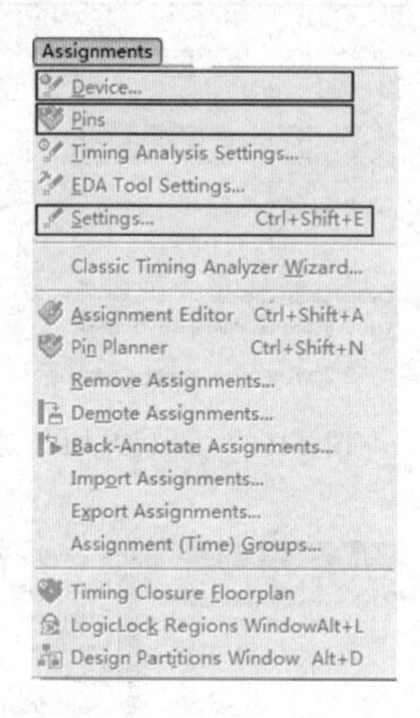

图 2-18 “Assignments”菜单

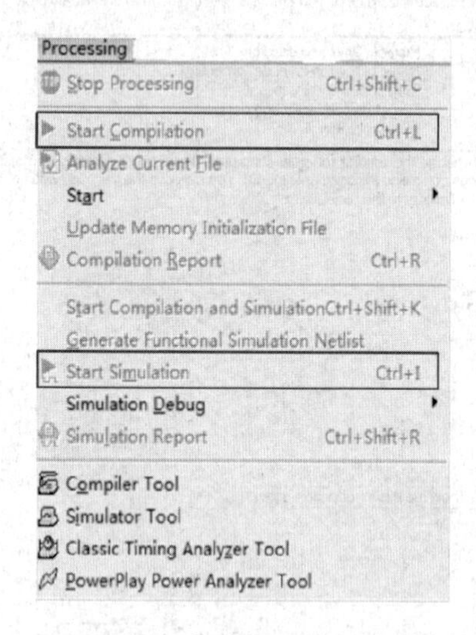

图 2-19 “Processing”菜单

（4）“Compilation Report”选项：适配信息报告，通过它可以查看详细的适配信息，包括设置和适配结果等。

图 2-20 “Tools”菜单

（5）“Start Simulation”选项：开始仿真。

（6）“Simulation Report”选项：生成功能仿真报告。

（7）“Compiler Tool”选项：它是一个编译工具，可以有选择地对项目中的各个文件分别进行编译。

（8）“Simulation Tool”选项：对编译过电路进行功能仿真和时序仿真。

（9）“Classic Timing Analyzer Tool”选项：Classic 时序仿真工具。

（10）“Powerplay Power Analyzer Tool”选项：PowerPlay 功耗分析工具。

5. “Tools”菜单

“Tools”菜单如图 2-20 所示。

常用的选项如下：

（1）“Run EDA Simulation Tool”选项：运行 EDA 仿真工具。EDA 是第三方仿真工具。

（2）“Run EDA Timing Analyzer Tool”选项：运行 EDA 时序分析工具。EDA 是第三方仿真工具。

（3）“Programmer”选项：打开编程器窗口，以便对 Altera 的器件进行下载编程。

2.1.4.2 工具栏

工具栏紧邻菜单栏下方，如图 2-21 所示，是各菜单功能的快捷键区，所以又称为快捷菜单栏。

图 2-21　工具栏

常用快捷键的功能见表 2-1。

表 2-1　常用快捷键的功能

符号	功　　能
	“Start Compilation”选项的快捷键：开始完全编译过程
	“Start Simulation”选项的快捷键：开始仿真
	“Programmer”选项的快捷键：打开编程器窗口

2.2　实验平台——KH-310

2.2.1　KH-310 实验平台简介

FPGA 实验平台主要用于数字系统逻辑功能基于 FPGA 设计实现的硬件测试，平台一般包含 FPGA 芯片、电源模块、时钟单元及常用的输入、输出单元。

本书使用的主要硬件实验平台为 KH-310 实验箱，是根据高等院校现代 EDA 实验教学的要求设计的，同时适合于电子课程设计、大学生电子设计竞赛等需求。利用 KH-310 实验系统可以进行 FPGA 逻辑电路和数字信号处理电路的设计，在系统模拟可编程电路设计，复杂的混合信号处理，以及数字控制的设计。

KH-310 实验平台特点如下：

（1）应用范围广，可配置 XINLINX、ALTERA、LATTICE 等不同厂家的多种 PLD/FPGA 芯片。

（2）结构科学合理，真正培养动手操作能力和创新能力。

（3）数字/模拟可编程器件结合使用，可进行混合信号的处理。

（4）引线灵活，可提供大量的扩展 I/O。

（5）标准负载模组的接口。

2.2.2　KH-310 实验平台功能详述

2.2.2.1　输入单元

1. 电源模块

图 2-22 中所示直流电源±5、±12V 都由开关稳压电源供电，3.3V 由 LM1085 提供。D38 为电源指示灯。

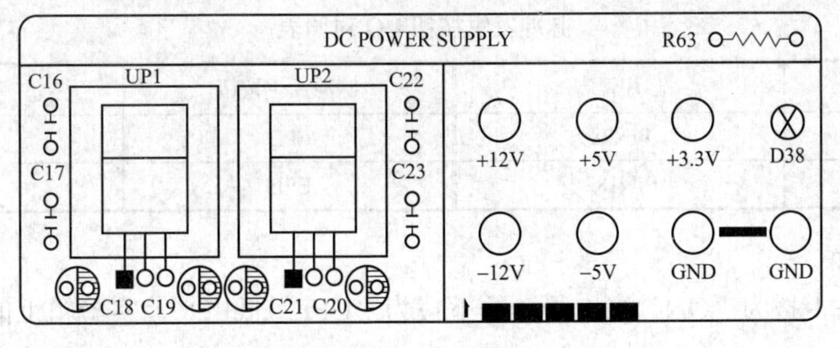

图 2-22　电源模块

电源模块规格如下：

（1）3.3V/3A。

（2）5V/5A。

（3）–5V/0.3A。

（4）12V/2A。

（5）–12V/0.3A。

2. 按钮式正负脉冲/高低电平转换输出

PULS1～PULS4 为脉冲发生按钮，通过短路夹 JP23～JP26 来选择输出方式为正脉冲、负脉冲或电平跳转。如图 2-23 所示，当短路夹 JP23～JP26 接到左侧“P”时，输出方式为正脉冲；当短路夹 JP23、JP24 接到右侧“M”时，输出方式为负脉冲；当短路夹 JP25、JP26 接到右侧“M”时，输出方式为电平转换模式。应用该模块时最好使用消抖电路。

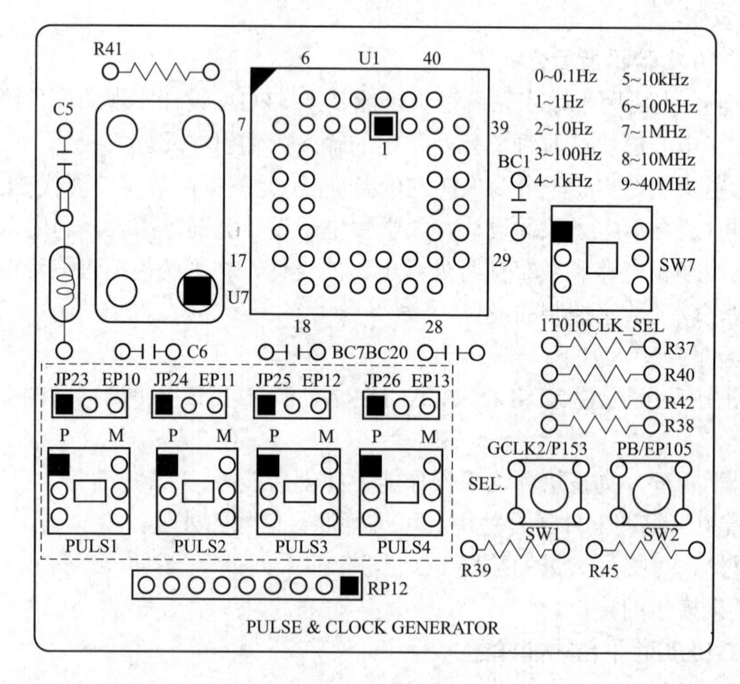

图 2-23 脉冲按钮

实验箱所使用芯片为 Altera 公司的 FPGA 器件中 ACEX1K 系列的 EP1K30QC208-3。脉冲发生按钮对应芯片管脚见表 2-2。

表 2-2 **脉冲发生按钮 I/O 对照表**

脉冲发生按钮	芯片管脚	脉冲发生按钮	芯片管脚
EPI0	PIN78	EPI2	PIN80
EPI1	PIN182	EPI3	PIN184

3. 拨码开关

拨码开关往上拨为“ON”高电平，往下拨为“OFF”低电平。实验箱上的拨码开关如图 2-24 所示。

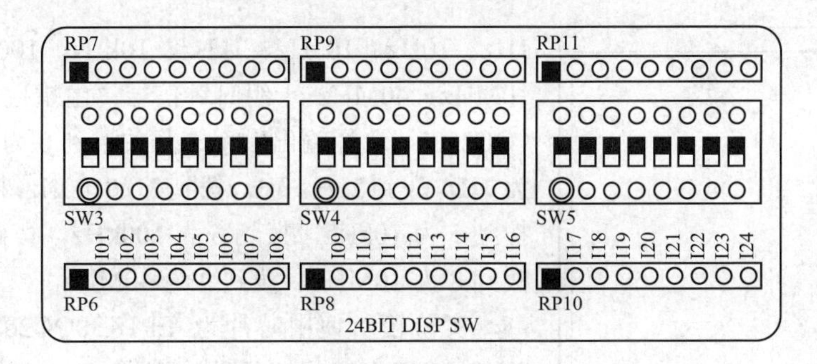

图 2-24　拨码开关

实验箱所使用芯片为 EP1K30QC208-3。拨码开关对应芯片管脚见表 2-3。

表 2-3　　拨码开关 I/O 对照表

拨码开关	芯片管脚	拨码开关	芯片管脚	拨码开关	芯片管脚	拨码开关	芯片管脚
I01	PIN7	I07	PIN13	I13	PIN19	I19	PIN29
I02	PIN8	I08	PIN14	I14	PIN24	I20	PIN30
I03	PIN9	I09	PIN15	I15	PIN25	I21	PIN31
I04	PIN10	I10	PIN16	I16	PIN26	I22	PIN36
I05	PIN11	I11	PIN17	I17	PIN27	I23	PIN37
I06	PIN12	I12	PIN18	I18	PIN28	I24	PIN38

4. 时钟单元

时钟单元如图 2-25 所示，晶体振荡器 U7 提供 40M 时钟脉冲，通过 EPM3064 分频为 0.1Hz、

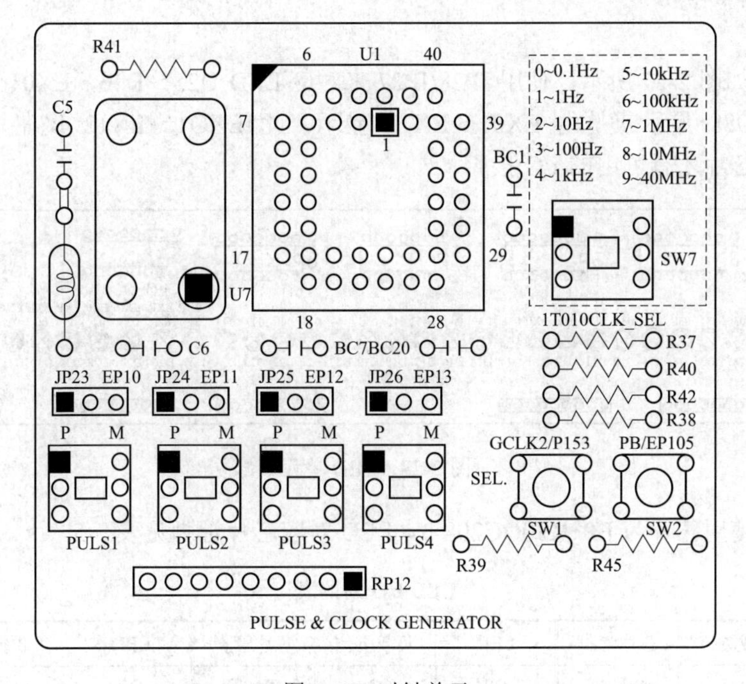

图 2-25　时钟单元

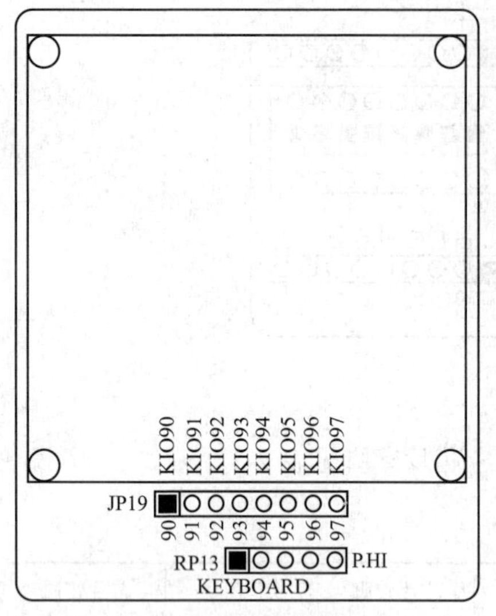

图 2-26 4×4 键盘

1Hz、10Hz、100Hz、1kHz、10kHz、100kHz、1MHz、10MHz、40MHz 十组时钟信号，由指拨旋转开关 SW7（GCLK1）选择输出频率，开关拨到 0 为 0.1Hz，拨到 1 为 1Hz，拨到 2 为 10Hz，拨到 3 为 100Hz，拨到 4 为 1kHz，拨到 5 为 10kHz，拨到 6 为 100kHz，拨到 7 为 1MHz，拨到 8 为 10MHz，拨到 9 为 40MHz。

实验箱所使用芯片为 EP1K30QC208-3。时钟脉冲 SW7（GCLK1）对应芯片管脚为 PIN183。

5. 4×4 键盘

4×4 键盘如图 2-26 所示，KO90、KO91、KO92、KO93 为列信号，KO94、KO95、KO96、KO97 为行信号。各列信号接有 10kΩ 的电阻。

实验箱所使用芯片为 EP1K30QC208-3。4×4 键盘对应芯片管脚见表 2-4。

表 2-4　　4×4 键盘 I/O 对照表

键盘列信号	芯片管脚	键盘行信号	芯片管脚
KO90	PIN135	KO94	PIN141
KO91	PIN136	KO95	PIN142
KO92	PIN139	KO96	PIN143
KO93	PIN140	KO97	PIN144

2.2.2.2 输出单元

1. LED

LED 单元如图 2-27 所示，使用 JP28/JP27 来对应 LED D25～D36，EX01～EX12 用于选择由 IO77～IO88 显示或是由 EX01～EX12 显示。此 EXO1～EX12 仅在 CYCLONE 的 EP1C6QC240 芯片才有可用的 I/O 接脚。

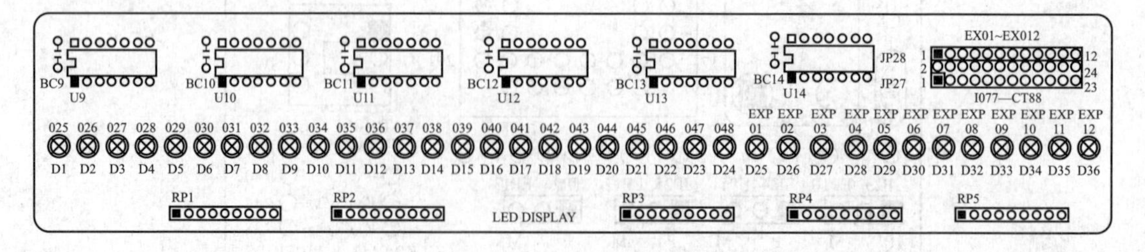

图 2-27 LED 单元

实验箱所使用芯片为 EP1K30QC208-3。LED 对应芯片管脚见表 2-5。

表 2-5　　LED I/O 对照表

LED	负载脚位	芯片管脚	LED	负载脚位	芯片管脚	LED	负载脚位	芯片管脚
D1	O25	PIN39	D2	O26	PIN40	D3	O27	PIN41

续表

LED	负载脚位	芯片管脚	LED	负载脚位	芯片管脚	LED	负载脚位	芯片管脚
D4	O28	PIN44	D5	O29	PIN45	D6	O30	PIN46
D7	O31	PIN47	D8	O32	PIN53	D9	O33	PIN54
D10	O34	PIN55	D11	O35	PIN56	D12	O36	PIN57
D13	O37	PIN58	D14	O38	PIN60	D15	O39	PIN61
D16	O40	PIN62	D17	O41	PIN63	D18	O42	PIN64
D19	O43	PIN65	D20	O44	PIN67	D21	O45	PIN68
D22	O46	PIN69	D23	O47	PIN70	D24	O48	PIN71

2. 七段数码管

DP1～DP8 为共阴七段数码管，可以以独立或扫描方式显示。如图 2-28 所示，当数码管以独立方式显示时，DP1～DP8 所对应的短路夹 JP3～JP10 短接到右端“G”（GND）处；当数码管以扫描方式显示时，DP1～DP8 所对应的短路夹 JP3～JP10 短接到左端“S”（SCAN）处。

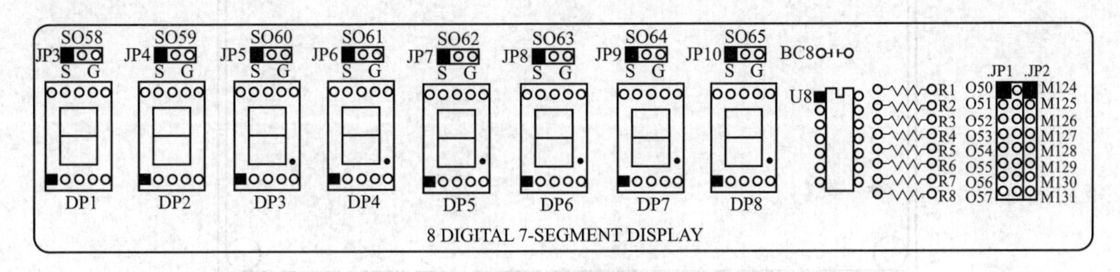

图 2-28　七段数码管

八位共阴极数码管显示电路如图 2-29 所示，其中每个数码段的七段 a、b、c、d、e、f、g 都连在一起，数码管的公共端分别由八个选通信号 scan_led［0］～scan_led［7］来控制。选通信号为低电平时选通相应数码管，但由于扫描选择由 74LS06 驱动完成，74LS06 为非门驱动，因此被选通的数码管选通端必须接通高电平才能显示数据。

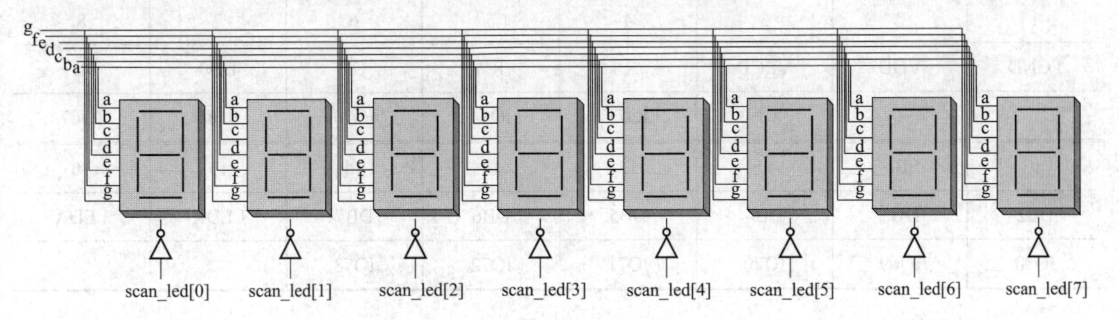

图 2-29　八位共阴极数码管显示电路

实验箱所使用芯片为 EP1K30QC208-3。七段数码管对应芯片管脚见表 2-6。

表 2-6　　七段数码管 I/O 对照表

数码管	负载脚位	芯片管脚	数码管	负载脚位	芯片管脚	数码管	负载脚位	芯片管脚
A	O50	PIN73	B	O51	PIN74	C	O52	PIN75
D	O53	PIN83	E	O54	PIN85	F	O55	PIN86
G	O56	PIN87	scan_led[0]	SO58	PIN89	scan_led[1]	SO59	PIN90
scan_led[2]	SO60	PIN92	scan_led[3]	SO61	PIN93	scan_led[4]	SO62	PIN94
scan_led[5]	SO63	PIN95	scan_led[6]	SO64	PIN96	scan_led[7]	SO65	PIN97

3. LCDM 模块

LCDM 模块采用 MT7086 液晶显示控制驱动器，带有中英文字库，如图 2-30 所示。

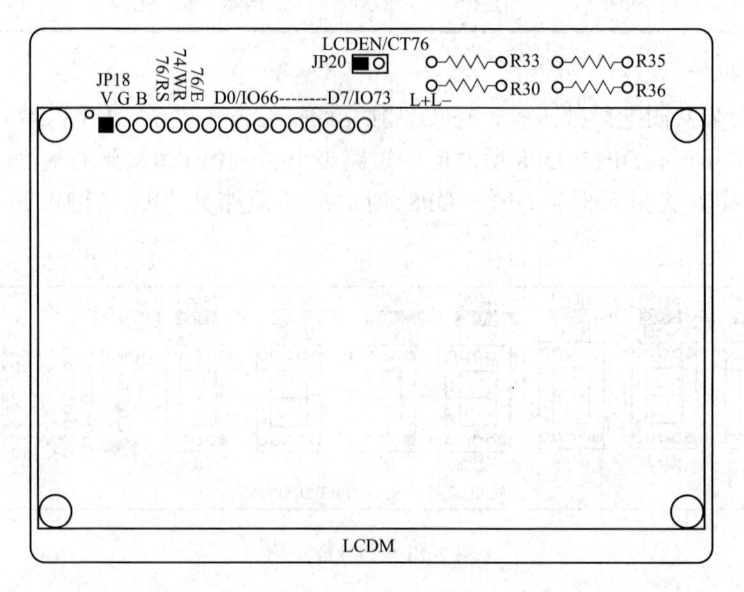

图 2-30　LCDM 模块

实验箱所使用芯片为 EP1K30QC208-3。LCDM 模块对应芯片管脚见表 2-7。

表 2-7　　LCDM 模块脚位对照表

1	2	3	4	5	6	7	8
FGND	VDD	VLCD	/RS	/RW	CE	DB0	DB1
			IO75	IO74	IO76	IO66	IO67
9	**10**	**11**	**12**	**13**	**14**	**15**	**16**
DB2	DB3	DB4	DB5	DB6	DB7	LEDK	LEDA
IO68	IO69	IO70	IO71	IO72	IO73		

4. 米字管模块

米字管显示器为共阴显示，11 脚为公共脚。其布局、I/O 对照分别如图 2-31 和表 2-8 所示。

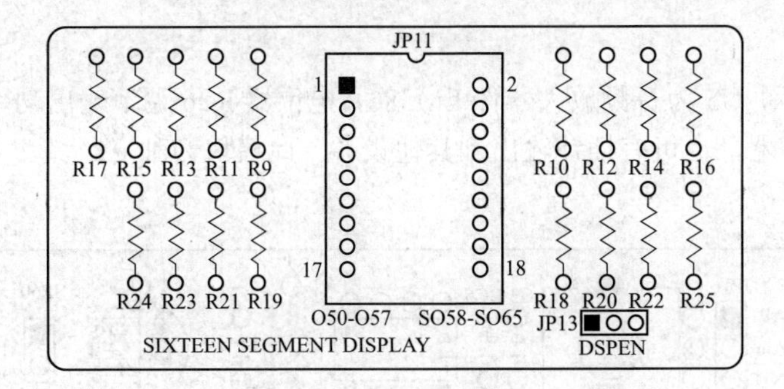

图 2-31　米字管模块

表 2-8　**米字管模块 I/O 对照表**

1	2	3	4	5	6	7	8	9
A1	A2	B1	B2	C1	C2	D1	D2	E1
O50	O51	O52	O53	O54	O55	O56	O57	SO58
10	11	12	13	14	15	16	17	18
E2	F1	F2	G1	G2	H1	H2	P	CDP
SO59	SO60	SO61	SO62	SO63	SO64	SO65	VCC	JP13

5. 8×8×2 彩色点阵 LED

LED 点阵为共阴，模块布局如图 2-32 所示，I/O 对照见表 2-9。

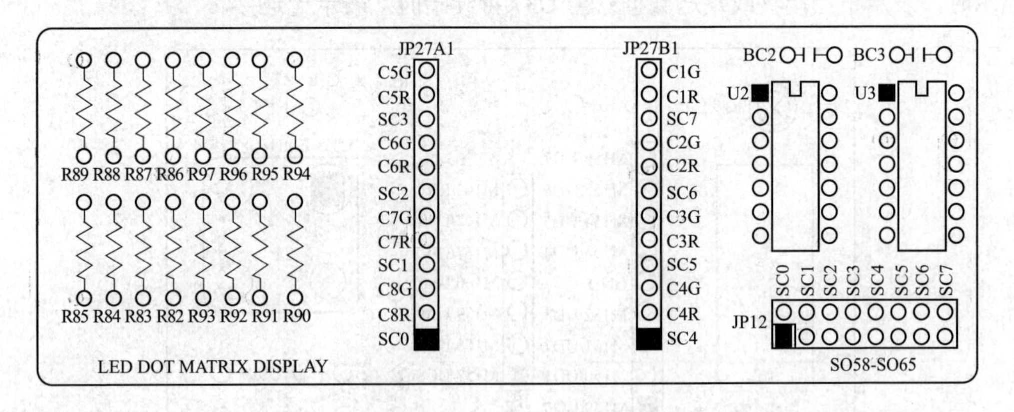

图 2-32　8×8×2 彩色点阵 LED

表 2-9　**8×8×2 彩色点阵 LED I/O 对照表**

1	2	3	4	5	6	7	8	9	10	11	12	13	14	15	16
C1R	C2R	C3R	C4R	C5R	C6R	C7R	C8R	C1G	C2G	C3G	C4G	C5G	C6G	C7G	C8G
O41	O42	O43	O44	O45	O46	O47	O48	O50	O51	O52	O53	O54	O55	O56	O57
SC0	SC1	SC2	SC3	SC4	SC5	SC6	SC7								
SO58	SO59	SO60	SO61	SO62	SO63	SO64	SO65								

6. 音频功放

如图 2-33 所示，U5 为音频放大器件 LM386，电位器 R26 调节输出功率，JP16 为信号输入端，JP60 接扬声器，也可有插针输出到其他设备。此模块为独立区域，并未与其他的区域连接。

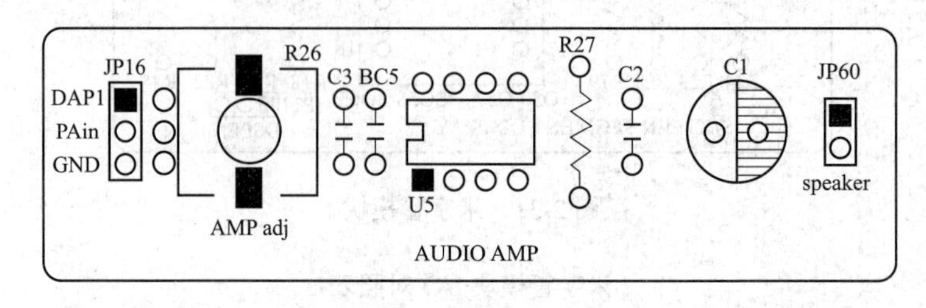

图 2-33 音频功放

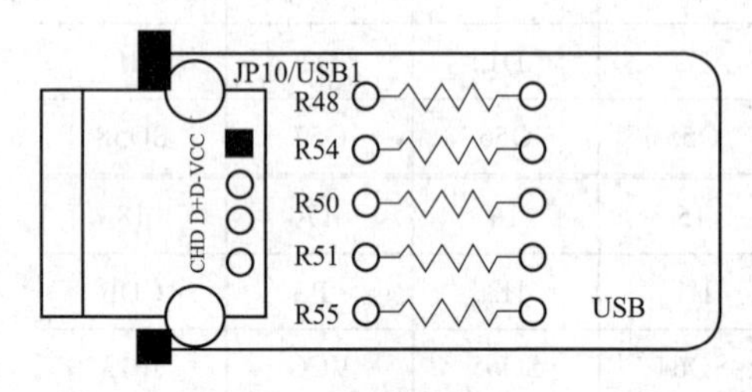

图 2-34 USB 接口单元

2.2.2.3 接口单元

1. USB 接口

图 2-34 所示为 USB 接口单元布局，图 2-35 所示为 USB 控制单元布局，驱动控制芯片 U16 采用 PHILIPSPDIUSB12D。PDIUSB12D 支持 USB1.1 标准，6MHz 时钟供给。JP30、JP32 为 USB 控制信号及状态信号接口，JP30 为 USB 八位并行数据输入接口。LED D37 为 USB 器件与主机连接状态指示。当 D37 持续亮时，表示连接已建立；当 D37 闪烁显示时，表示正在接收或发送数据；当 D37 持续暗时，表示无连接。

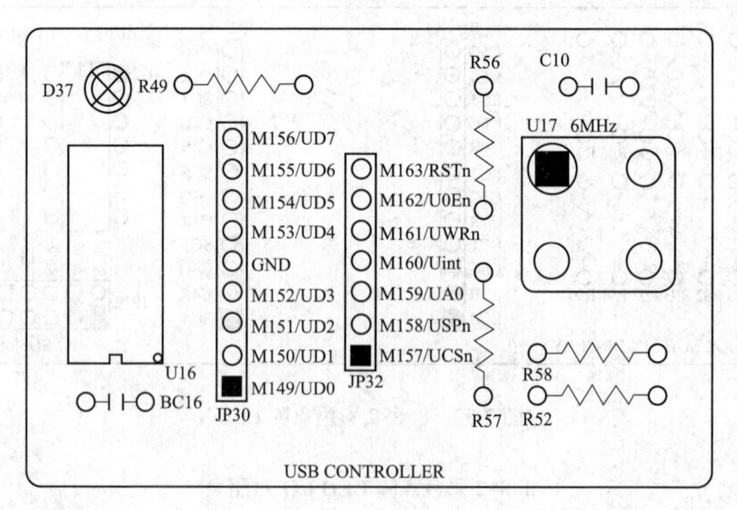

图 2-35 USB 控制单元

2. PS/2 鼠标、键盘接口

此区域为独立区域，使用时需用 2 条单 PIN 跳线连接到将要使用的 CPLD/FPGA 下载板的 PIN 脚上。图 2-36 所示为 PS/2 接口。

3. VGA 接口

RGB 为 3 位的 8 阶颜色组成 8×8×8 的 256 色阶 VGA 显示接口，如图 2-37 所示，其对应的 I/O 接口配置见表 2-10。

4. RS-232

此区域为独立区域，使用时需用 2 条或 4 条单 PIN 跳线连接到将要使用的 CPLD/FPGA 下载板的 PIN 脚上。RS-232 接口如图 2-38 所示。

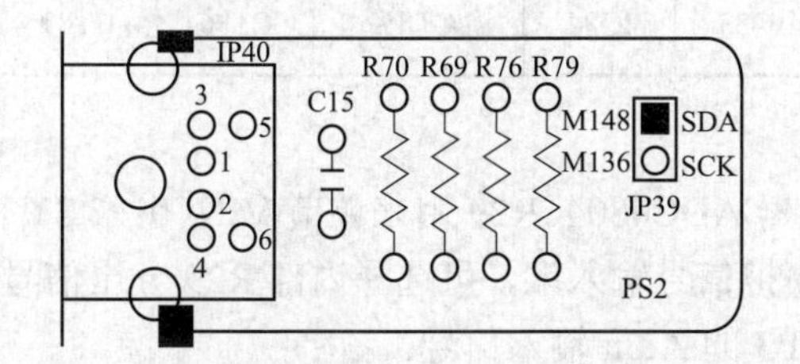

图 2-36　PS/2 接口

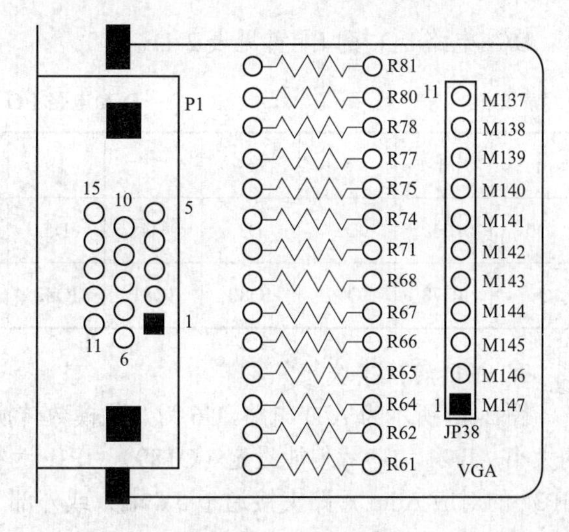

图 2-37　VGA 接口

表 2-10　VGA 模块 I/O 对照表

1	2	3	4	5	6	7	8	9	10	11
R0	R1	R2	G0	G1	G2	B0	B1	B2	HSYN	VSYN
M137	M138	M139	M140	M141	M142	M143	M144	M145	M146	M147

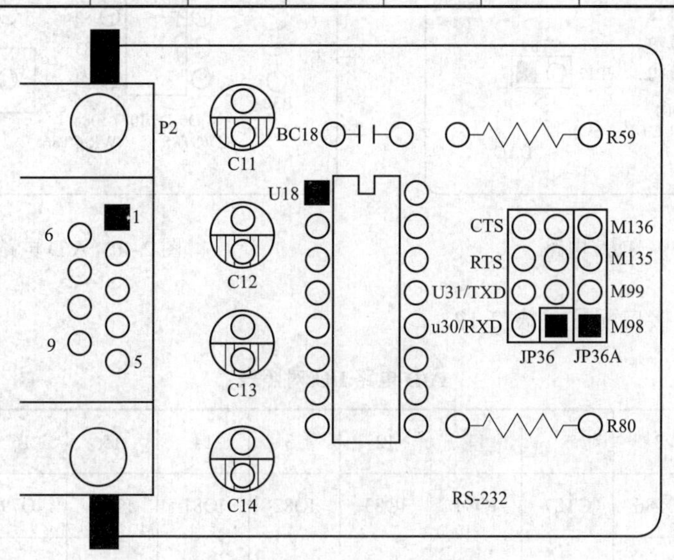

图 2-38　RS-232 接口

图 2-38 中，U18 为 EIA-TTL 电平转换 IC MAX232，P2 为 RS-232 母座。

2.2.2.4　扩展单元

1. D/A 转换模块

D/A 模块采用 8bit 转换器 U4 的 AD7528 双组 DAC 电路，JP17 设定 DA 芯片的使能，JP14 为模拟输出口，共有 DAP1 及 DAP2 两组，如图 2-39 所示。

D/A 电路 I/O 接口配置见表 2-11。

表 2-11　　D/A 电路 I/O 对照表

1	4	5	6	7	13	14	15	16	17	2/18
D0	D1	D2	D3	D4	D5	D6	D7	DACA/BD4	/WR	CS
IO77	IO78	IO79	IO80	IO81	IO82	IO83	IO84	CT85	CT86	CT89

2. A/D 转换模块

图 2-40 所示为 A/D 电路，U6 为八位模数转换器 ADC0804，R29 用来调节 VIN（0～3.3V）的大小，JP21 为芯片使能设定（CT89），JP16 为模拟信号输入端，可选择内部 R29 分压信号（JP31 的对应 Adin 短路夹接通于 5V 端）或外部 JP3 的 Adin 输入信号。

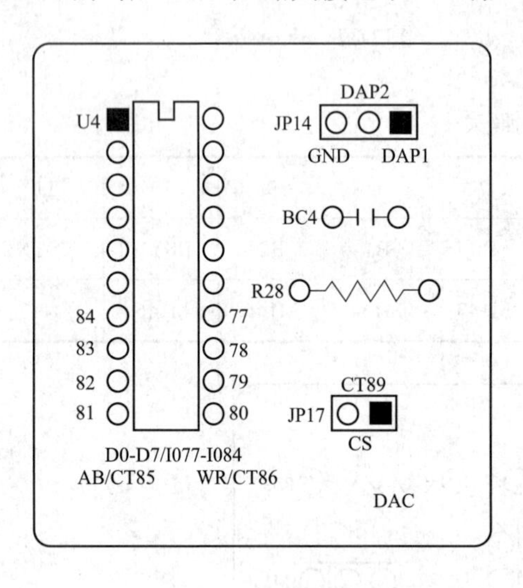

图 2-39　D/A 电路

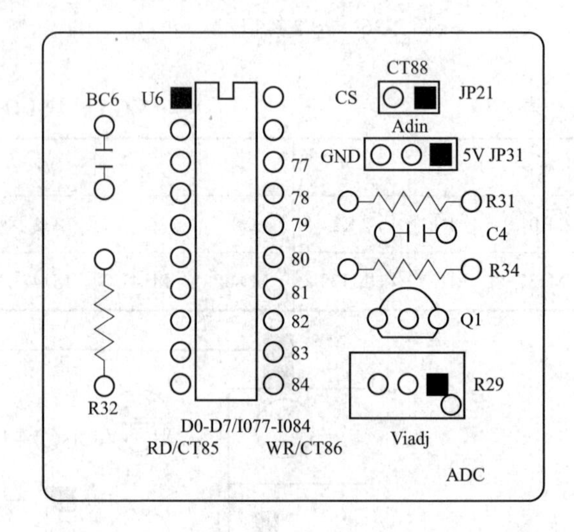

图 2-40　A/D 电路

A/D 电路 I/O 接口配置见表 2-12。

表 2-12　　A/D 电路 I/O 对照表

1	2	3	5	11	12	13	14	15	16	17	18
CT88	CT85	CT86	CT87	IO84	IO83	IO82	IO81	IO80	IO79	IO78	IO77
				DB7	DB6	DB5	DB4	DB3	DB2	DB1	DB0

3. EEPROM 单元

U19 为二线串行 EEPROM 24LS256，容量为 32KB。数据及控制信号由 JP37 提供接口，如图 2-41 所示。

4. MCU 单元

MCU 电路引脚全部开放，各引脚对应如图 2-42 所示。

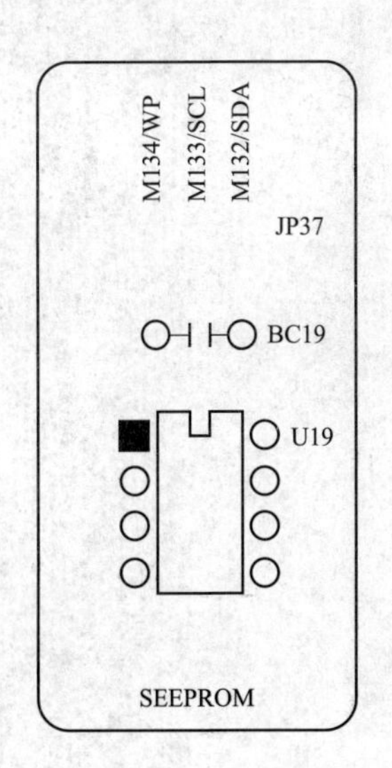

图 2-41　EEPROM 单元

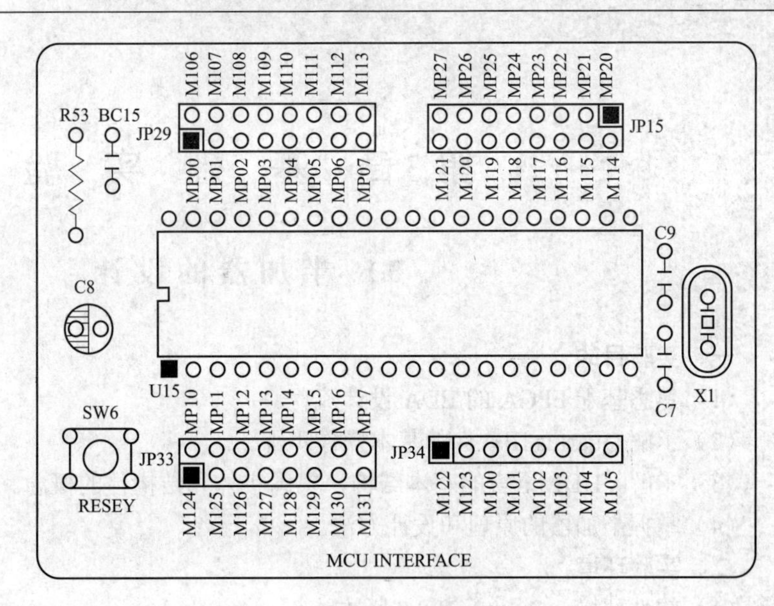

图 2-42　MCU 电路

第3章 基 础 实 验

3.1 半加器的设计

一、实验目的

（1）熟悉基于 FPGA 的 EDA 设计流程。

（2）了解 Quartus II 软件的基本操作步骤。

（3）了解 VHDL 语言的基本结构，熟悉实体和结构体的概念。

（4）掌握半加器的原理和设计方法。

二、实验环境

（1）软件环境：Quartus II 8.0 版本。

（2）硬件环境：KH-310

三、实验任务

利用 VHDL 设计一个半加器，其电路实体或元件图如图 3-1 所示，其中 a 和 b 分别为输入端口，sum 为加法运算结果输出端口，cout 为进位输出端口。half_adder 是设计者为此器件取的名称，能体现器件的基本功能特点。

最后，将 VHDL 设计的半加器下载到目标器件中：使用两个逻辑拨码开关连接输入端 a 和 b，实现半加器的数据输入；使用两个 LED 灯连接电路的输出端口 sum 和 cout，便于观察半加器的运算结果。

四、实验原理

半加器是一个典型的组合数字逻辑电路，其电路功能真值表见表 3-1，从真值表中可知 $sum = a \oplus b$ 和 $cout = a \bullet b$。

表 3-1　　半加器真值表

a	b	sum	cout	a	b	sum	cout
0	0	0	0	1	0	1	0
0	1	1	0	1	1	0	1

由此可知，半加器的内部电路结构如图 3-2 所示，可以使用 VHDL 语言描述该电路结构。

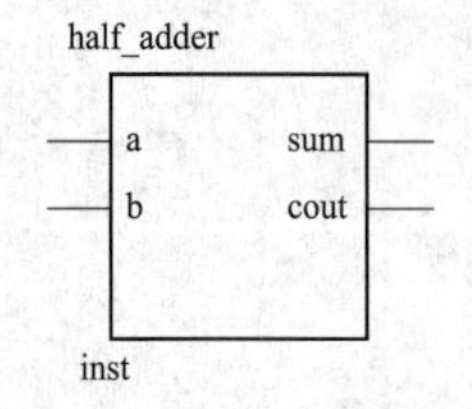

图 3-1　半加器 half_adder 实体

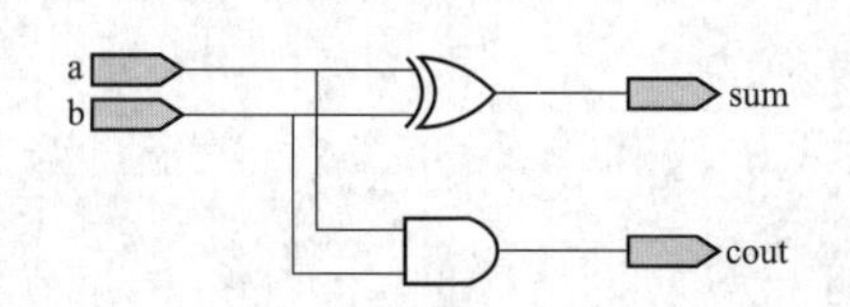

图 3-2　半加器 half_adder 结构体

使用VHDL语言描述半加器：

```
ENTITY  half_adderIS
 PORT (a: IN  bit;
   b : IN  bit;
 sum: OUT bit;
cout: OUT bit);
END ENTITY half_adder;
ARCHITECTURE one  OF  half_adder  IS
  BEGIN
cout<= a and b;
sum<= a xor b;
END ARCHITECTURE one;
```

五、实验步骤

（一）建立新工程

任何一个设计都是一项工程（Project），都必须首先为此工程建立一个放置与此工程相关的所有设计文件的文件夹。建立工程文件夹后，利用New Project Wizard为工程指定工作目录、分配工程名称、指定顶层设计实体名称及设定工程的其他属性。

1. 指定工程名称

选择“File”菜单下的“New Project Wizard”命令，如图3-3所示。单击鼠标左键后弹出如图3-4所示的对话框，从上到下分别输入新工程的文件夹名、工程名和顶层实体的名字，工程名要和顶层实体的名字相同，同时与文件夹名也尽量保持一致，以方便寻找工程相关设计文件所在的文件夹。

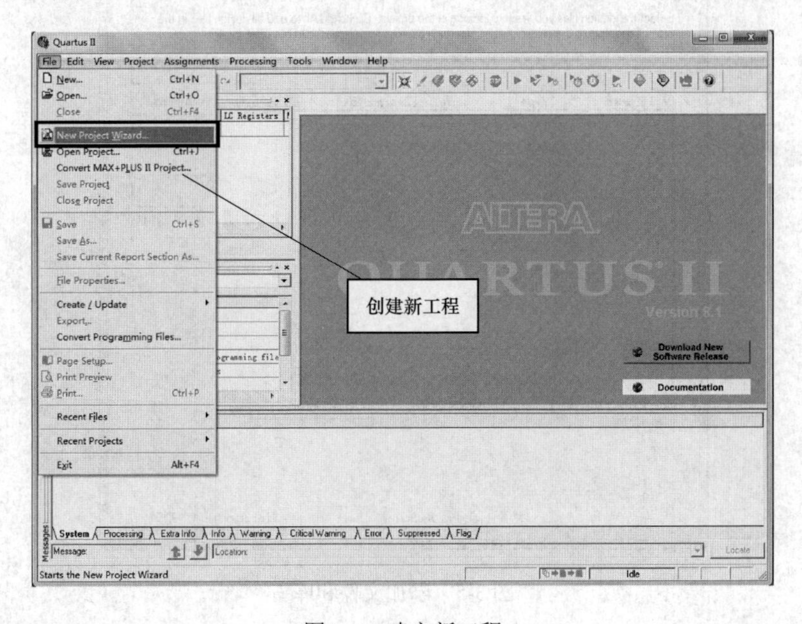

图3-3 建立新工程

2. 选择需要加入的文件和库

在图3-4中单击“Next”按钮，之后弹出如图3-5所示的对话框。如果此次设计包括其他设计文件，可以在“File name”的下拉菜单中选择文件，或者单击“Add All”按钮加入该目录下的所有文件。如果需要用户自定义的库，则单击“User Libraries...”按钮来选择。在本次设计中没有需要添加的文件和库，直接单击“Next”按钮即可。

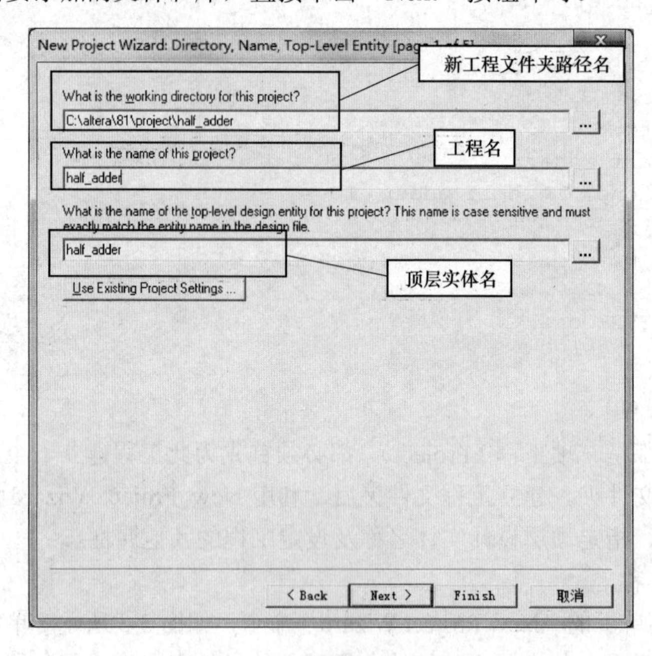

图 3-4 设置工程的基本信息

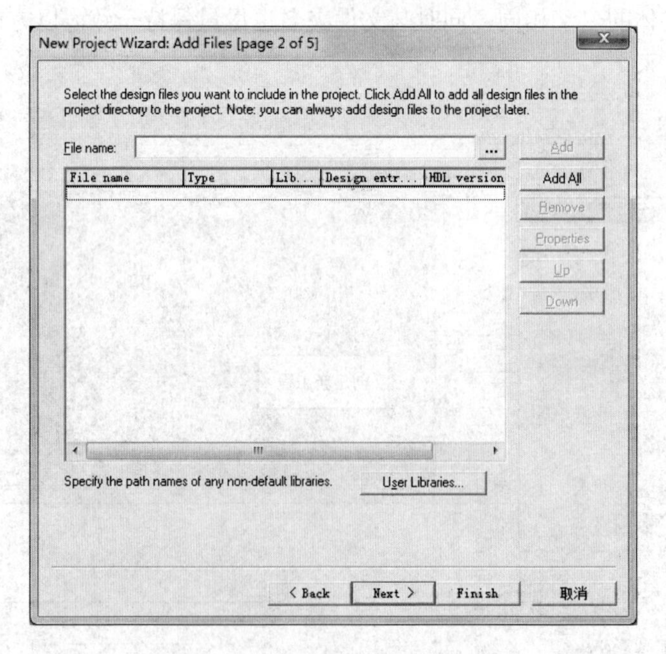

图 3-5 添加文件和库

3. 选择目标器件

在图 3-5 中单击“Next”按钮后会弹出如图 3-6 所示的对话框，用来选择目标器件。在“Target device”选项下选择“Auto device selected by the Fitter”选项，系统会自动给设计的文件分配一个器件。如果选择“Specific device selected in ‘Available devices’ list”选项，用户需

指定目标器件。在本次设计中选择 ACEX1K 系列中管脚数目为 208、速度等级为 3 的 EP1K30QC208-3 型号芯片。

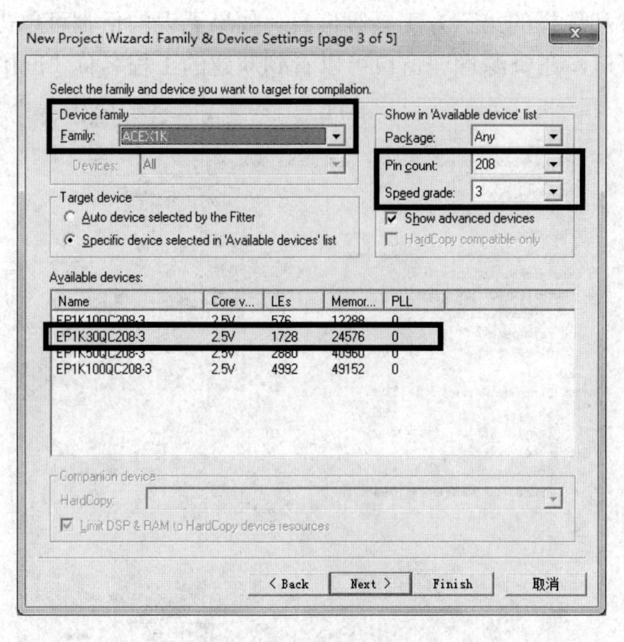

图 3-6 器件类型设置

4. 选择第三方 EDA 工具

在图 3-6 中单击“Next”按钮后进入第三方工具选择对话框，如图 3-7 所示。用户可以选择所用到的第三方工具，比如 ModleSim、Synplify 等。在本次设计中并没有用到第三方工具，可以不选。

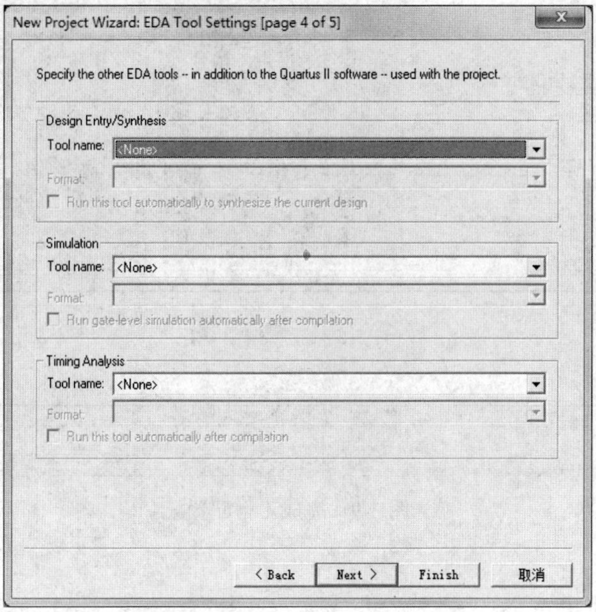

图 3-7 EDA 工具设置

5. 结束设置

在图 3-7 中单击“Next”按钮后进入最后确认的对话框，如图 3-8 所示，显示建立的工程名称、选择的器件和选择的第三方工具等信息。如果无误的话则可单击“Finish”按钮，弹出如图 3-9 所示的窗口，在资源管理窗口可以看到新建的工程名称“half_adder”。

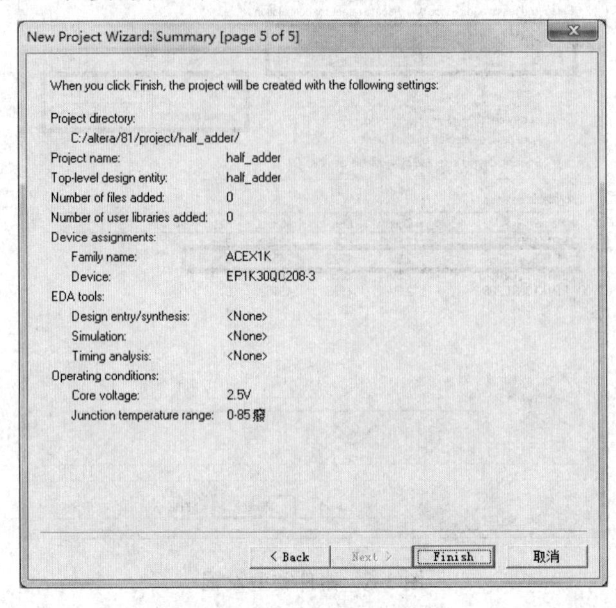

图 3-8 工程信息概要

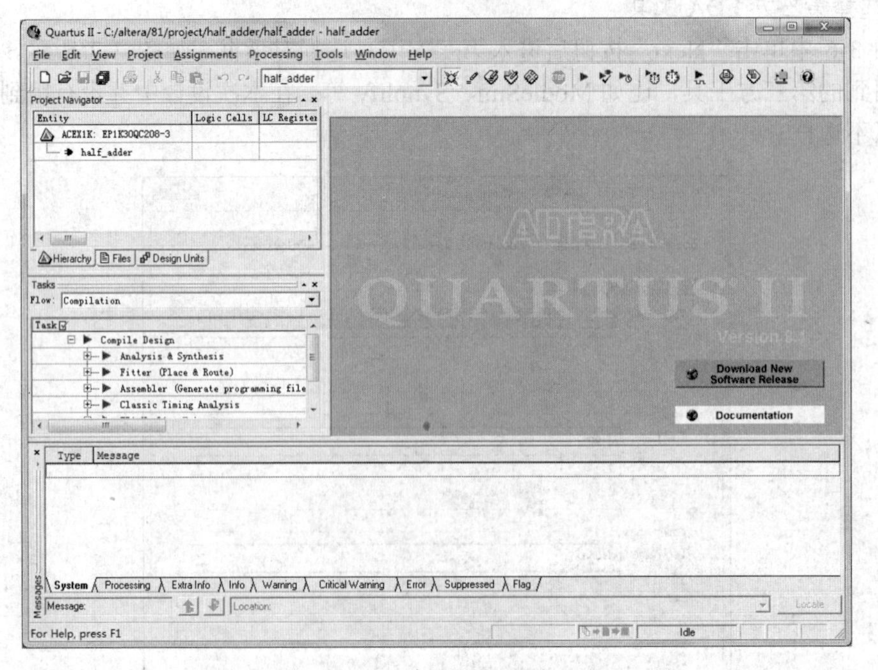

图 3-9 完成工程配置

（二）设计输入

1. 新建输入文件

在图 3-9 中，单击“File”菜单下的“New”命令或者在快捷栏中单击🗋空白文档，弹出

“New”对话框，如图 3-10 所示。

在“Design Files”下拉菜单中选择“VHDL File”选项，单击“OK”按钮，弹出如图 3-11 所示的 VHDL 文本编辑窗口。

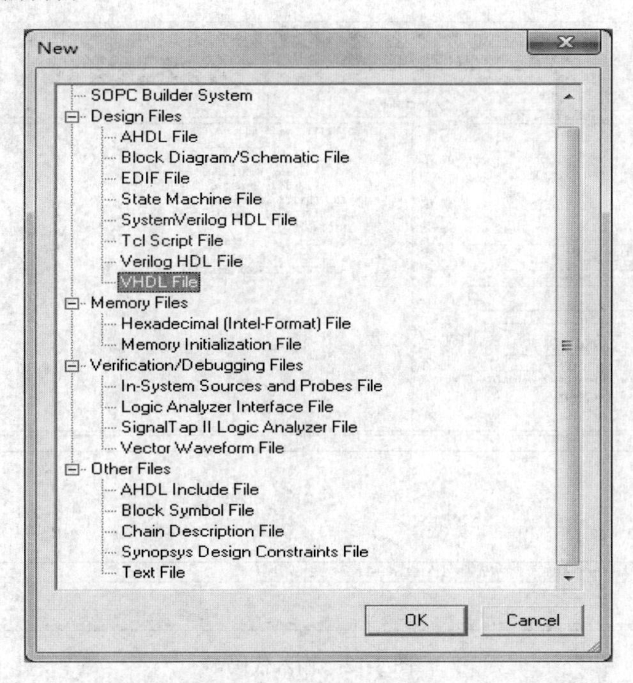

图 3-10　建立 VHDL 文本文件

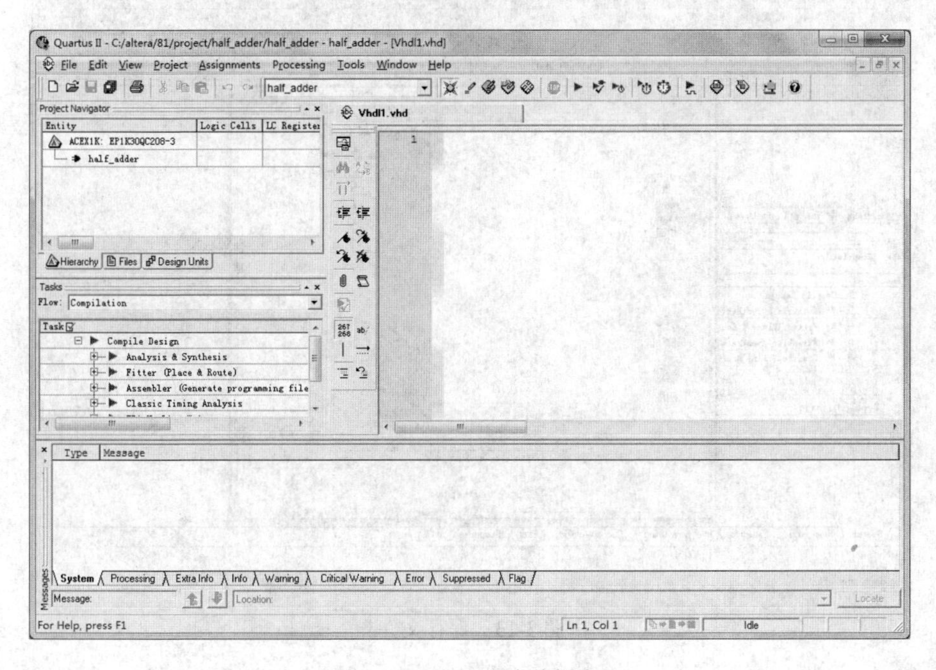

图 3-11　VHDL 文本编辑窗口

2. 输入代码

在图 3-11 中输入代码，如图 3-12 所示。

3．保存文件

在图 3-12 中单击保存文件按钮，弹出如图 3-13 所示的“另存为”窗口。在默认情况下，“文件名（N）”的文本编辑框中为工程的名称“half_adder”，单击“保存”按钮即可保存文件。

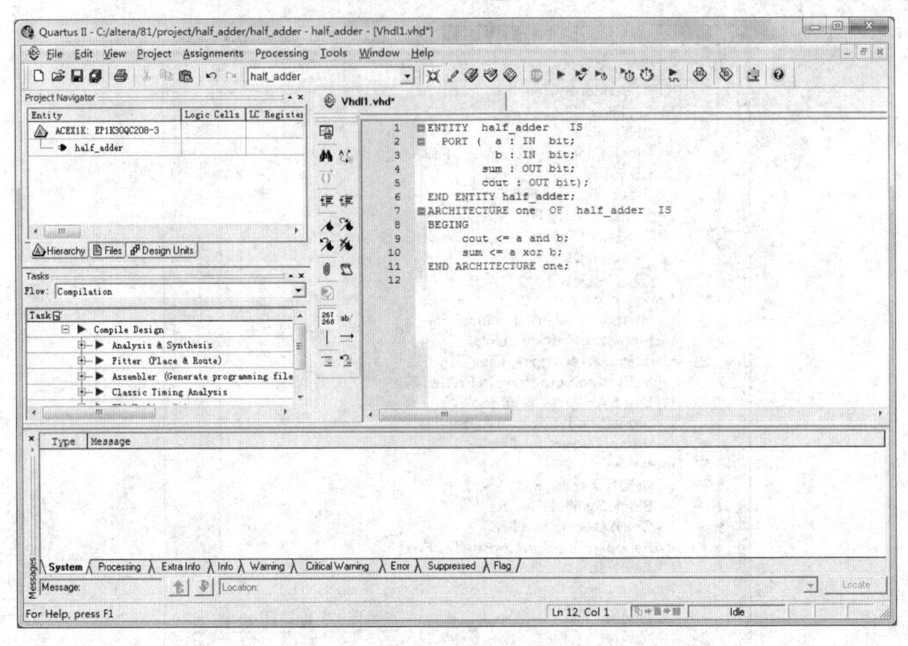

图 3-12 输入代码

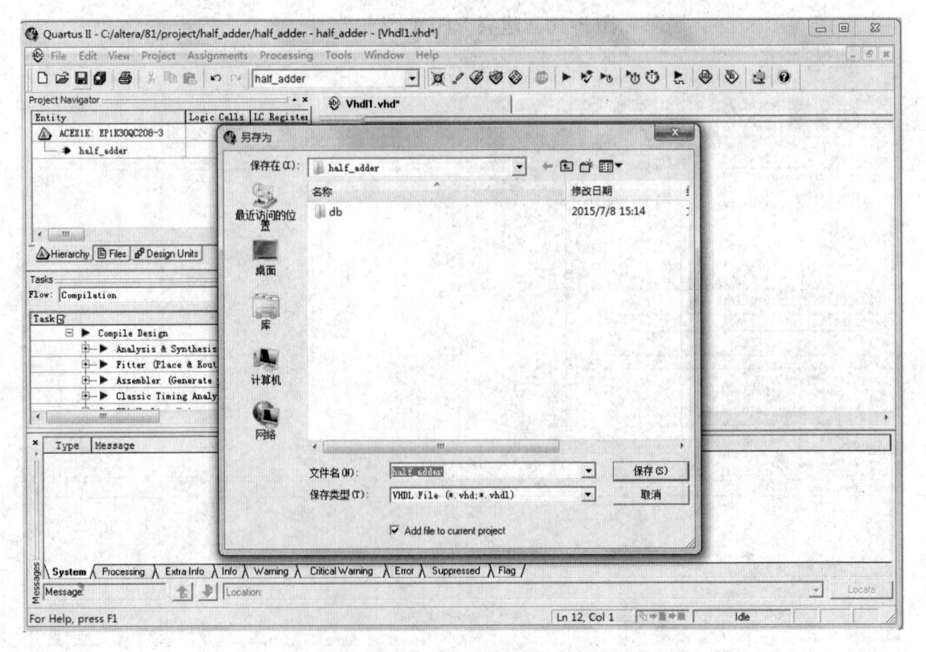

图 3-13 保存文件

注 意

保存文件时，文件名与工程顶层文件名保持一致，并确定保存的文件夹为当前新建工程的文件夹。

（三）编译工程

在保存好设计文档之后，单击水平工具条上的编译按钮▶开始编译，并伴随着进度不断地变化，编译完成后的窗口如图 3-14 所示。单击“确定”按钮后，窗口如图 3-15 所示。

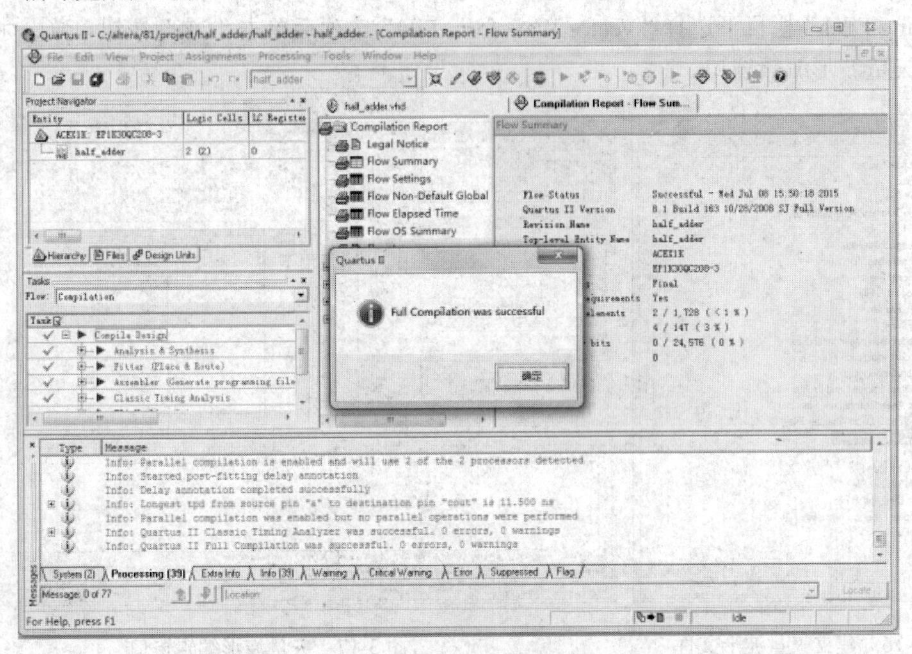

图 3-14 编译完成后的窗口

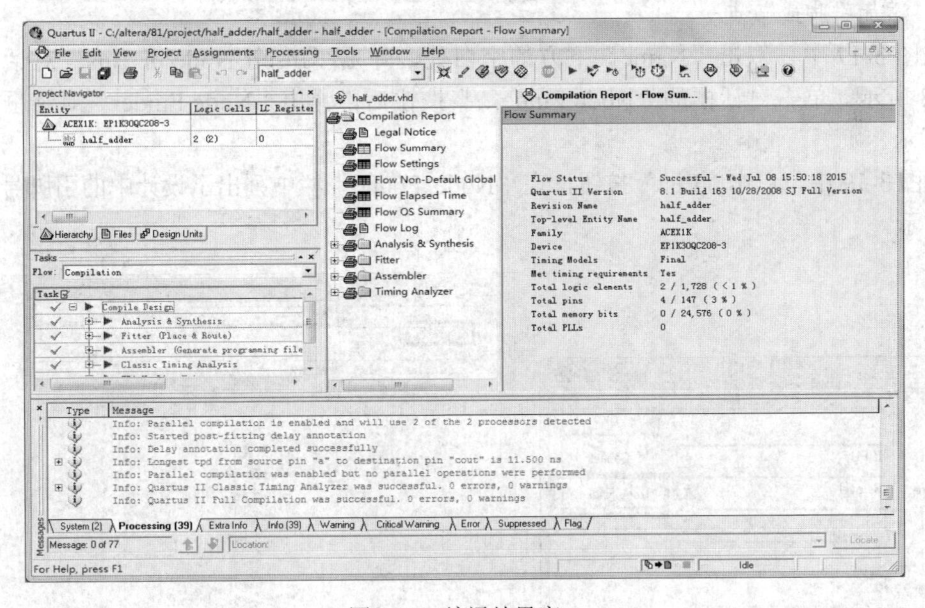

图 3-15 编译结果窗口

在图 3-15 中，显示了编译时的各种信息，其中包括警告和出错信息。若有错误，根据错误提示进行相应修改，并重新编译，直到没有错误为止。

工程编译通过后，只能说明没有语法错误，可综合成某种电路结构，但并不能说明设计的电路是满足原设计要求的，必须对其功能和时序性进行仿真测试。

（四）仿真

1. 建立矢量波形文件

单击“File”菜单下的“New”命令，弹出如图 3-16 所示的“New”对话框。在“Verification/Debugging Files”栏目下选择“Vector Waveform File”选项后单击“OK”按钮，弹出如图 3-17 所示的矢量波形编辑窗口。

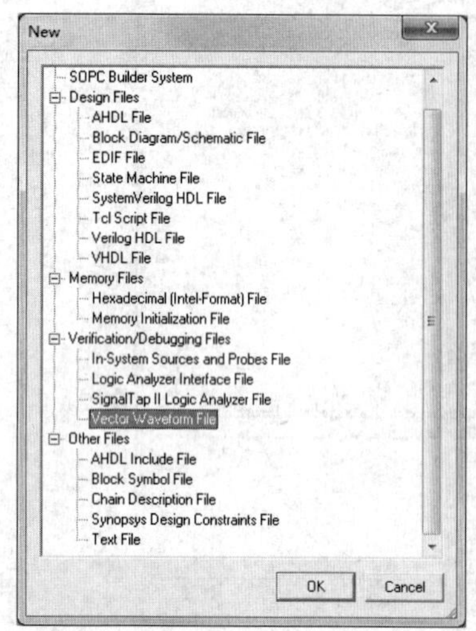

图 3-16　建立矢量波形文件

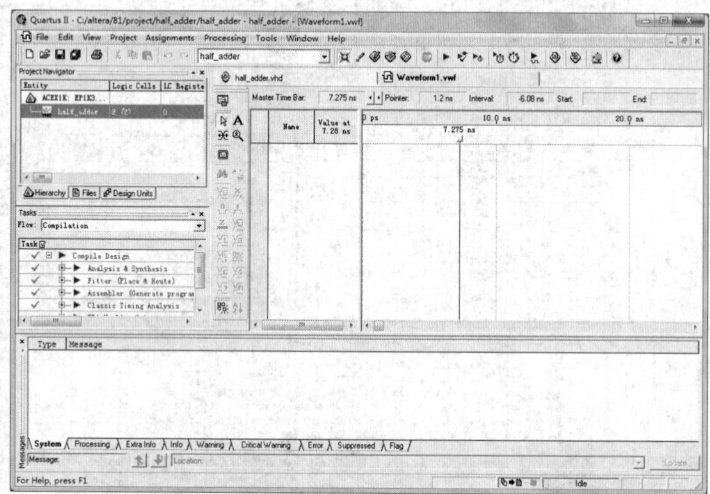

图 3-17　矢量波形编辑窗口

2. 添加引脚或节点

在图 3-17 中，双击“Name”下方的空白处，弹出“Insert Node or Bus”对话框，如图 3-18 所示。单击对话框的“Node Finde…”按钮后，弹出“Node Finder”对话框，如图 3-19 所示。

在图 3-19 中，单击“List”按钮，在“Node Found”栏中列出了设计中的引脚号，如图 3-20 所示。

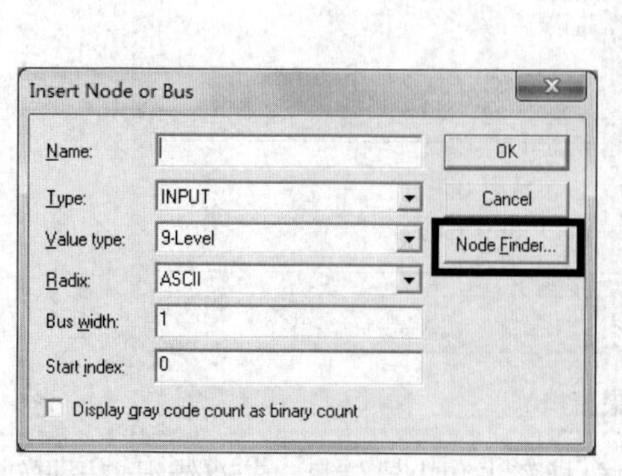

图 3-18　添加节点对话框

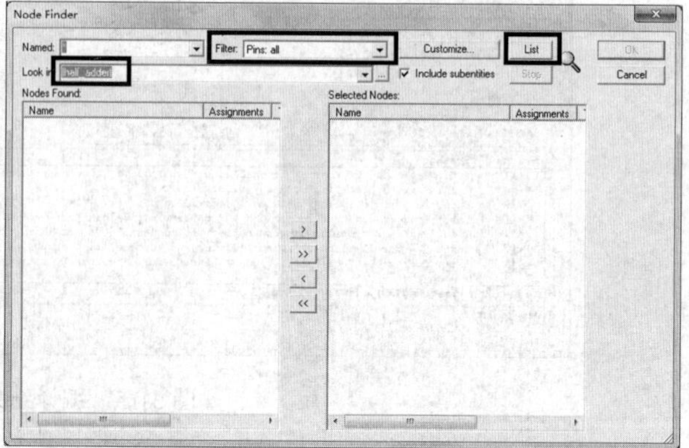

图 3-19　“Node Finder”对话框

单击“»”按钮，所有列出的输入/输出节点全部被复制到右边的一侧，如图 3-21 所示。也可以只选择其中的一部分，根据情况而定，单击“›”按钮复制到右边。

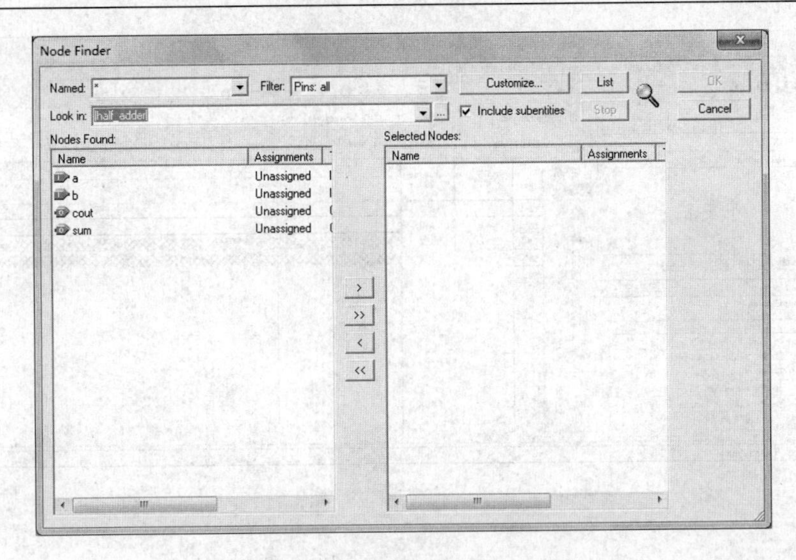

图 3-20 列出设计中输入/输出节点

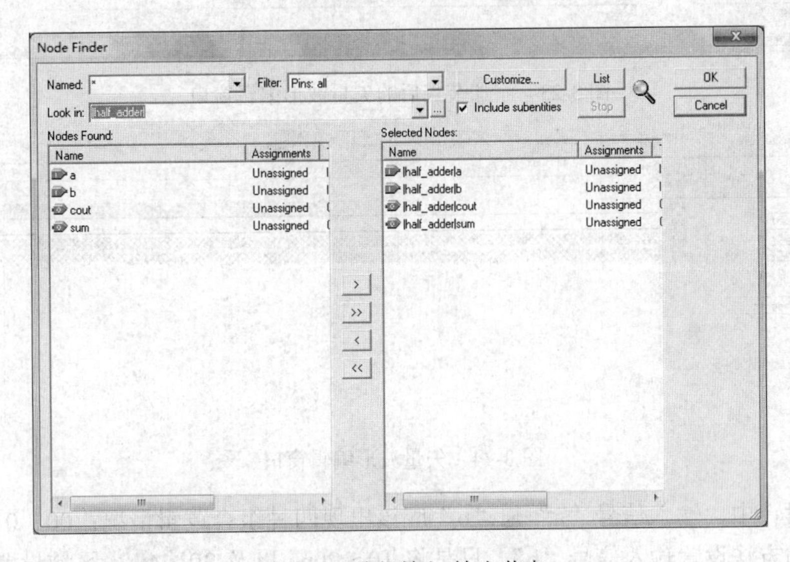

图 3-21 选择输入/输出节点

单击“OK”按钮后，返回“Insert Node or Bus”对话框，此时，在“Name”和“Type”栏里出现了“Multiple Items”项，如图 3-22 所示。

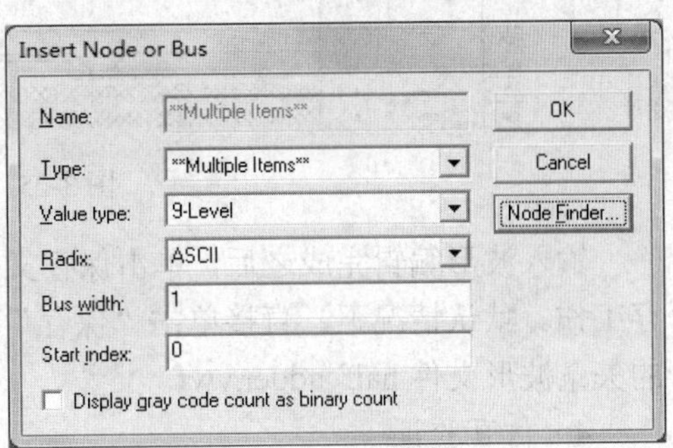

图 3-22 “Insert Node or Bus”对话框

单击“OK”按钮，选中的输入/输出端口被添加到矢量波形编辑窗口中，如图 3-23 所示。

3. 编辑输入信号并保存文件

在图 3-23 中单击“Name”下方的“a”，即选中该行的信号波形。此时波形窗口左侧工具栏的赋值信号显现出来，如图 3-24 所示，根据需要为该节点赋予相应的信号波形。利用鼠标左键选中 a 端口 20～40ns 的区域，被选中的区域被蓝色覆盖，然后选择左侧工具栏中的逻辑高信号赋值。

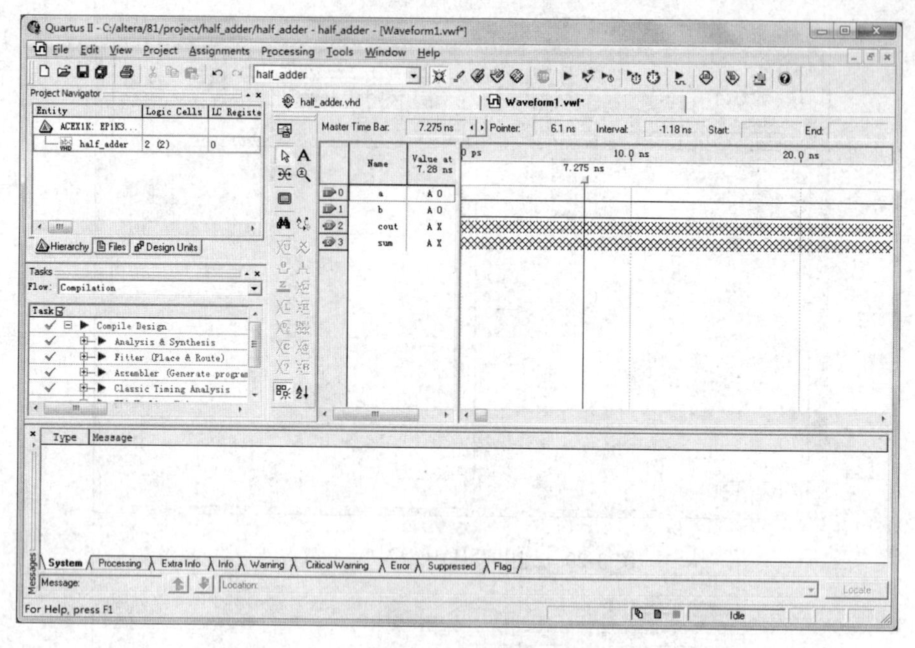

图 3-23　添加节点后的矢量波形编辑窗口

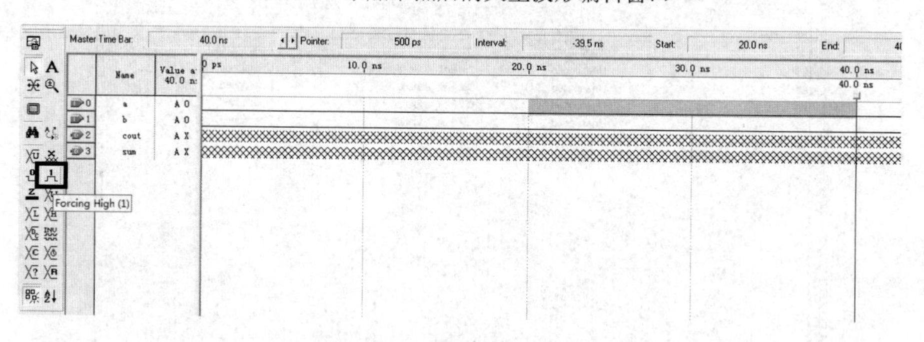

图 3-24　矢量波形编辑窗口

在本次设计中，输入信号“a”与“b”应该出现四种组合逻辑情况：00、01、10、11。可采用同样的方法设置输入信号“b”，只是将 10～20ns 以及 30～40ns 区域设置为逻辑高。编辑完成的波形如图 3-25 所示，从图中可看出能实现四种组合逻辑输入情况。

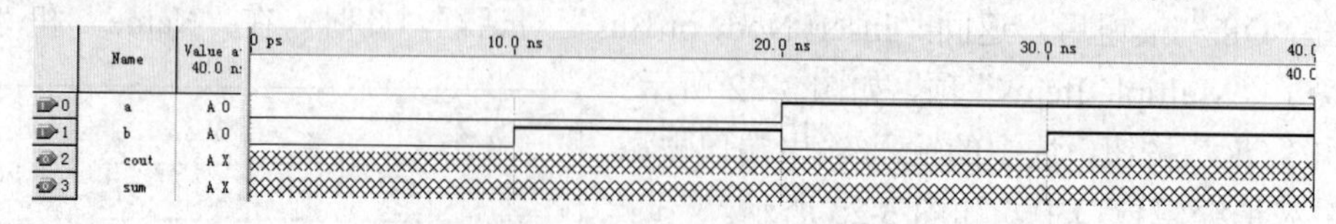

图 3-25　编辑输入信号波形

输入波形编辑完成之后，单击保存文件按钮，根据如图 3-26 所示的提示框完成文件保存工作。默认情况下，直接单击“保存”即可。此时，在工程的文件夹中保存与工程名相同的矢量波形文件 half_adder.vwf。

4. 仿真验证

仿真分为功能仿真和时序仿真，也称前仿真和后仿真。功能仿真是忽略延时后的仿真，是最理想的仿真；时序仿真则是加上了一些延时的仿真，是最接近实际的仿真。在设计中通常先做功能仿真，验证电路逻辑的正确性，后做时序仿真，验证时序是否符合实际要求。

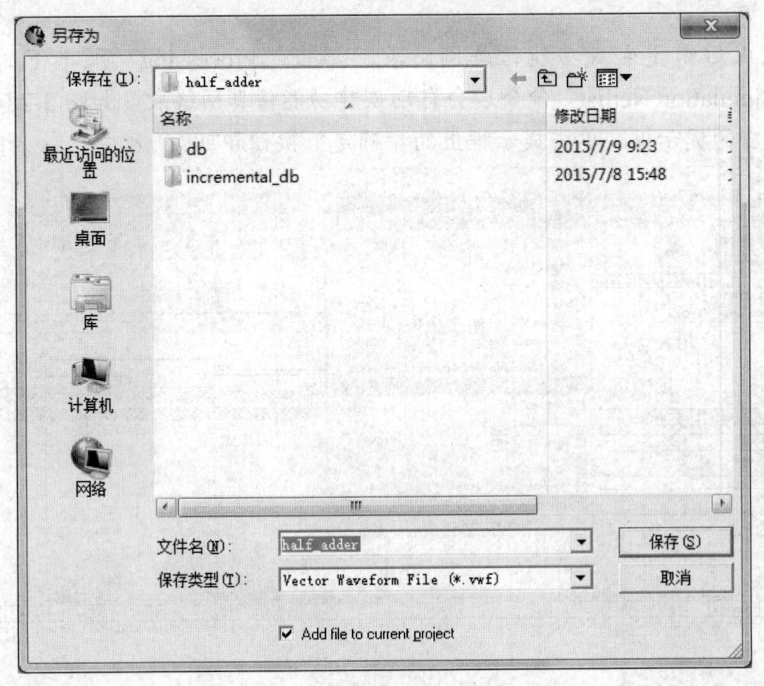

图 3-26 波形文件保存窗口

（1）功能仿真。首先，单击“Assignments”中的“Settings”选项，在弹出的“Settings”对话框中进行设置。如图 3-27 所示，单击左侧标题栏中的“Simulator Settings”选项后，在右侧“Simulation mode”的下拉菜单中选择“Functional”选项即可(软件默认的是“Timing”选项)，单击“OK”按钮后完成设置。

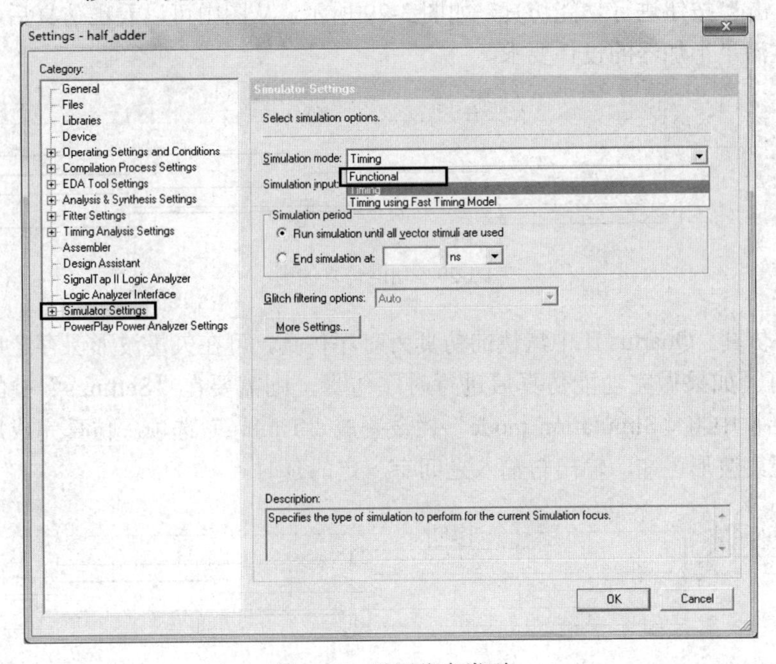

图 3-27 设置仿真类型

注 意

设置完成后需要生成功能仿真网络表。单击“Processing”菜单下的“Generate Functional Simulation Netlist”命令后会自动创建功能仿真网络表，如图 3-28 所示。完成后会弹出相应的提示框，单击提示框上的“确定”按钮即可。

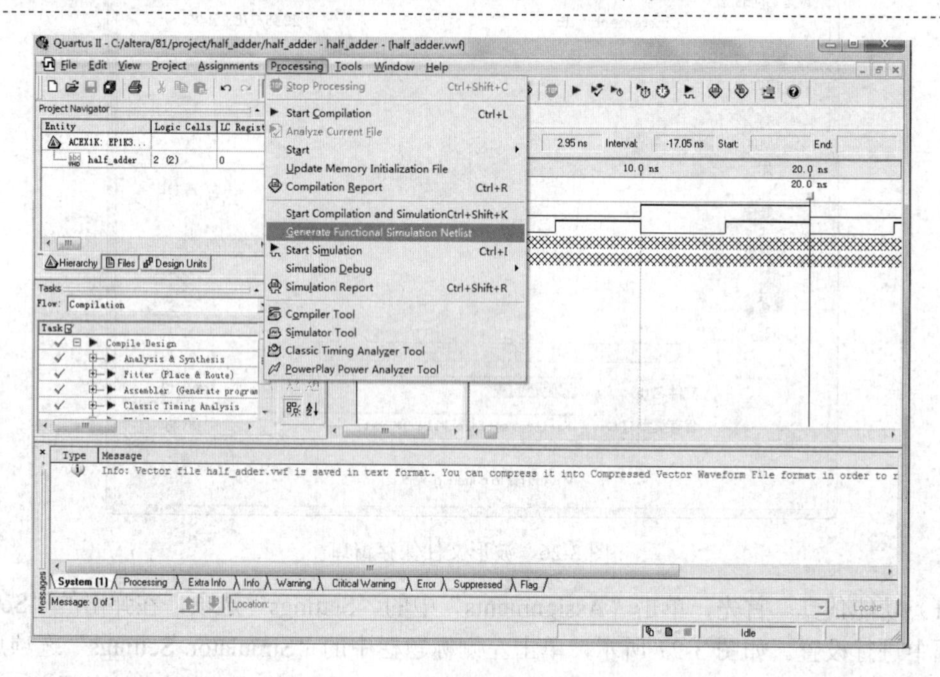

图 3-28 创建功能仿真网络表

最后，单击按钮进行功能仿真，如图 3-29 所示，从图中可以看出仿真后的输出波形没有延时，并且满足半加器的设计要求。

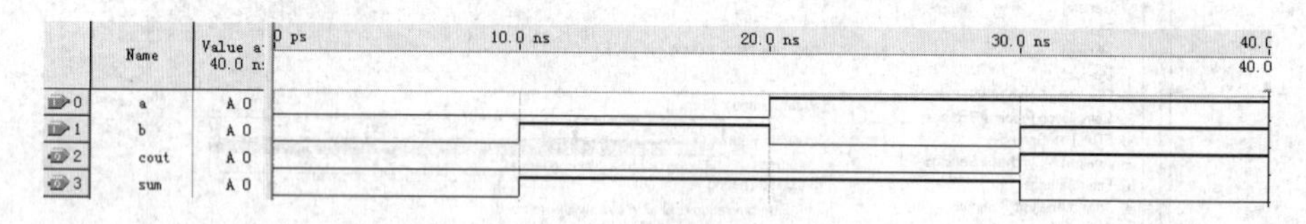

图 3-29 功能仿真波形

（2）时序仿真。Quartus II 中默认的仿真为时序仿真，可在矢量波形保存之后直接单击仿真按钮即可。如果做完功能仿真后进行时序仿真，则需要在“Settings”中的“Simulator Settings”对话框中将“Simulation mode”栏设置成“Timing”选项。仿真完成后的窗口如图 3-30 所示。观察波形可知，输出与输入之间有一定的延时。

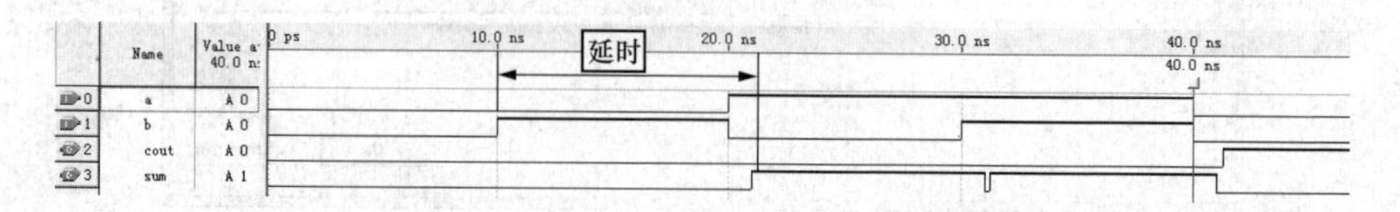

图 3-30 时序仿真波形

（五）引脚分配

引脚分配是为了对所设计的工程进行硬件测试，将输入/输出信号锁定在实际硬件确定的引脚上。单击“Assignments”菜单下“Pins”命令，弹出的对话框如图3-31所示，在下方的列表中列出了本项目所有的输入/输出引脚名。

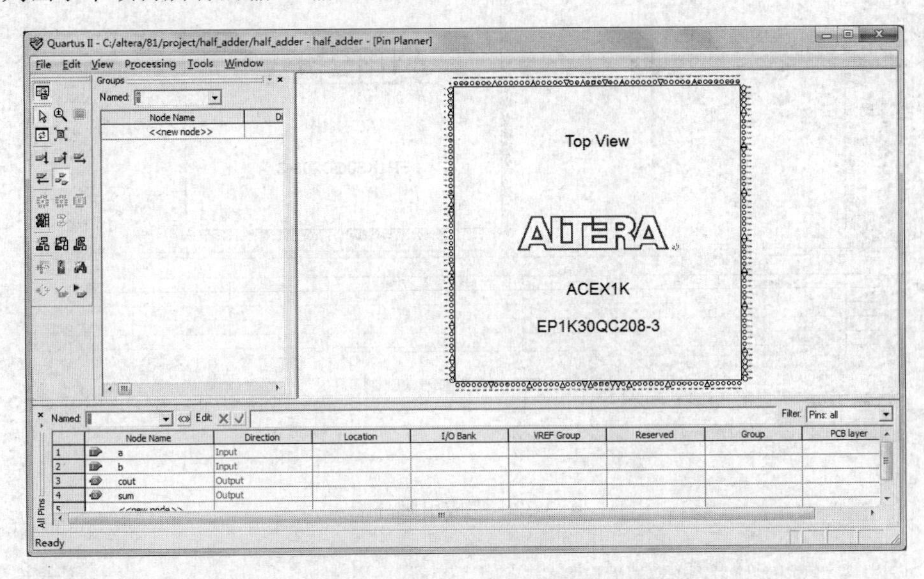

图3-31 分配引脚

本次设计的半加器，输入/输出端口与ACEX1K芯片引脚的对应关系见表3-2。输入信号a与b分别对应试验箱KH-310上拨码开关I01和I02，对应芯片引脚为pin7和pin8；输出信号cout与sum分别对应试验箱KH-310中发光二极管D1和D2，对应芯片引脚为pin39和pin40。

表3-2 半加器输入/输出端口与芯片引脚对应关系

端口名称	输入端口		输出端口	
	a	b	cout	sum
实验箱系统（KH-310）对应设备名称	SW3-I01	SW3-I02	D1	D2
引脚	pin7	pin8	pin39	pin40

在图3-31中，双击输入端“a”对应的“Location”选项后弹出引脚列表，从中选择合适的引脚，则输入a的引脚分配完毕。同理完成所有引脚的分配，如图3-32所示。

注意

所有引脚分配完成后需要重新编译。选择“Processing”下拉菜单中“Start Complition”选项或直接单击工具栏中编译快捷按钮▶开始编译。

（六）下载

在“Tool”菜单下选择“Programmer”命令，或者直接单击工具栏上的按钮，弹出如图3-33所示的对话框。

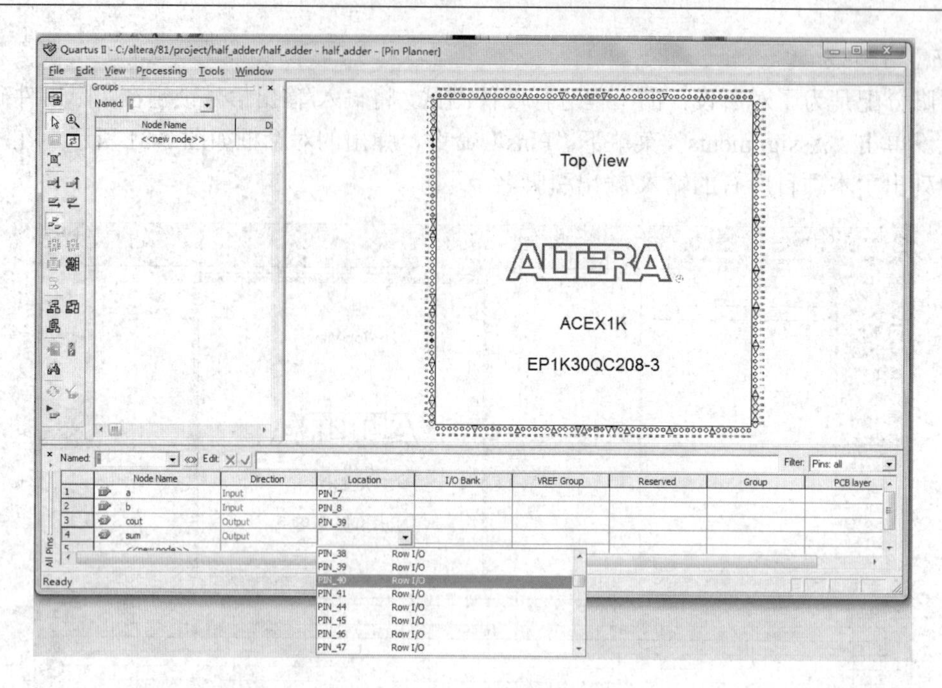

图 3-32 完成引脚分配

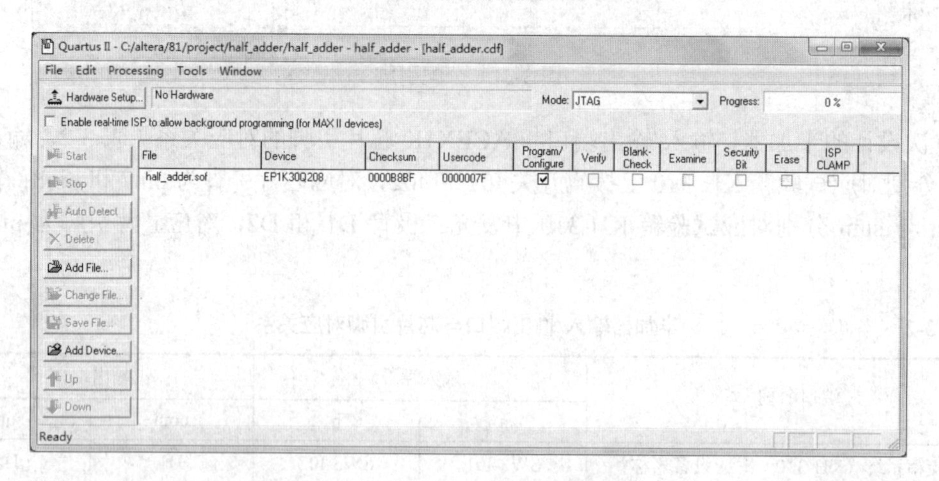

图 3-33 未配置的下载电缆窗口

若对话框“Hardware Setup”栏中标识为“No Hardware”，说明还没有配置下载电缆，需单击“Hardware Setup”按钮，弹出“Hardware Setup”对话框，如图 3-34 所示。单击“Add Hardware…”按钮设置下载电缆，弹出如图 3-35 所示的对话框。在“Hardware type”一栏中选择“ByteBlasterMV or ByteBlaster II”后单击“OK”按钮，下载电缆配置完成。设置完成后，单击“Close”按钮即可。一般情况下，如果下载电缆不更换，一次配置就可以长期使用了，不需要每次都设置。

配置完下载电缆后，在“Mode”栏中选择 JTAG 下载方式，选中“Program/Configure”选项，单击窗口中“Start”按钮，将.sof 文件为当前工程 half_adder 的配置文件下载到 FPGA 芯片中。

六、实验结果

下载完成后，可以通过硬件资源来验证半加器功能是否正确，按表 3-3 中拨码开关 a、b 的状态来进行硬件测试。

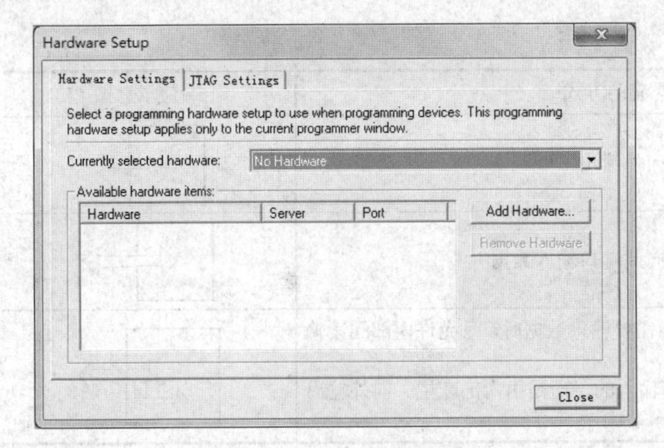

图 3-34 设置编程器对话框

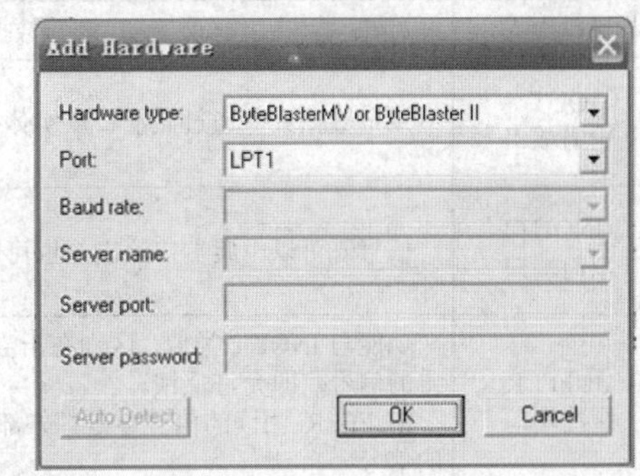

图 3-35 选择下载电缆

表 3-3 按四种状态进行硬件测试

a	b	cout/D1	sum/D2	a	b	cout/D1	sum/D2
0	0	不亮	不亮	1	0	不亮	亮
0	1	不亮	亮	1	1	亮	不亮

七、相关知识

半加器电路的 VHDL 描述主要由两大部分组成：

（1）以关键词 ENTITY 开头、END ENTITY half_adder 结尾的语句部分，称为实体。VHDL 的实体用于描述电路器件的外部情况及各信号端口的基本性质，如信号流动的方向、信号在端口上的数据类型等。图 3-1 可以认为是半加器实体的图形表述。

实体表达的一般表达形式如下：

```
ENTITY entity_name  IS
 PORT (  port_name1 : 端口模式 数据类型;
   ……
port_namei : 端口模式 数据类型);
END ENTITY entity_name;
```

1）实体名。entity_name 是标识符，具体取名由设计者决定。由于实体名实际上表达的应该是设计电路的器件名，因此最好根据相应电路的功能来确定。例如，半加器的实体名取为 half_adder。

2）端口语句。以 PORT()开始，并在语句结尾处加分号“;”。其中 port_name 是端口信号名。例如半加器中端口信号 a、b、sum 和 cout。

3）端口模式。用于定义端口上数据的流动方向和方式。例如在半加器中，用 IN 定义输入端口 a 和 b，用 OUT 定义输出端口 sum 和 cout。在 VHDL 中，通常可综合的端口模式有如下 4 种，见表 3-4。

表 3-4 四种端口模式的定义

端口模式	端口数据流动方式	端口示意图
IN 输入端口	规定数据只能从此端口被读入实体内部	(示意图：箭头指向方框内)

续表

端口模式	端口数据流动方式	端口示意图
OUT 输出端口	规定数据只能通过此端口从实体向外流出	
INOUT 双向端口	信号既可以由此端口流出，也可向此端口输入数据	
BUFFER 缓冲端口	功能与 INOUT 类似，区别在于当需要输入数据时，只允许内部回读输出的信号，即允许反馈。 BUFFER 回读的信号不是由外部输入的，而是由内部产生、向外输出的信号	

4）数据类型。在 VHDL 设计中，必须预先定义好要使用的数据类型。例如在半加器中，端口信号 a、b、sum、cout 的数据类型都定义为 BIT。BIT 数据类型的信号规定的取值范围是逻辑位 1 和 0，可以参与逻辑运算或算术运算。

（2）以关键词 ARCHITECTURE 开头、END ARCHITECTURE one 结尾的语句部分，称为结构体。VHDL 的结构体负责描述电路器件的内部逻辑功能和电路结构。

结构体的一般表达形式如下：

```
ARCHITECTURE  arch_name  OF  entity_name  IS
      [说明语句]
BEGIN
      (并发处理语句)
END  ARCHITECTURE  arch_name;
```

1）结构体名。arch_name 是标识符。例如半加器 half_adder 的结构体名为 one，由设计者自行决定。

2）说明语句。包括在结构体中，用以说明和定义数据对象、数据类型、元件调用声明等，它并非是必需的。例如在半加器的结构体描述中就没有说明语句。

3）并发处理语句。位于 begin 和 end 之间，具体描述结构体的行为。并发处理语句是功能描述的核心部分，也是变化最丰富的部分。并发处理语句可以使用赋值语句、进程语句、元件例化语句、块语句以及子程序等。需要注意的是，这些语句都是并发（同时）执行的，与排列顺序无关。

在半加器的 VHDL 描述中，表达式 cout<= a and b 表示输入端口 a 的数据与输入端口 b 的数据进行逻辑与运算之后数据向输出端口 cout 传输，表达式 sum<= a xor b 表示输入端口 a 的数据与输入端口 b 的数据进行逻辑异或运算之后数据向输出端口 sum 传输。这两条赋值语句是并行语句，所描述的电路原理图如图 3-2 所示。

3.2 全加器的设计

一、实验目的

（1）了解基于 FPGA 的层次化设计方法。

（2）熟悉 Quartus II 混合编辑输入的操作步骤。

（3）掌握全加器的工作原理和设计方法。

二、实验环境

（1）软件环境：Quartus II 8.0 版本。

（2）硬件环境：KH-310。

三、实验任务

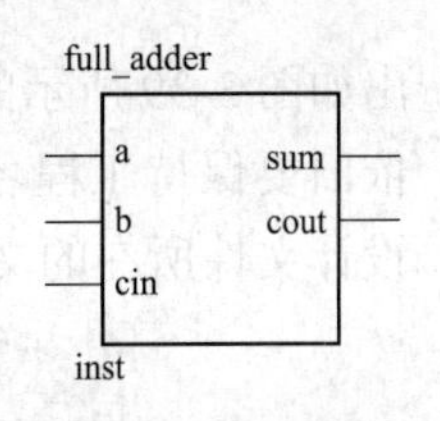

图 3-36 全加器 full_adder 实体

使用之前设计好的半加器模块，利用混合编辑法设计一位全加器。其电路实体或元件图如图 3-36 所示，其中 a 和 b 为本位输入端，cin 为低位对本位的进位端口，另外，sum 为全加器求和输出端口，cout 为进位输出端口。full_adder 是设计者为此器件取的名称，能体现该器件的基本功能特点。

最后，将混合设计的文件下载到目标器件中：使用三个逻辑拨码开关连接输入端 a、b 和 cin，实现全加器的数据输入；使用两个 LED 灯连接电路的输出端口 sum 和 cout，便于观察全加器的运算结果。

四、实验原理

全加器是一个典型的组合数字逻辑电路，与半加器相比，全加器不只考虑本位计算结果是否有进位，也考虑上一位对本位的进位。其电路功能真值表见表 3-5。

表 3-5 全 加 器 真 值 表

cin	a	b	sum	cout	cin	a	b	sum	cout
0	0	0	0	0	1	0	0	1	0
0	0	1	1	0	1	0	1	0	1
0	1	0	1	0	1	1	0	0	1
0	1	1	0	1	1	1	1	1	1

由此可知，全加器可通过两个半加器来实现本位 a、b 与进位 cin 之间的加法运算。首先 a 与 b 进入其中一个半加器进行加法运算，所得到的和 sum 与 cin 进入另一个半加器进行加法运算，其电路结构如图 3-37 所示。可以在 Quartus II 中使用混合编辑法设计该电路，即利用之前 VHDL 描述的半加器生成图元文件，然后使用原理图描述方式实现全加器电路结构。

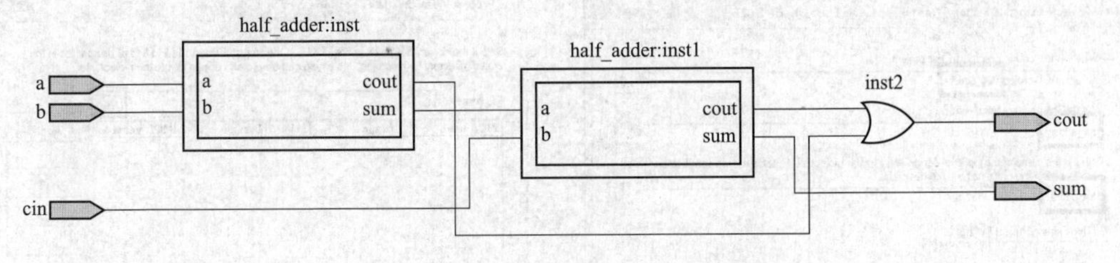

图 3-37 全加器 full_adder 原理图结构

五、实验步骤

（一）建立新工程

首先建立一个工程文件夹 full_adder，然后利用 New Project Wizard 为工程指定工作目录、分配工程名称、指定顶层设计实体名称及设定工程的其他属性。

1. 指定工程名称

选择“File”菜单下的“New Project Wizard”命令，如图 3-38 所示。单击鼠标左键后弹出如图 3-39 所示的对话框，从上到下分别输入新工程的文件夹名、工程名和顶层实体的名字。依旧要保持工程名、顶层实体名和文件夹名一致，均为“full_adder”，以方便寻找工程相关设计文件所在的文件夹。

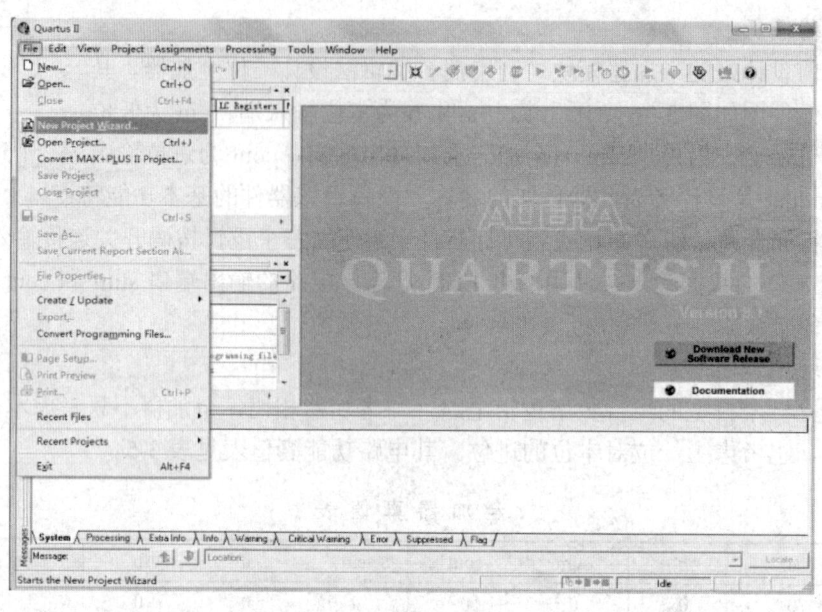

图 3-38　建立新工程

2. 选择需要加入的文件和库

在图 3-39 中单击“Next”按钮，之后弹出如图 3-40 所示的对话框。在本次全加器的设计中，需要使用设计好的半加器模块，因此应该在工程中添加半加器后缀名.vhd 的设计文件。单击图 3-40 中的图标▣，弹出如图 3-41 所示的对话框，寻找添加的文件。因此，必须进入半加器 half_adder 工程的文件夹目录，选中该文件夹中的 half_adder.vhd 设计文件，单击“打开”按钮，弹出如图 3-42 所示的对话框，单击其中的“Add”按钮，即可实现文件添加。文件添加成功后，对话框如图 3-43 所示。

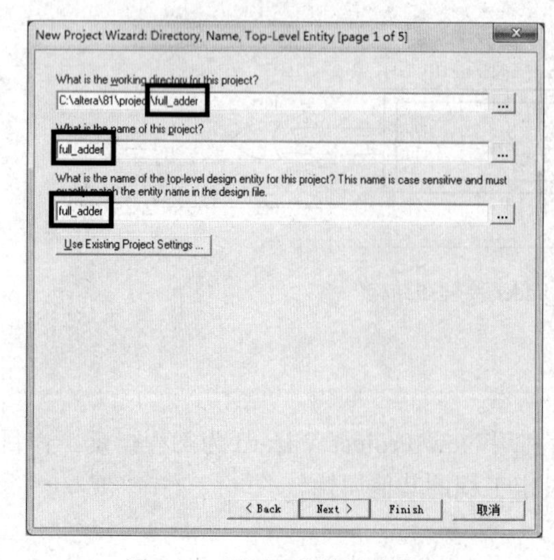

图 3-39　设置工程的基本信息

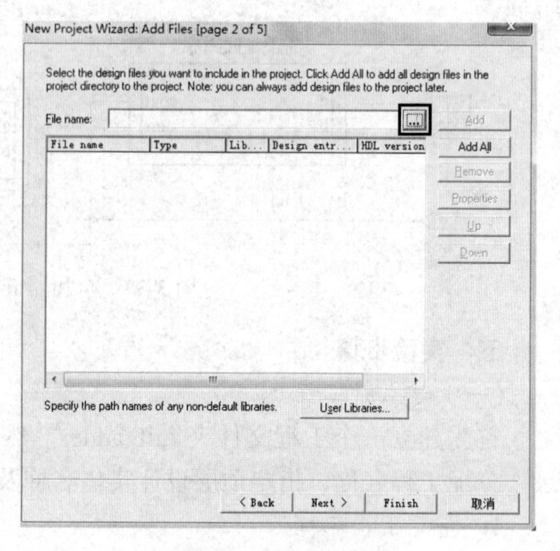

图 3-40　添加文件和库

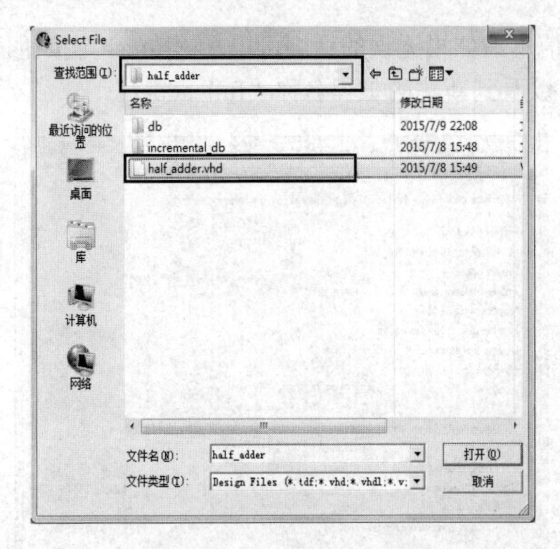

图 3-41 寻找添加的文件

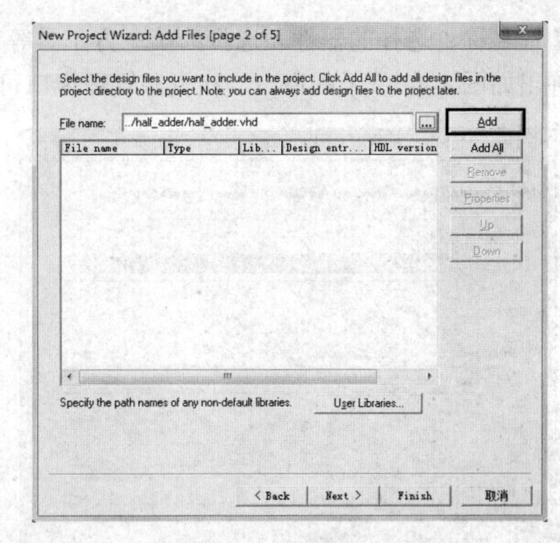

图 3-42 添加新文件

3\. 选择目标器件

在图 3-43 中单击“Next”按钮后会弹出如图 3-44 所示的对话框，用来选择目标器件。在“Target device”选项下选择“Auto device selected by the Fitter”选项，系统会自动给设计的文件分配一个器件。如果选择“Specific device selected in ‘Available devices’ list”选项，用户需指定目标器件。在本次设计中选择ACEX1K系列中管脚数目为208、速度等级为3的EP1K30QC208-3型号芯片。

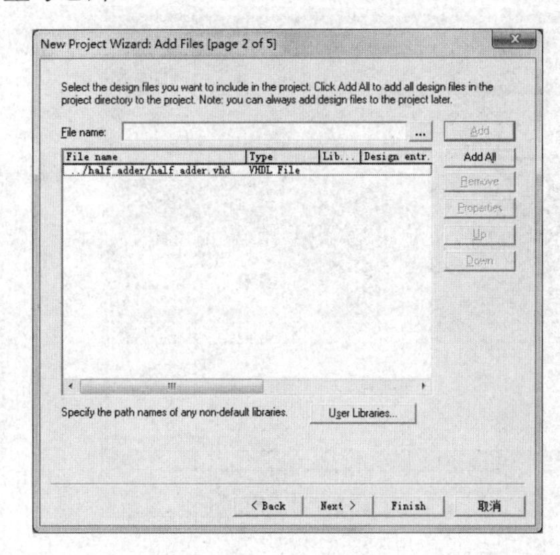

图 3-43 文件添加成功

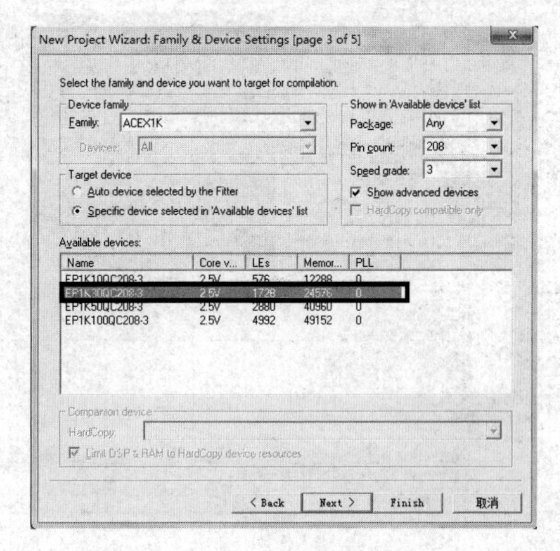

图 3-44 器件类型设置

4\. 选择第三方 EDA 工具

在图 3-44 中单击“Next”按钮后进入第三方工具选择对话框，如图 3-45 所示。用户可以选择所用到的第三方工具，比如 ModleSim、Synplify 等。在本次设计中并没有用到第三方工具，可以不选。

5\. 结束设置

在图 3-45 中单击“Next”按钮后进入最后确认的对话框，如图 3-46 所示，显示建立的工程名称、选择的器件和选择的第三方工具等信息。如果无误的话则可单击“Finish”按钮，弹出如图 3-47 所示的窗口，在资源管理窗口可以看到新建的工程名称“full_adder”。

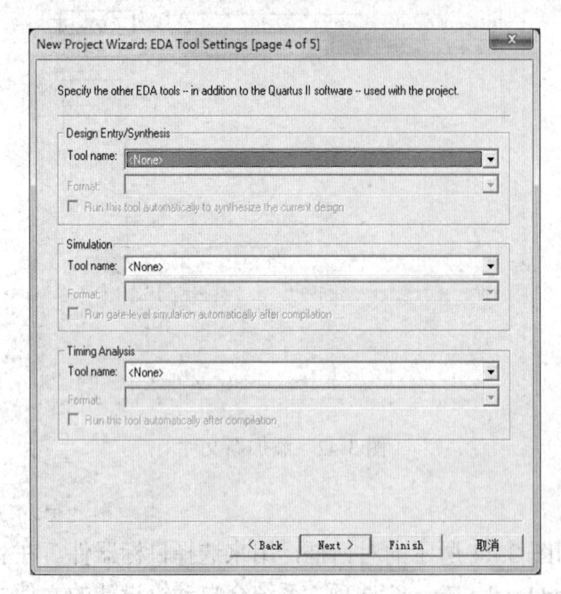

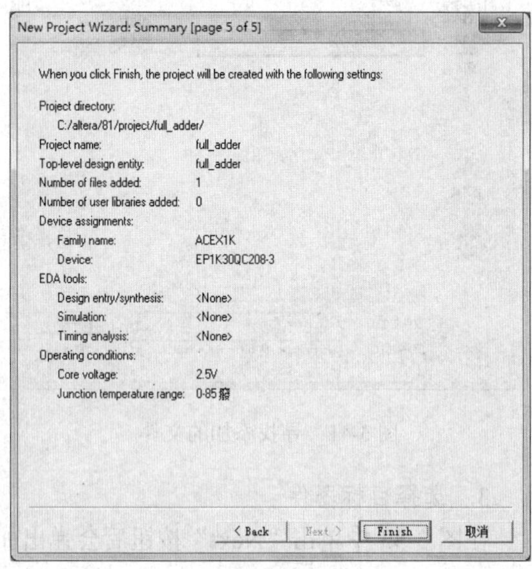

图 3-45　EDA 工具设置　　　　图 3-46　工程信息概要

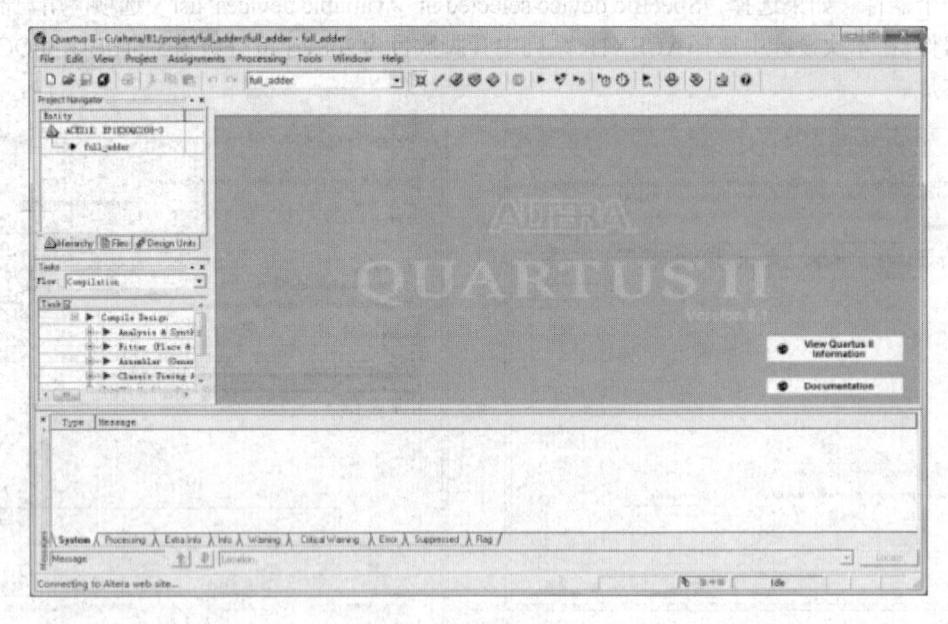

图 3-47　完成工程配置

（二）设计输入

1. 生成半加器的图元文件

在图 3-47 中，单击“File”菜单下的“Open”命令或者在快捷栏中单击打开文件，弹出“打开”对话框，如图 3-48 所示。进入 half_adder 文件夹，找到 half_adder.vhd 源程序文件。

单击“打开”按钮后，主窗口出现半加器的 VHDL 设计的文本文件，如图 3-49 所示。

在当前 vhdl 文件窗口下，单击“File”→“Create/Updata”→“Create Symbol Files for Current File”命令生成“.bsf”格式的图元文件。生成的图元文件在顶层设计中作为模块使用。

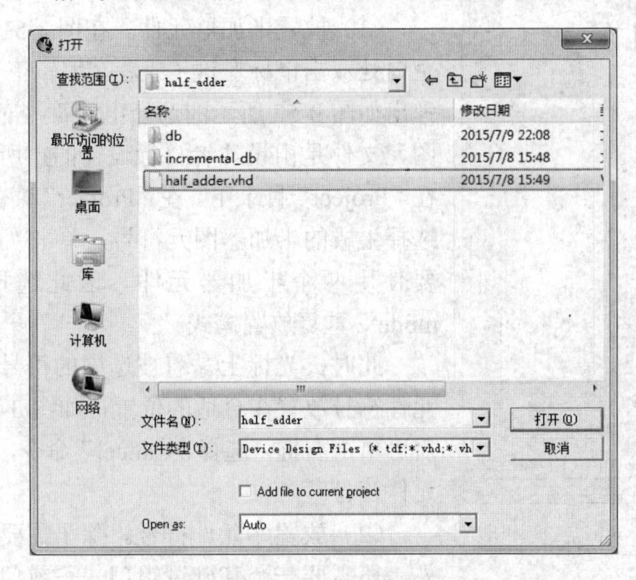

图 3-48 打开半加器设计源程序

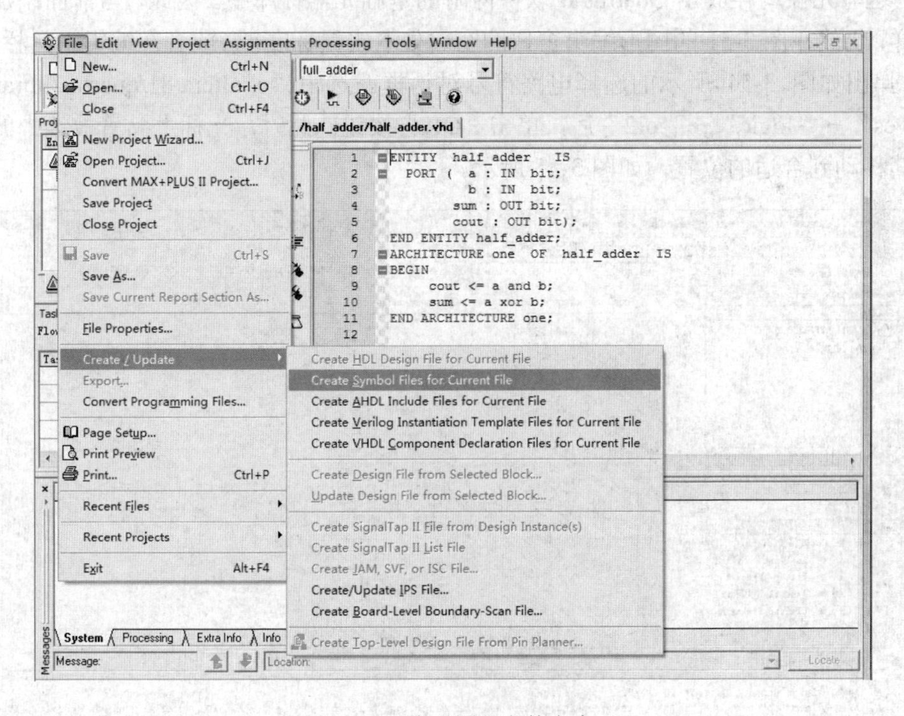

图 3-49 生成图元文件命令

2. 新建顶层原理图文件

将半加器的 VHDL 文件生成图元文件 half_adder.bsf 之后，可以在全加器工程中新建原理图文件。单击“File”→“New”，弹出如图 3-50 所示的对话框，双击“Block Diagram/Schematic File”选项（或者选中该项后单击“OK”按钮）后建立原理图文件，如图 3-51

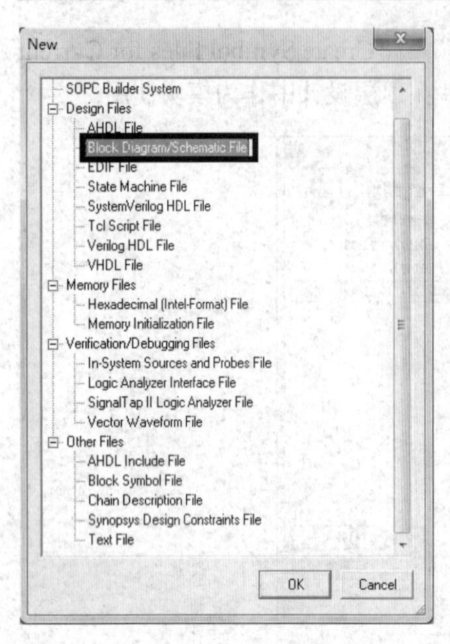

图 3-50　原理图文件

所示。

3. 放置元件符号

（1）放置半加器元件。在图 3-51 的图形编辑窗口的空白处双击鼠标左键（或者在编辑工具栏单击工具），弹出如图 3-52 所示的选择电路符号对话框。因为半加器图元文件是由设计者自行设计的，所以该图元文件存放在“Project”目录下。在“Project”菜单下的“half_adder”选择生成的半加器图元符号，单击“OK”按钮。由于需要使用两个半加器元件，因此选择了“Repeat-insert mode”重复放置模式。

此时，光标上黏着被选中的符号，单击左键即可将元件符号放置在合适的位置，如图 3-53 所示。完成放置后可单击右键，选择“Cancel”命令，取消光标上黏着的元件符号。

（2）放置库元件符号。除了需要使用半加器元件之外，还需要一个基础逻辑门——或门以及各个输入、输出管脚，这些元件均存放于 Quartus II 软件内附的基础元器件库中。因此，与前面添加元件的步骤一样，仍然在图 3-51 的图形编辑窗口的空白处双击鼠标左键（或者在编辑工具栏单击工具），弹出如图 3-54 所示的选择电路符号对话框。选中“c:/altera/81/quartus/libraries”→“primitives”→“logic”→“or2”后，单击“OK”按钮。此时，光标上黏着被选中的或门符号，将其移动到合适的位置，如图 3-55 所示。

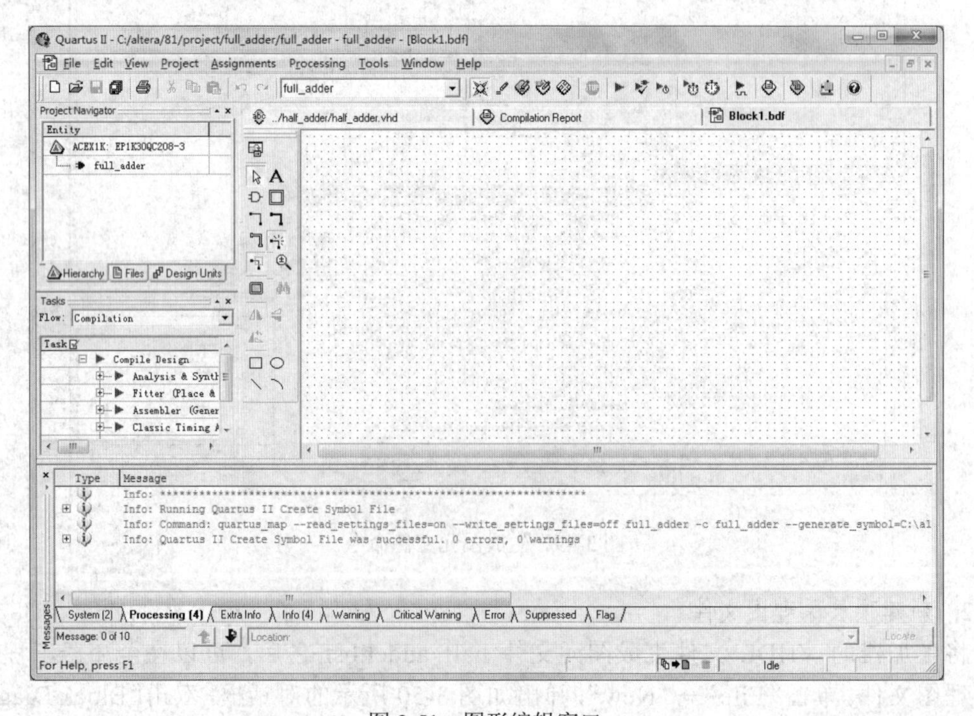

图 3-51　图形编辑窗口

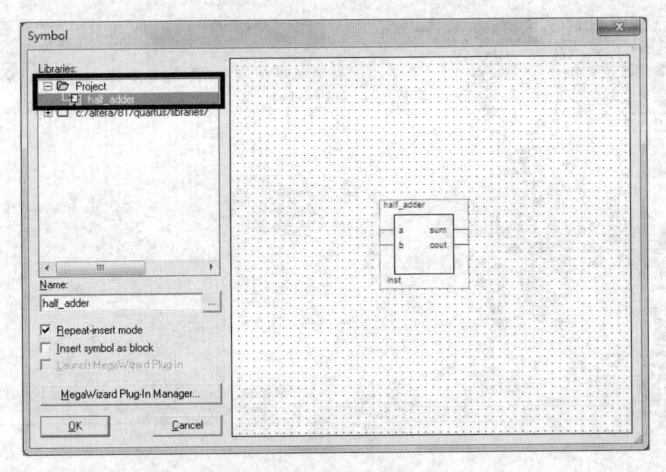

图 3-52 选择元器件

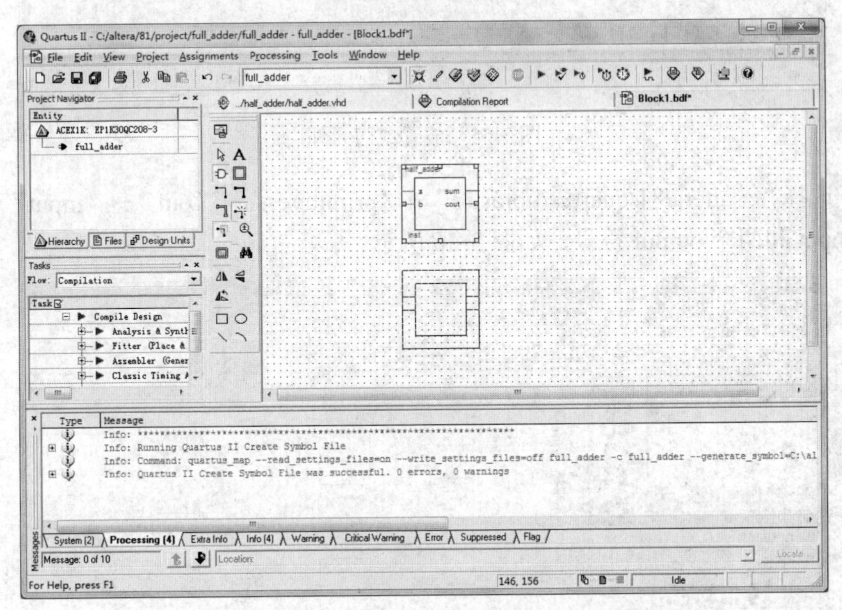

图 3-53 放置半加器模块

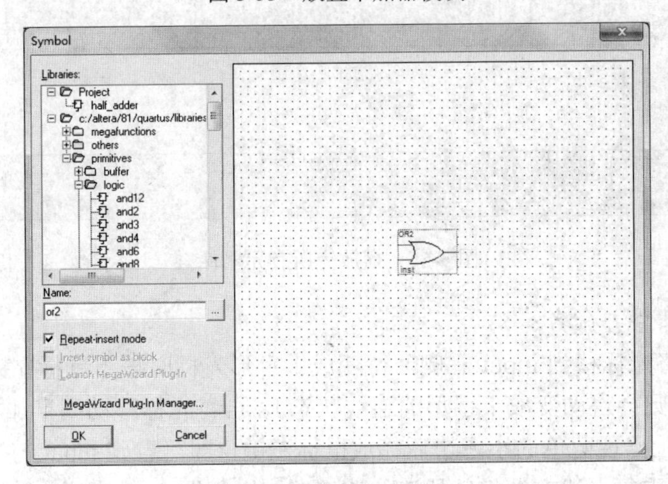

图 3-54 选择或门元件

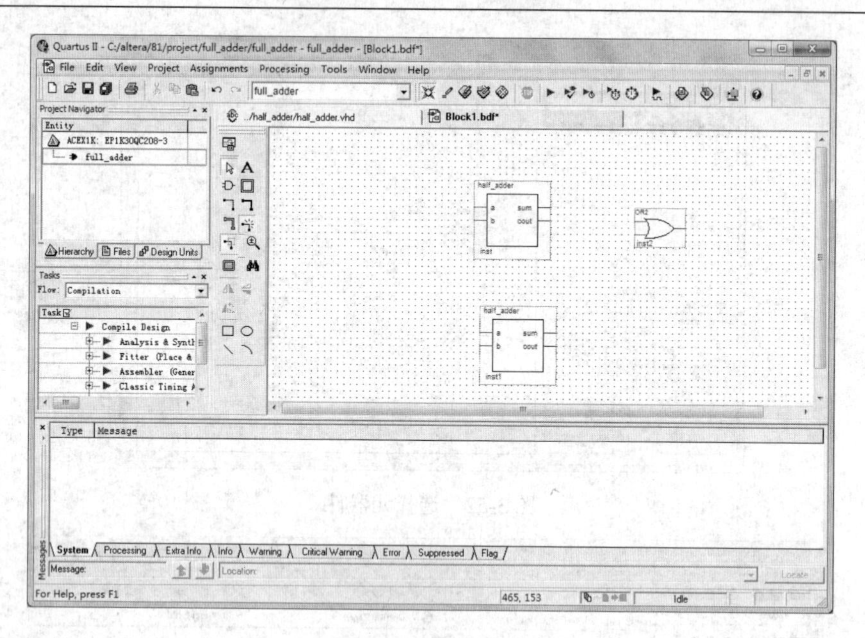

图 3-55　放置或门元件

同理，选择“c:/altera/81/quartus/libraries”→“primitives”→“pin”→“input”/“output”，放置三个 input 和两个 output 符号，如图 3-56 所示。

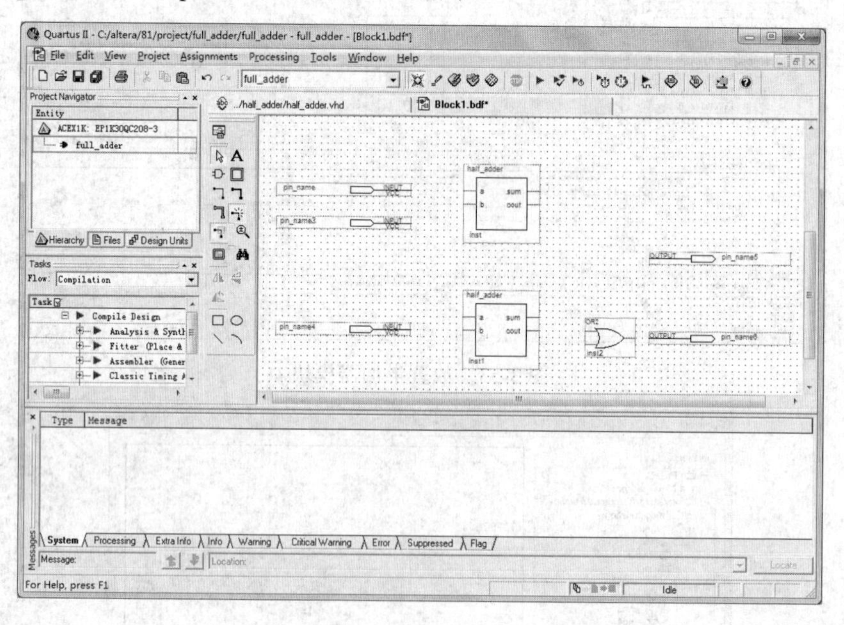

图 3-56　摆放完所有元器件

4. 连接各元器件并命名

在图 3-56 中将光标移到 input 右侧，待变成十字形光标时按下鼠标左键（或者选中工具栏中⌝工具，光标则会自动变成十字形的连线状态），再将光标移动到半加器 half_adder 输入端口 a，待连接点上出现蓝色的小方块后释放鼠标左键，即可看到 input 与半加器 a 端口之间有一条连线生成。重复上述方法将其他连线连接起来，如图 3-57 所示。

双击 pin_name 使其衬底变蓝后，输入 a（或者双击 input，弹出“Pin Properties”对话框，在“Pin name”一栏里填上名字 a）。用相同的方法将另外两个输入端口命名为 b 和 cin，输出端口命名为 sum 和 cout，如图 3-57 所示。

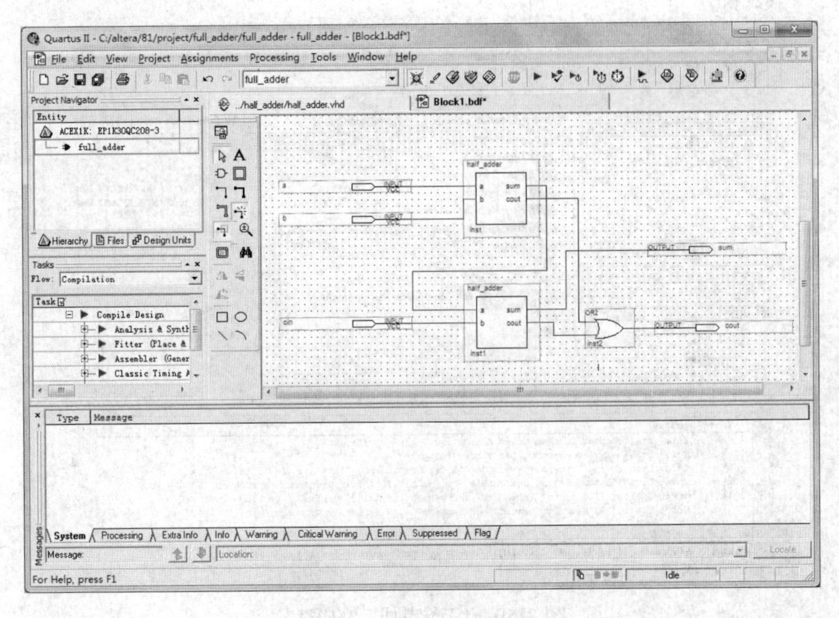

图 3-57 完成原理图连接

5. 保存文件

在图 3-57 中单击保存文件按钮，弹出如图 3-58 所示的“另存为”窗口。注意，保存文件的文件夹必须在 full_adder 里。在默认情况下，“文件名（N）”的文本编辑框中为工程的名称“full_adder”，文件后缀名为“.bdf”，单击“保存”按钮即可保存文件。

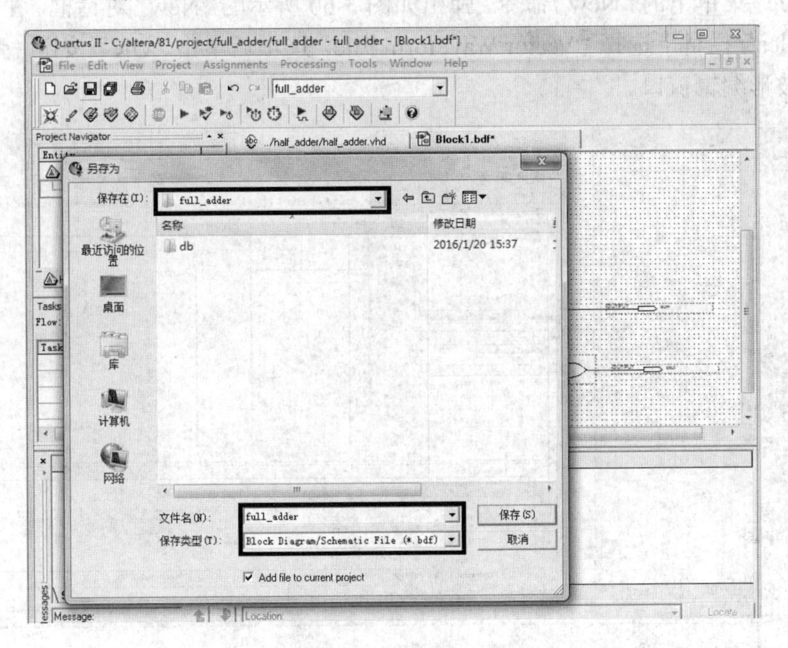

图 3-58 保存.bdf 文件

（三）编译工程

在保存好设计文档之后，单击水平工具条上的编译按钮▶开始编译，并伴随着进度不断地变化，编译完成后的窗口如图 3-59 所示。

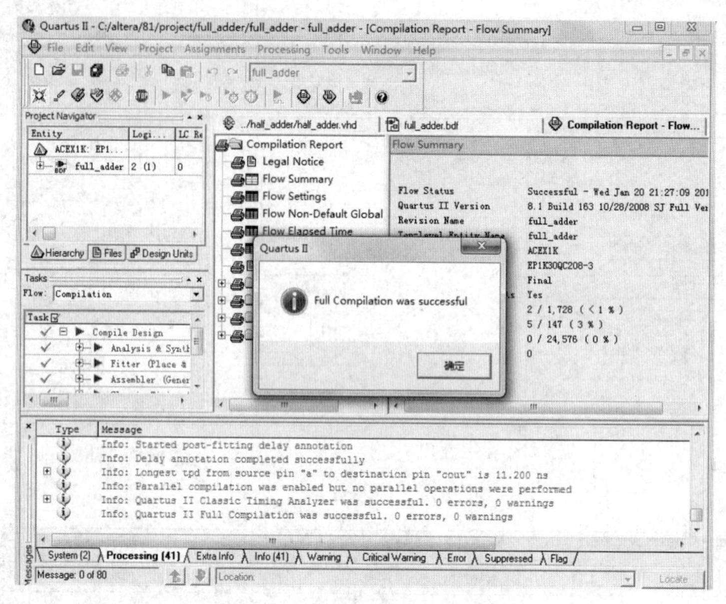

图 3-59　编译完成后的窗口

工程编译通过后，只能说明没有语法错误，并不能说明设计的电路是满足原设计要求的，必须对其功能和时序性进行仿真测试。

（四）仿真

1. 建立矢量波形文件

单击“File”菜单下的“New”命令，弹出如图 3-60 所示的“New”对话框。在“Verification/Debugging Files”栏目下选择“Vector Waveform File”选项后单击“OK”按钮，弹出如图 3-61 所示的矢量波形编辑窗口。

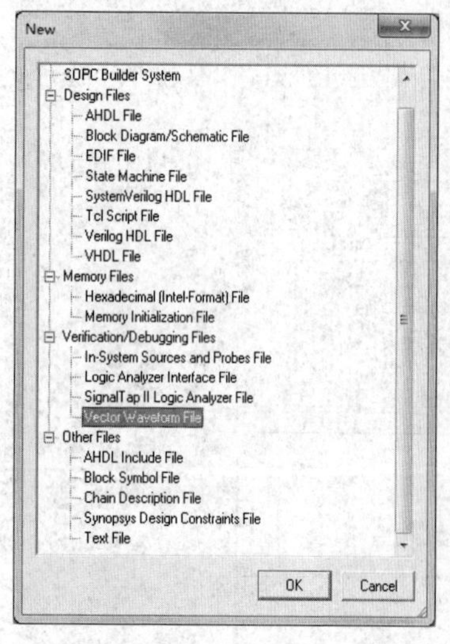

图 3-60　建立矢量波形文件

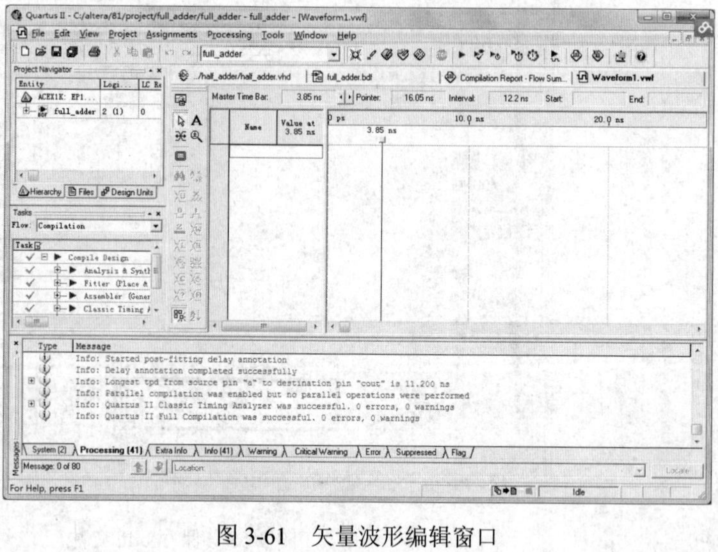

图 3-61　矢量波形编辑窗口

2. 添加引脚或节点

在图 3-61 中，双击“Name”下方的空白处，弹出“Insert Node or Bus”对话框，如图 3-62 所示。单击对话框的“Node Finder…”按钮后，弹出“Node Finder”对话框。

在“Node Finder”对话框中，单击“List”按钮，在“Node Found”栏中列出了设计中的引脚号，如图 3-63 所示。

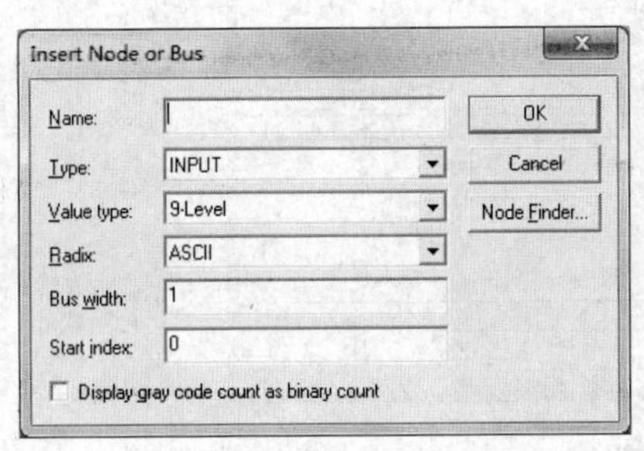

图 3-62 添加节点对话框

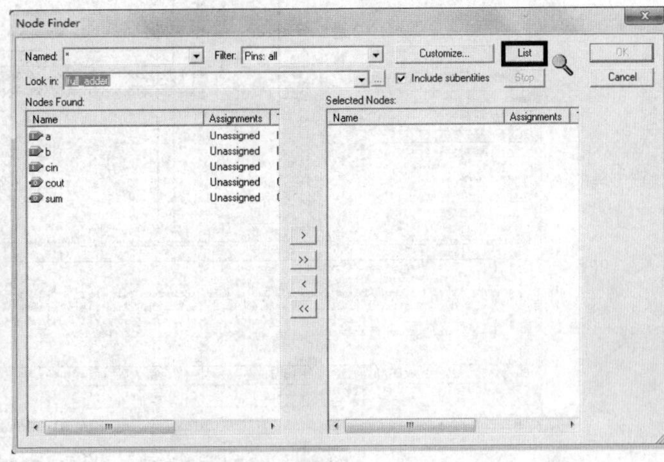

图 3-63 “Node Finder”对话框

单击“ >> ”按钮，所有列出的输入/输出节点全部被复制到右边的一侧，如图 3-64 所示。也可以只选择其中的一部分，根据情况而定，单击“ > ”按钮复制到右边。

单击“OK”按钮后，返回“Insert Node or Bus”对话框，此时，在“Name”和“Type”栏里出现了“Multiple Items”项，如图 3-65 所示。

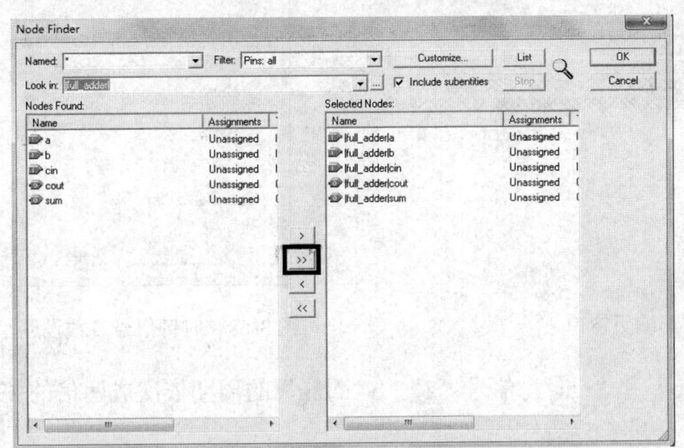

图 3-64 选择输入/输出节点

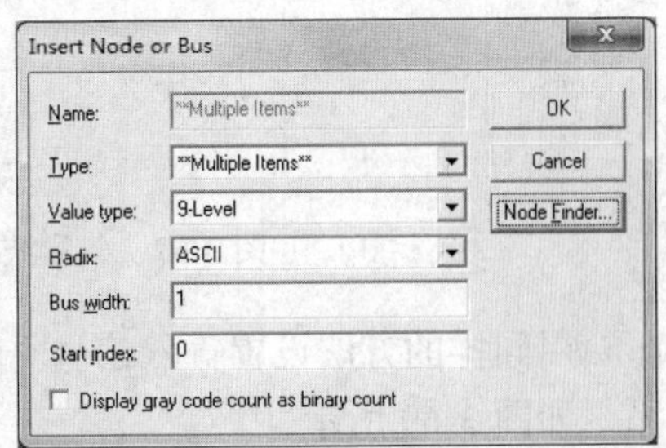

图 3-65 “Insert Node or Bus”对话框

单击“OK”按钮，选中的输入/输出端口被添加到矢量波形编辑窗口中，如图 3-66 所示。

3. 编辑输入信号并保存文件

在图 3-66 中单击“Name”下方的“a”，即选中该行的信号波形。此时波形窗口左侧工具栏的赋值信号显现出来，如图 3-67 所示，根据需要为该节点赋予相应的信号波形。

在本次设计中，由于需要设置的逻辑组合状态情况较多，因此可以将输入信号“a”设置为周期性的时钟信号，单击工具栏中的按钮，弹出“Clock”对话框，如图 3-68 所示。此时可以设定信号的周期 Period：40ns，直流偏量 Offset 和占空比 Duty cycle 保持默认值不变。

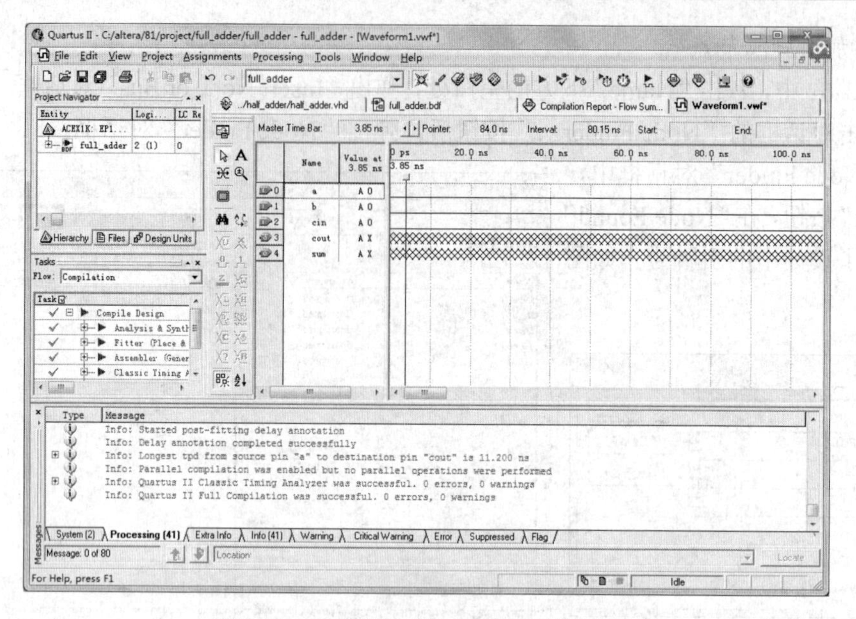

图 3-66 添加节点后的矢量波形编辑窗口

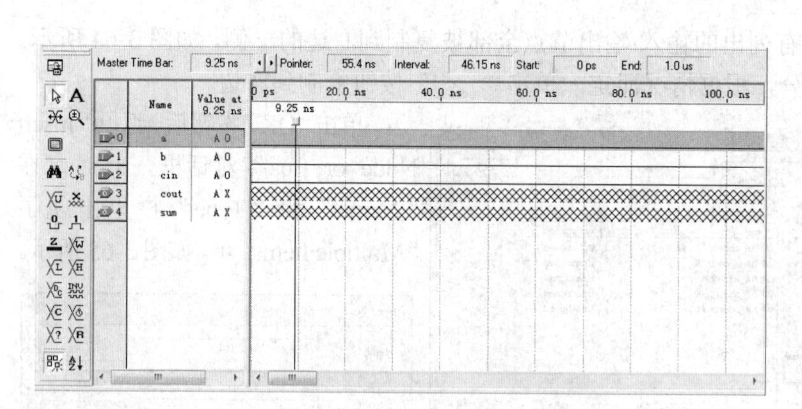

图 3-67 矢量波形编辑窗口

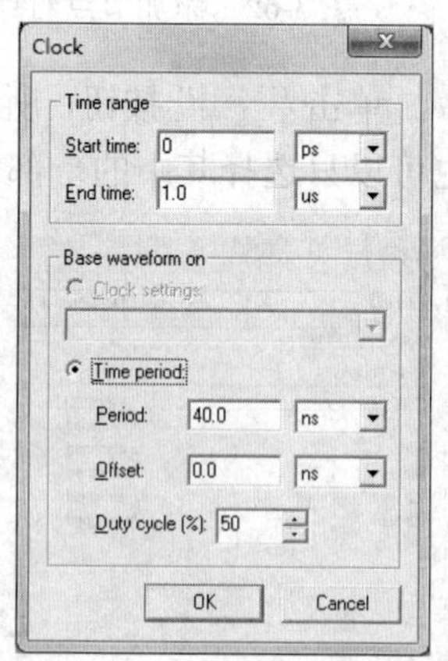

图 3-68 时钟信号参数设置

用同样的方法设置输入信号“b”和“cin”，信号“a”“b”“cin”的周期依次成两倍的关系，如图 3-69 所示。

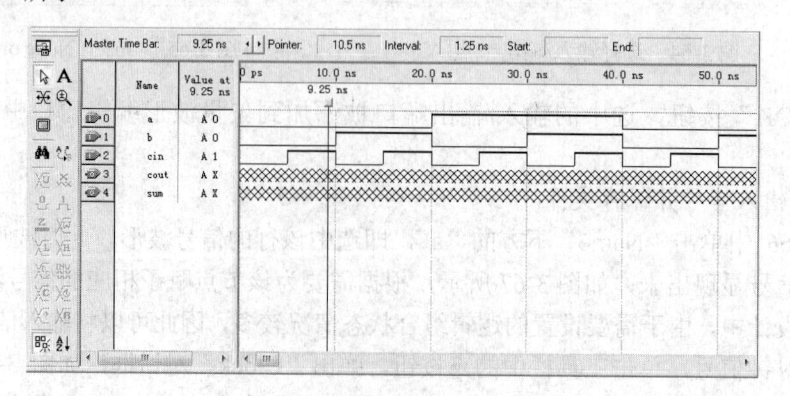

图 3-69 编辑输入信号波形

输入波形编辑完成之后，单击保存文件按钮，根据如图3-70所示的提示框完成文件保存工作。默认情况下，直接单击“保存”即可。此时，在工程的文件夹中保存与工程名相同的矢量波形文件full_adder.vwf。

图3-70 波形文件保存窗口

4. 仿真验证

在设计中通常先做功能仿真，验证电路逻辑的正确性，后做时序仿真，验证时序是否符合实际要求。

（1）功能仿真。首先，单击主菜单的“Assignments”中的“Settings”选项，在弹出的“Settings”对话框中进行设置。如图3-71所示，单击左侧标题栏中的“Simulator Settings”选项后，在右侧“Simulation mode”的下拉菜单中选择“Functional”选项即可（软件默认的是“Timing”选项），单击“OK”按钮后完成设置。

注 意

设置完成后需要生成功能仿真网络表。单击“Processing”菜单下的Generate Functional Simulation Netlist”命令后会自动创建功能仿真网络表，如图3-72所示。完成后会弹出相应的提示框，单击提示框上的“确定”按钮即可。最后单击按钮进行功能仿真，如图3-73所示，从图中可以看出功能仿真的输出端sum和cout的波形相比输入端信号没有延时，并且满足全加器的运算要求。由此可知，此次设计满足功能要求。

（2）时序仿真。Quartus II中默认的仿真为时序仿真，可在矢量波形保存之后直接单击仿真按钮即可。如果做完功能仿真后进行时序仿真，需要在“Settings”中的“Simulator Settings”对话框中将“Simulation mode”栏设置成“Timing”选项。仿真完成后的窗口如图3-74所示。观察波形可知，输出与输入之间有一定的延时。

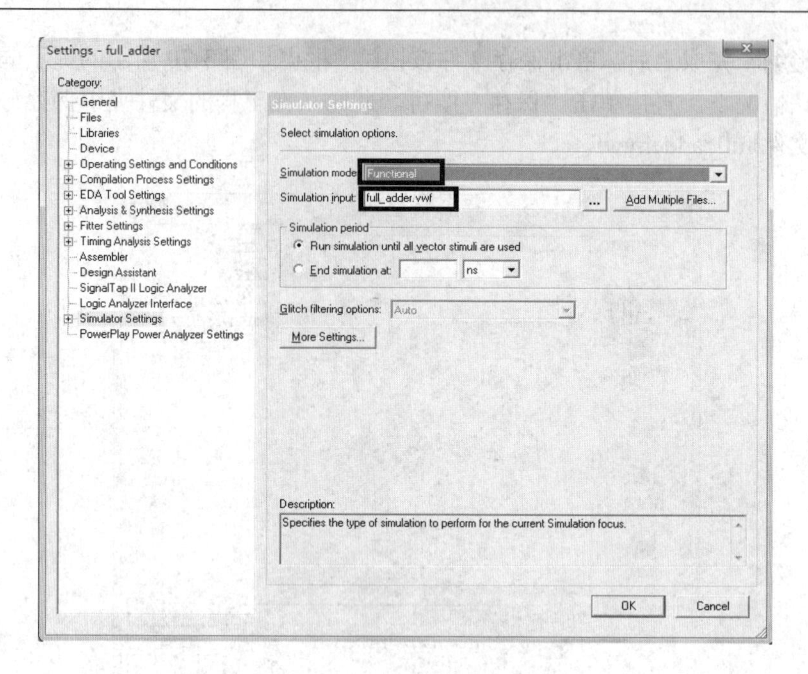

图 3-71　设置仿真类型

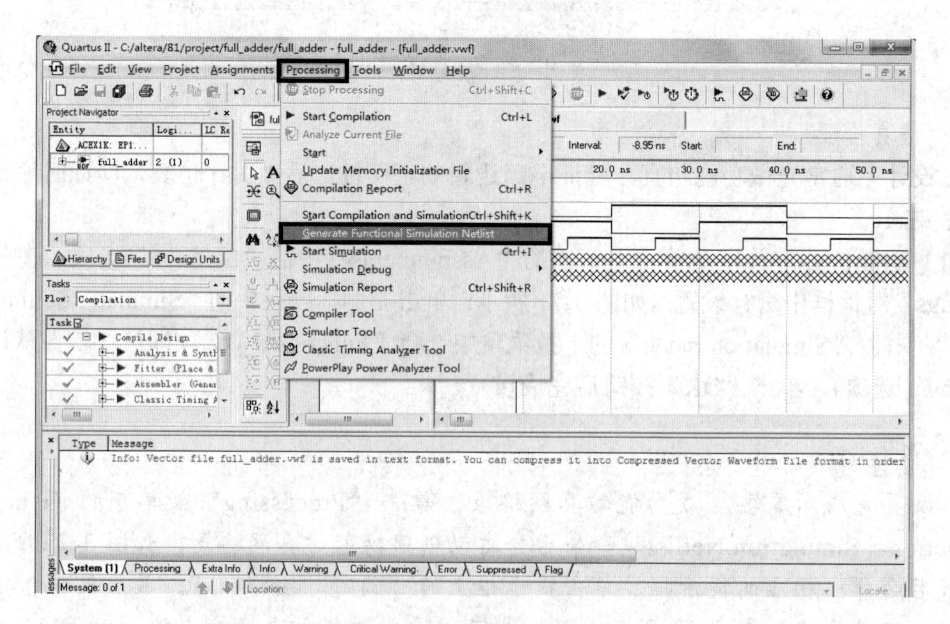

图 3-72　创建功能仿真网络表

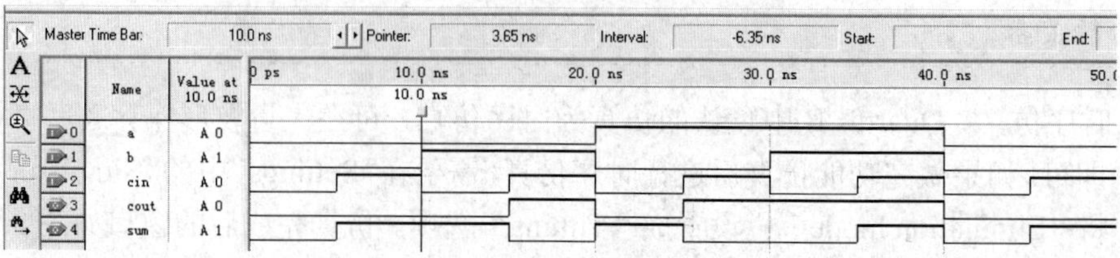

图 3-73　功能仿真波形

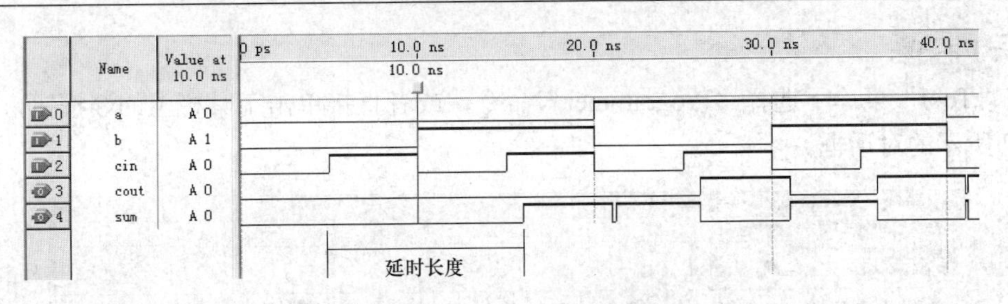

图 3-74 时序仿真波形

（五）引脚分配

引脚分配是为了对所设计的工程进行硬件测试，将输入/输出信号锁定在实际硬件确定的引脚上。单击主菜单中“Assignments”中的“Pins”命令，弹出的对话框如图 3-75 所示，在下方的列表中列出了本项目所有的输入/输出引脚名。

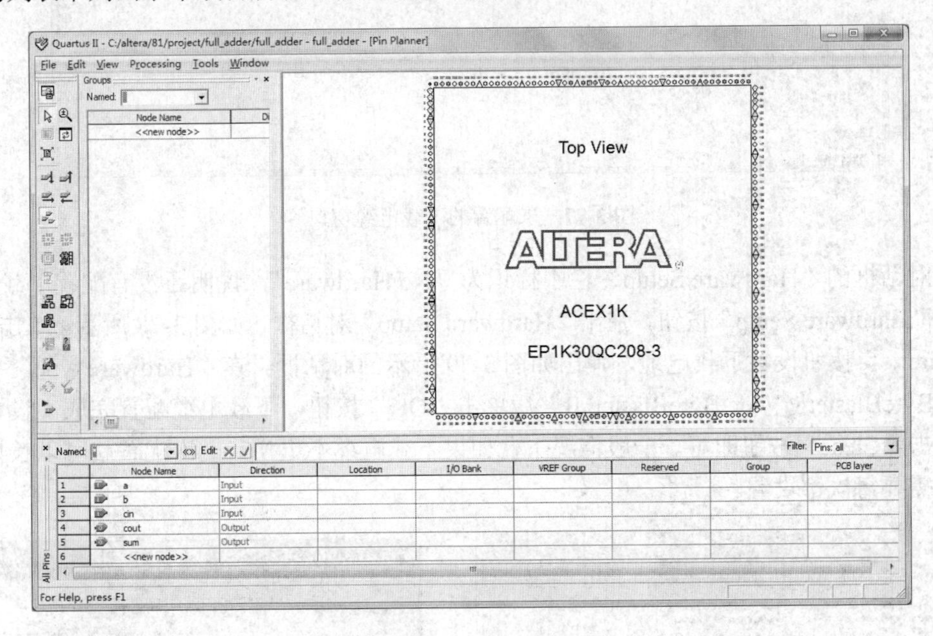

图 3-75 分配引脚

在图 3-75 中，双击输入端“a”对应的“Location”选项后弹出引脚列表，从中选择合适的引脚，则输入 a 的引脚分配完毕。同理完成所有引脚的分配，如图 3-76 所示。

	Node Name	Direction	Location
1	a	Input	PIN_7
2	b	Input	PIN_8
3	cin	Input	PIN_9
4	cout	Output	PIN_39
5	sum	Output	PIN_40

图 3-76 完成引脚分配

注 意

所有引脚分配完成后需要重新编译。选择“Processing”下拉菜单中“Start Complition”选项或直接单击工具栏中编译快捷按钮▶开始编译。

（六）下载

在“Tool”菜单下选择“Programmer”命令，或者直接单击工具栏上的按钮，弹出如图 3-77 所示的对话框。

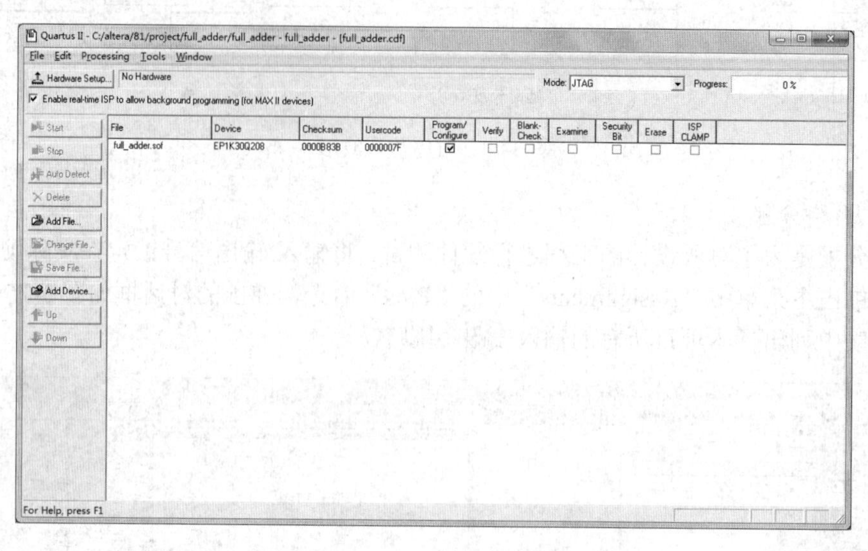

图 3-77　未配置的下载电缆窗口

在对话框的“Hardware Setup”栏中标识为“No Hardware”，说明还没有配置下载电缆，需单击“Hardware Setup”按钮，弹出“Hardware Setup”对话框，如图 3-78 所示。单击“Add Hardware...”按钮设置下载电缆，弹出如图 3-79 所示的对话框。在“Hardware type”一栏中选择“ByteBlasterMV or ByteBlaster II”后单击“OK”按钮，下载电缆配置完成。设置完成后，单击“Close”按钮即可。一般情况下，如果下载电缆不更换，一次配置就可以长期使用了，不需要每次都设置。

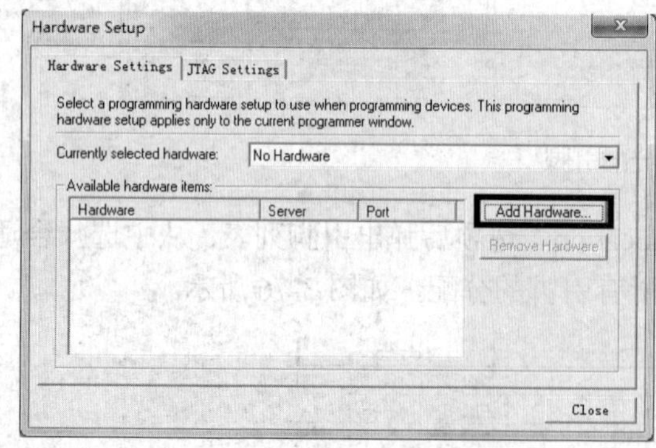

图 3-78　设置编程器对话框

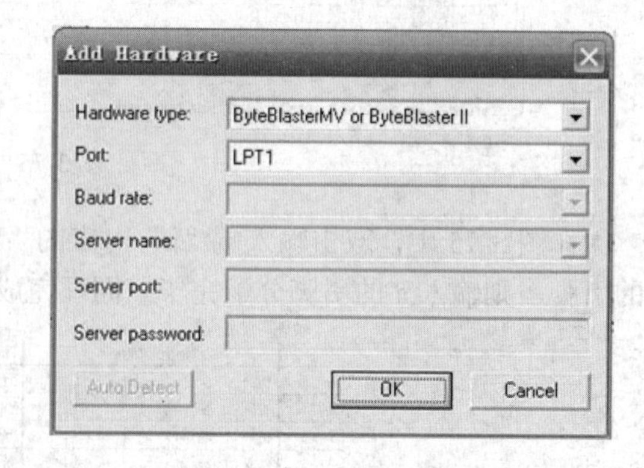

图 3-79　选择下载电缆

配置完下载电缆后，在“Mode”栏中选择 JTAG 下载方式，选中“Program/Configure”选项，单击窗口中“Start”按钮，将.sof 文件为当前工程 half_adder 的配置文件下载到 FPGA 芯片中。

六、实验结果

下载完成后，可以通过硬件资源来验证全加器功能是否正确，按表 3-6 中拨码开关 a、b、

cin 的状态来进行硬件测试。

表 3-6 按八种状态进行硬件测试

a	b	cin	sum/D2	cout/D1	a	b	cin	sum/D2	cout/D1
0	0	0	灭	灭	1	0	0	亮	灭
0	0	1	亮	灭	1	0	1	灭	亮
0	1	0	亮	灭	1	1	0	灭	亮
0	1	1	灭	亮	1	1	1	亮	亮

七、相关知识

此全加器采用混合输入设计方法实现，其中底层的半加器模块是由 VHDL 语言输入方式设计的，而顶层文件是由原理图输入方式设计的。在设计过程中，需要注意以下两点：

（1）新建 full_adder 工程的过程中，需要添加 half_adder.vhd 的 vhdl 文件进入本工程。

（2）在生成半加器图元文件 half_add.bsf 的时候，务必要保证当前窗口是 half_adder.vhd 的文本窗口。

八、任务拓展

在一位全加器设计成功的前提下，完成四位二进制加法器的设计。

说 明

根据本章节介绍的方法，将全加器生成 full_adder.bsf 图元文件模块，然后在四位加法器的顶层设计文件中将四个一位全加器进行级联。

3.3 4 选 1 数据选择器的设计

一、实验目的

（1）熟悉基于 FPGA 的 EDA 设计流程。

（2）了解 Quartus II 软件的基本操作步骤。

（3）掌握 VHDL 语言的 when..else 语句的语法。

（4）掌握 4 选 1 数据选择器的工作原理和设计方法。

二、实验环境

（1）软件环境：Quartus II 8.0 版本。

（2）硬件环境：KH-310。

三、实验任务

利用 FPGA 器件和 VHDL 语言设计一个 4 选 1 数据选择器，使用实验箱上 4 个拨码开关对应的 4 位二进制数据输入端（D3、D2、D1、D0），2 个拨码开关对应的地址输入端（A1、A0），根据地址输入端输入的不同，决定输出端 Y 的输出值。其电路实体或元件图如图 3-80 所示，D3、D2、D1、D0 为 4 位二进制数据输入端口，A1、A0 为 2 位的地址输入端，Y 为数据输出端。

四、实验原理

在多路数据传送过程中，能够根据需要将其中任意一路选出来的电路，叫做数据选择器，也称多路选择器或多路开关。数据选择器在通信电路中经常用到，是一种常用的组合电路，主要实现信号的串行通信和并行通信的转换（简称串/并转换）。数据选择器的工作原理很简单，就是从多路输入数据中选择一路作为输出。图 3-81 所示为 4 选 1 数据选择器的原理图，从 4 路（D3、D2、D1、D0）输入数据端根据地址（A1、A0）输入选择其中的 1 路，从数据输出端 Y 输出。

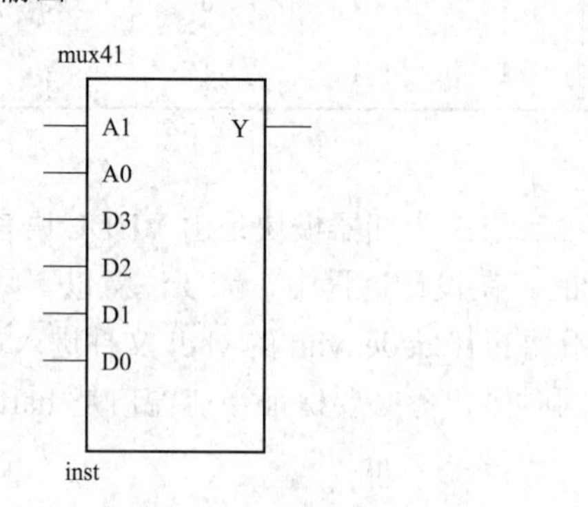

图 3-80　4 选 1 数据选择器实体

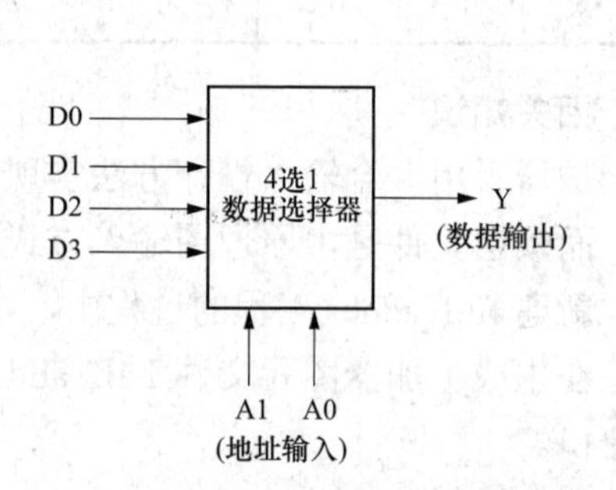

图 3-81　4 选 1 数据选择器的原理图

在数字电路中，数据选择器的常见芯片有 4 选 1 数据选择器（74LS153）、8 选 1 数据选择器（74LS151 和 74LS152）、16 选 1 数据选择器（可以用两片 74151 连接起来构成）等；而利用 FPGA 芯片，可以编程实现任意多路选 1 数据选择器。

本实验利用 VHDL 编程实现一个 4 选 1 数据选择器。4 选 1 数据选择器的真值表见表 3-7，运用 VHDL 中的 when...else 语句编程实现最合适。

表 3-7　4 选 1 数据选择器真值表

输入地址信号		输出
A1	A0	Y
0	0	D0
0	1	D1
1	0	D2
1	1	D3

本实验采用 when…else 语句来描述数据选择器，具体代码如下：

```
library ieee;                                  --调用 IEEE 库
use ieee.std_logic_1164.all;                   --声明 std_logic 包
use ieee.std_logic_unsigned.all;               --声明无符号包

entity mux41 is                                --定义实体
port(
A1,A0:in std_logic;                            --声明地址信号
D3,D2,D1,D0:in std_logic;                      --声明数据输入端口
Y:out std_logic);                              --声明数据输出端口
end mux41;
```

```
architecture one of mux41 is                    --定义结构体
signal A:std_logic_vector(1 downto 0);          --声明中间信号
begin
A<=A1&A0;                                       --A1 和 A0 连接生成新的信号 A
Y<=D3 when A="11" else                          --利用 when…else 选择语句实现
D2 when A="10" else
D1 when A="01" else
D0 when A="00" else
'Z';
end one;
```

五、实验步骤

(一) 建立新工程

首先为此工程建立一个放置与此工程相关的所有设计文件的文件夹 mux41，然后选择 Quartus II 的“File”菜单下的“New Project Wizard”命令，弹出如图 3-82 所示对话框，从上到下分别输入新工程的文件夹名、工程名和顶层实体的名字，工程名要和顶层实体的名字相同，均为“mux41”。

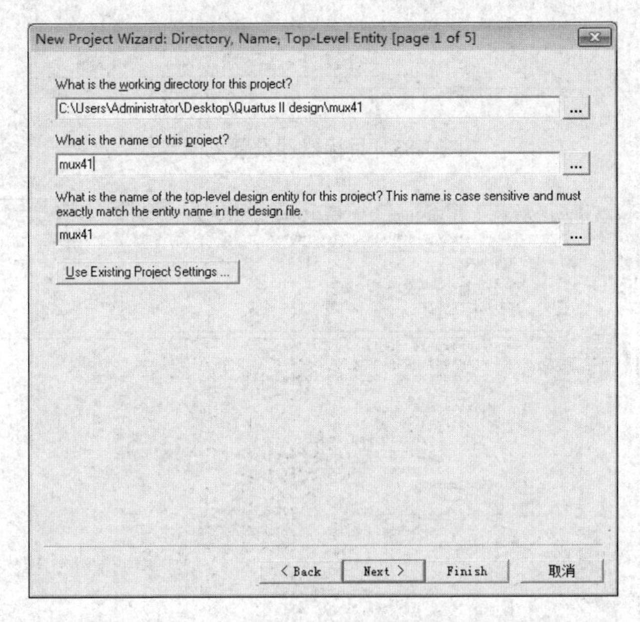

图 3-82 工程的基本信息设置页面

单击“Next”选择需要加入的文件和库，再单击“Next”，在图 3-83 中选择目标器件，在本次设计中选择 ACEX1K 系列中管脚数目为 208、速度等级为 3 的 EP1K30QC208-3 型号芯片。单击“Next”选择第三方 EDA 工具，在本次设计中并没有用到第三方工具，可以不选。

进入最后确认的对话框，确认建立的工程名称、选择的器件和选择的第三方工具等信息，如无误，则单击“Finish”按钮，即完成了项目的新建工作。

(二) 设计输入

在主窗口中，单击“File”菜单下的“New”命令，弹出“New”对话框。在“Design Files”

下拉菜单中选择“VHDL File”选项，单击“OK”按钮。在文本编辑窗口输入代码，如图 3-84 所示。

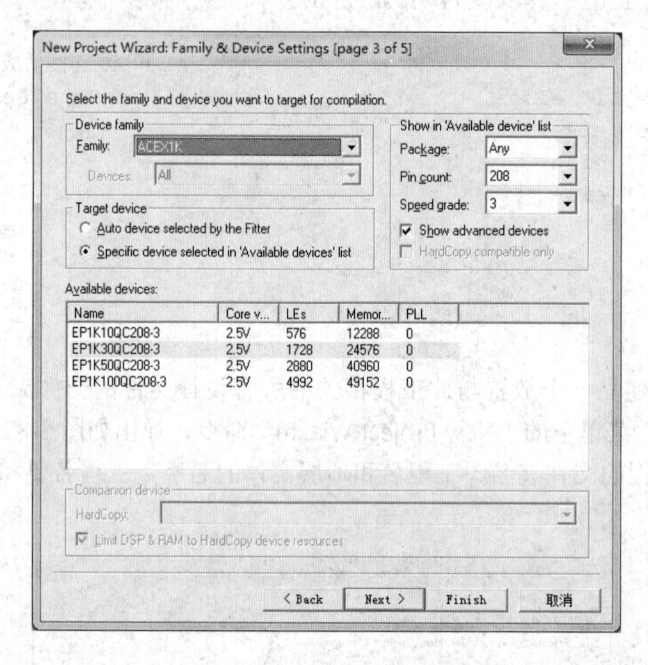

图 3-83 目标器件设置页面

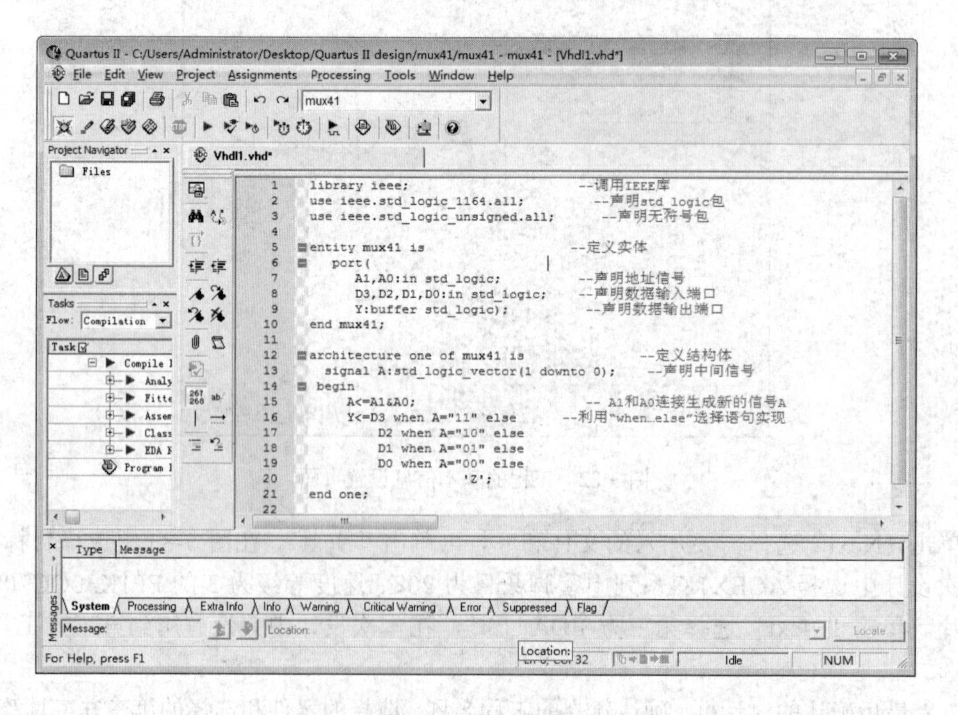

图 3-84 输入代码

在图 3-84 中单击保存文件按钮。在默认情况下，文件名为 mux41.vhd，单击“保存”按钮即可保存文件。

（三）编译工程

在保存好设计文档之后，单击水平工具条上的编译按钮▶开始编译。编译结果会显示各种信息，其中包括警告和出错信息。若有错误，根据错误提示进行相应的修改，并重新编译，直到没有错误提示为止。

（四）仿真

1. 建立矢量波形文件

单击“File”菜单下的“New”命令，在弹出的“New”对话框中选择“Verification/Debugging Files”栏目下“Vector Waveform File”选项后单击“OK”按钮，弹出矢量波形编辑窗口。

2. 添加引脚或节点

双击“Name”下方的空白处，弹出“Insert Node or Bus”对话框。单击对话框的“Node Finder...”按钮后，弹出“Node Finder”对话框，在对话框“Filter”栏中选择“Pins:all”，单击“List”按钮，在“Node Found”栏中列出了设计中输入/输出端口：D3、D2、D1、D0、A1、A0和Y。项目所需要观测的全部节点添加到右边“Selected Nodes”后，单击“OK”按钮，返回“Insert Node or Bus”对话框，此时，在“Name”和“Type”栏里出现了“Multiple Items”项。单击“OK”按钮，选中的输入/输出端口被添加到矢量波形编辑窗口中，如图3-85所示。

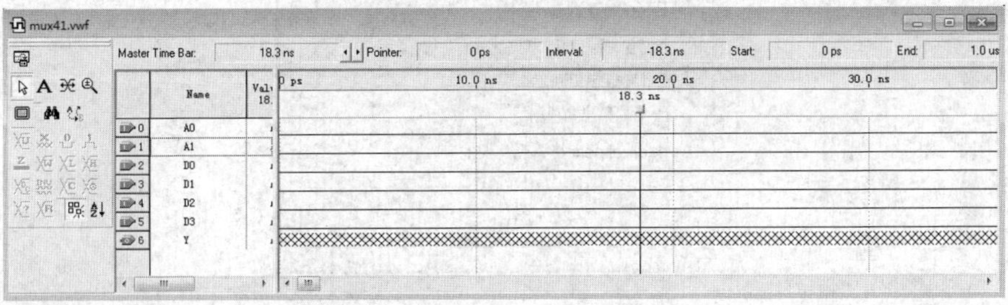

图3-85 添加节点后的矢量波形文件

3. 编辑输入信号并保存文件

单击节点列表中的输入端口“D0”，这时“D0”变为蓝色，表示处于编辑状态，单击右键，如图3-86所示，在下拉列表中选择“Value”中的“Random Values（随机值）”命令，或者单击波形编辑工具栏中的按钮，弹出“Random Values（随机值）”对话框，如图3-87所示。用同样的方法设置输入信号“D1”“D2”“D3”。

输入信号都设置完成后如图3-88所示，将文件保存为mux41.vwf。

4. 功能仿真验证

首先，单击“Assignments”菜单栏中的“Settings”选项，在弹出的“Settings”对话框中进行设置。如图3-89所示，单击左侧标题栏中的“Simulator Settings”选项后，在右侧“Simulation mode”的下拉菜单中选择“Functional”选项即可，单击“OK”按钮后完成设置。

设置完成后需要生成功能仿真网络表。单击“Processing”菜单下的“Generate Functional Simulation Netlist”命令后会自动创建功能仿真网络表。

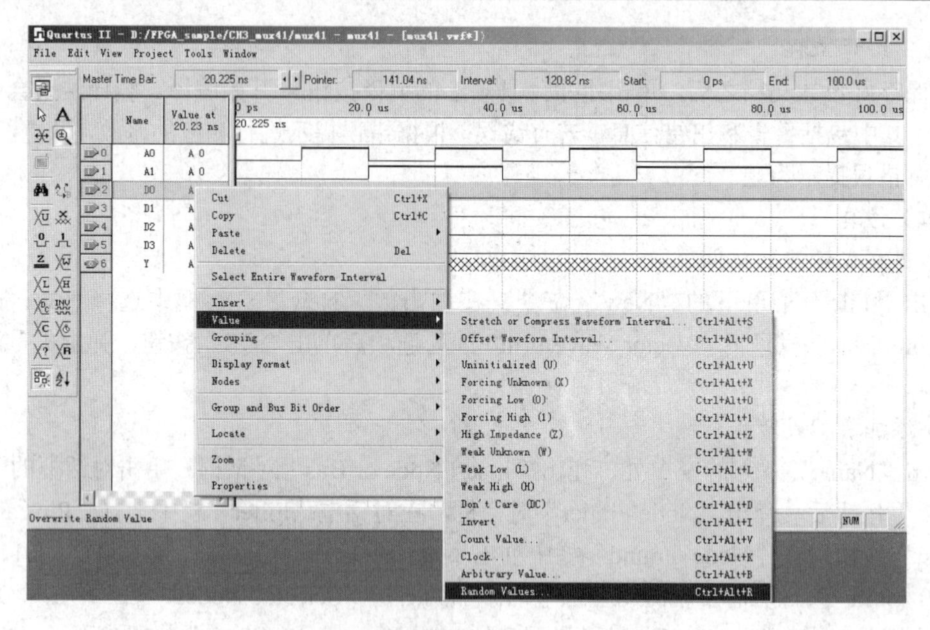

图 3-86 随机值命令

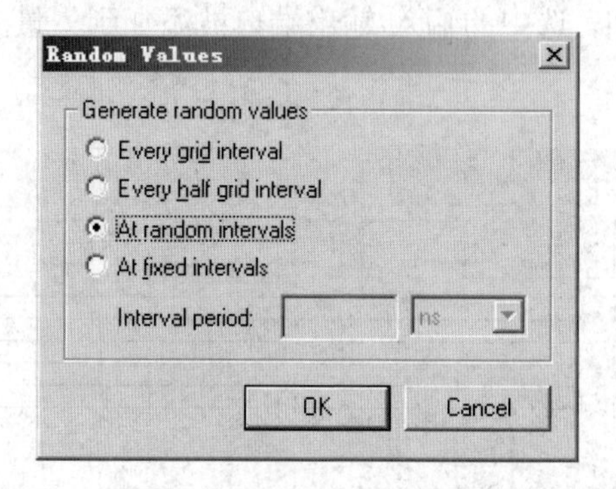

图 3-87 随机值对话框

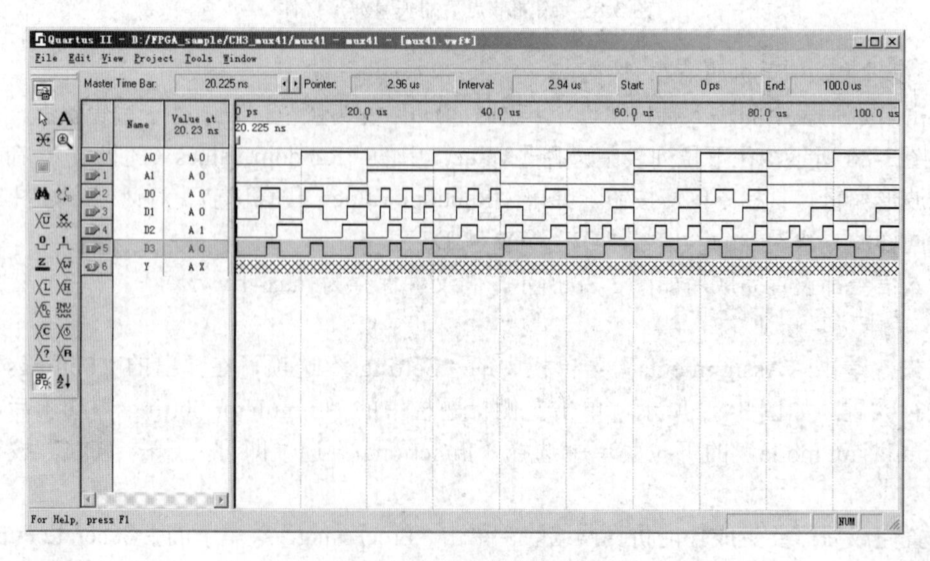

图 3-88 输入信号设置完成

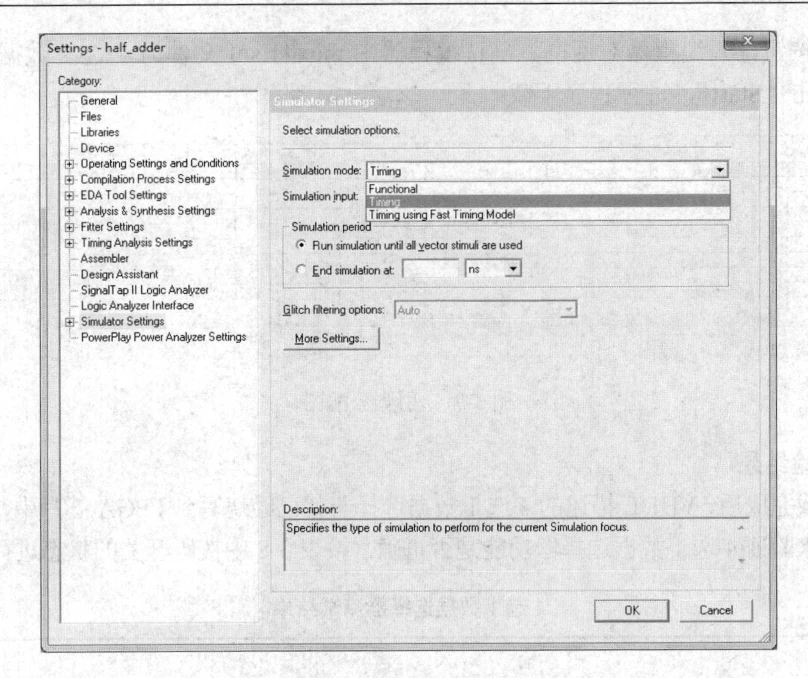

图 3-89　设置仿真类型

最后，单击按钮进行功能仿真，得到如图 3-90 所示的仿真波形图。

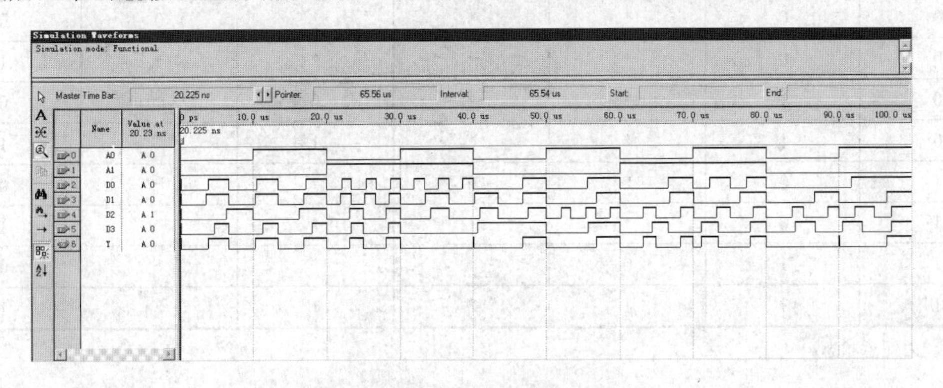

图 3-90　功能仿真波形

从图 3-90 可以看出，仿真时间在 0～10μs 时，A1=0，A0=0，则 Y=D0；仿真时间在 10～20μs 时，A1=0，A0=1，则 Y=D1；仿真时间在 20～30μs 时，A1=1，A0=0，则 Y=D2；仿真时间在 30～40μs 时，A1=1，A0=1，则 Y=D3；依次类推。

从仿真波形图可以验证，该设计实现了 4 选 1 多路数据选择器的功能。

（五）引脚分配

本次设计的 4 选 1 数据选择器，4 路数据输入信号 D3、D2、D1、D0 设置引脚为 PIN7、PIN8、PIN9、PIN10，地址输入信号 A1、A0 设置引脚为 PIN11、PIN12，分别对应实验箱 KH-310 上的拨码开关 I01、I02、I03、I04、I05、I06；数据输出端 Y 设置引脚为 PIN39，对应实验箱 KH-310 上的左上角第一个发光二极管 D1，如图 3-91 所示。

（六）下载

保证实验箱电源已打开，在“Tool”菜单下选择“Programmer”命令，或者直接单击工具栏上的按钮打开编程器对话框，确认编程器中 mux41.sof 文件为 4 选 1 数据选择器的配置文件，单击“Start”，进行程序下载。

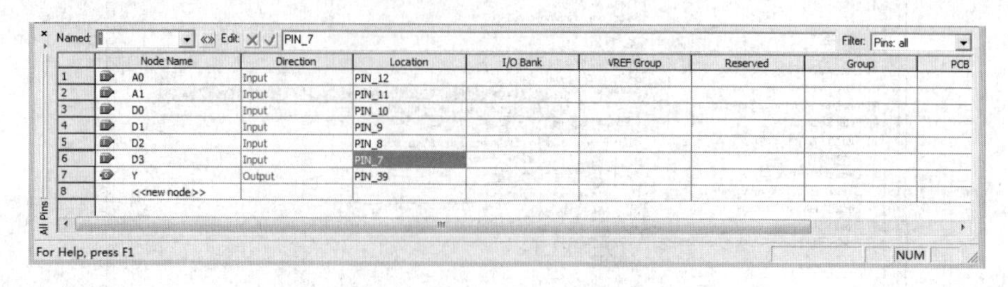

图 3-91 引脚分配图

六、实验结果

程序下载完成后，VHDL 描述的 4 选 1 数据选择器就已经烧写到 FPGA 芯片中，现在可以通过硬件资源来验证 4 选 1 数据选择器功能是否正确，按表 3-8 中拨码开关的状态进行硬件测试。

表 3-8　　4 选 1 数据选择器测试结果

输入						输出
地址输入		数据输入				
A1	A0	D3	D2	D1	D0	Y
0	0	*	*	*	0	0
0	0	*	*	*	1	1
0	1	*	*	0	*	0
0	1	*	*	1	*	1
1	0	*	0	*	*	0
1	0	*	1	*	*	1
1	1	0	*	*	*	0
1	1	1	*	*	*	1

注　*为任意状态。

七、相关知识

（一）库和程序包

1. 库和程序包的种类

库是用来存储预先编好的程序、子程序、数据集合和预先定义好的数据类型等的仓库。程序包是子程序或一些设计单元的集合体。

VHDL 提供库和程序包是为了在利用 VHDL 进行工程设计时，提高设计效率，使设计遵循统一的语言标准和数据格式。在 VHDL 程序设计中常用的库有 IEEE 库、STD 库、WORK 库等，见表 3-9。

表 3-9　　VHDL 常用的库及程序包

库	程序包名	说明
IEEE 库	IEEE.STD_LOGIC_1164	最重要和最常用的程序包

续表

库	程序包名	说　　明
IEEE库	IEEE.STD_LOGIC_ARITH	定义了有符号（SIGNED）和无符号（UNSIGNED）数据类型，并定义了算术运算符和数据类型转换函数
	IEEE.STD_LOGIC_SIGNED	定义了有符号数据类型，并定义了算术运算符和数据类型转换函数
	IEEE.STD_LOGIC_UNSIGNED	定义了无符号数据类型，并定义了算术运算符和数据类型转换函数
STD库	STARNDARN	定义了 INTERGER、REAL、BIT、BIT_VECTOR、BOOLEAN、CHARACTER、STRING、TIME 等数据类型
	TEXTIO	定义了对文本文件的读和写控制的数据类型和子程序
WORK库	用户自己以英文命名的文件夹	用于存放用户自己设计的 VHDL 的程序和子程序等

2. 库和程序包的用法

在 VHDL 的程序设计中，如果要得到某一个程序包，必须在 VHDL 程序的开始部分进行说明，即打开这个程序包，使设计能随时使用这个程序包中的内容。

一般使用库和程序包时要有库的说明语句。库的说明语句放在 VHDL 语言设计的程序的最前面。例如：

```
LIBRARY IEEE;                          --声明使用 IEEE 库
USE IEEE.STD_LOGIC_1164.ALL;           --调用 IEEE 库中 STD_LOGIC_1164 程序包
USE IEEE.STD_LOGIC_ARITH.ALL;          --调用 IEEE 库中 STD_LOGIC_ARIEH 程序包
```

注 意

STD 库中的 STARNARD 程序包定义了 VHDL 的基本数据类型，用户使用 STARNARD 程序包时，不需要作任何说明；而用户在使用 STD 库中的 TEXTIO 程序包时，必须使用调用语句。

另外，WORK 库是用户用 VHDL 设计的现行工作库，用于存放用户设计的项目和各种模块。WORK 库自动满足 VHDL 标准，在实际调用中，也不必作任何说明。

（二）数据类型

VHDL 中的数据类型有多种，常见的有以下几种，见表 3-10。

表 3-10　　VHDL 中的数据类型

数据类型定义	数据类型说明
bit	位类型，取值 0、1，有 standard 程序包定义
bit_vector	位向量类型，是 bit 的组合
std_logic	工业标准的逻辑类型，取值 0、1、X、Z，由 std_logic_1164 程序包定义
integer	整数类型，可用作循环的指针或常数，通常不用 I/O 信号
std_loigc_vector	工业标准的逻辑向量类型，是 std_logic 的组合
boolean	布尔类型，取值 FALSE、TRUE

（三）when…else 语句

when…else 语句是条件信号赋值语句，可根据不同的条件将不同的表达式的值代入目标信号。条件信号赋值语句的书写格式如下：

```
目标信号 <= 表达式1 when 条件1  else
表达式2 when 条件2  else
表达式3 when 条件3  else
  ...
表达式n when 条件n  else
表达式n+1;
```

在每个表达式后面都跟有"when"指定条件，如果满足该条件，则该表达式值代入目标的信号量；如果不满足条件，再判断下一个表达式所指定的条件。最后一个表达式可以不跟条件，它表明在上述表达式所指明的条件都不满足时，则将最后一个表达式的值代入赋值目标。

（四）并置符"&"

并置符"&"表示将操作数（如逻辑位'0'或'1'）或是数组合并起来形成新的数组。

例如：n<=a & b，设 a 和 b 都为标准逻辑位，则必须在结构体中定义信号 n 为 std_logic_vector(1 downto o)，即两位的标准逻辑矢量。

```
n<=a& b 的作用是令：n(1)<=a，n(0)<=b。
```

即当 a='0' and b='0' 时，n="00"；当 a='0' and b='1'时，n="01"；当 a='1' and b='0'时，n="10"；当 a='1' and b='1'时，n="11"。

3.4 七段码译码器的设计

一、实验目的

（1）学习 VHDL 程序的基本设计方法。

（2）掌握七段码译码器的原理和实用方法。

（3）学习使用 Quartus II 文本输入工具输入 VHDL 代码，以及编译工具和仿真工具的使用。

二、实验环境

（1）软件环境：Quartus II 8.0 版本。

（2）硬件环境：KH-310。

三、实验任务

利用 VHDL 语言设计一个七段码译码器，使用实验箱上 4 个拨码开关构成 4 位二进制数据，当输入二进制数据为 0000～1111 时，分别在七段数码管上显示数字 0～F 实现译码。其电路实体或元件图如图 3-92 所示，DB［3..0］为 4 位二进制数据输入端口，seg7［6..0］为数码管 a、b、c、d、e、f、g 七段输出端口。

四、实验原理

既然是译码器，首先想到的是输入数码和输出数码之间的对应关系，也就是说，"输入码和输出码之间的对应表"，这应该是设计译码器的必需条件。常见的七段码译码器的电路符号如图 3-93 所示，其真值表见表 3-11。

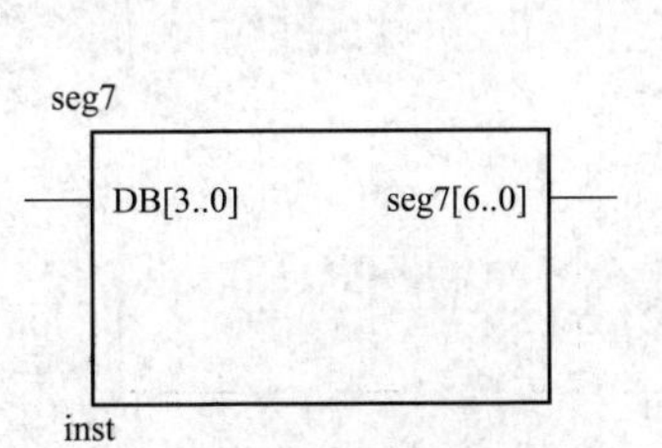

图 3-92　七段码译码器 seg7 实体

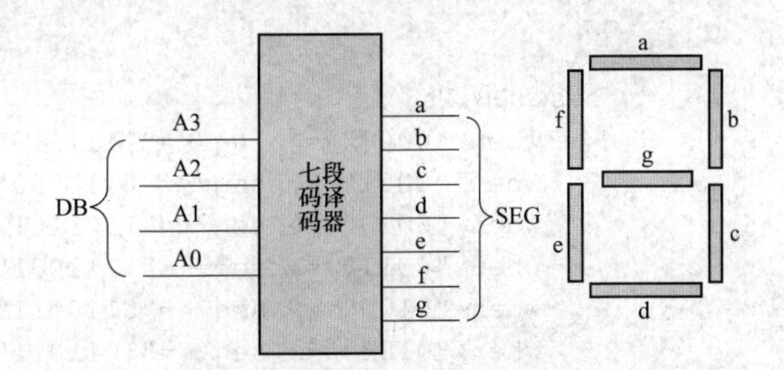

图 3-93　七段码译码器电路符号

表 3-11　　**七段码译码器真值表**

数值	输入				输出						
	A3	A2	A1	A0	a	b	c	d	e	f	g
0	0	0	0	0	1	1	1	1	1	1	0
1	0	0	0	1	0	1	1	0	0	0	0
2	0	0	1	0	1	1	0	1	1	0	1
3	0	0	1	1	1	1	1	1	0	0	1
4	0	1	0	0	0	1	1	0	0	1	1
5	0	1	0	1	1	0	1	1	0	1	1
6	0	1	1	0	1	0	1	1	1	1	1
7	0	1	1	1	1	1	1	0	0	0	0
8	1	0	0	0	1	1	1	1	1	1	1
9	1	0	0	1	1	1	1	1	0	1	1
A	1	0	1	0	1	1	1	0	1	1	1
B	1	0	1	1	0	0	1	1	1	1	1
C	1	1	0	0	1	0	0	1	1	1	0
D	1	1	0	1	0	1	1	1	1	0	1
E	1	1	1	0	1	0	0	1	1	1	1
F	1	1	1	1	1	0	0	0	1	1	1

有了七段码译码器真值表，就可以直接采用查表法来进行程序设计，在 VHDL 语法中，“WITH…SELECT”“CASE”“WHEN…ELSE”及“IF”这类指令都可以执行查表，使用前应确定好需要的是顺序语句还是并行语句，否则程序在进行编译时，会发生错误。

本实验采用 case 语句来描述七段码译码器，具体代码如下：

```
LIBRARY IEEE;
USE IEEE.STD_LOGIC_1164.ALL;
ENTITY seg7 IS
  PORT( DB : IN STD_LOGIC_VECTOR(3 DOWNTO 0);
       seg7: OUT STD_LOGIC_VECTOR(6 DOWNTO 0));
END seg7;
ARCHITECTURE arc OF seg7 IS
  BEGIN
    process(DB)
```

```
    begin
        case DB is
            when "0000" => seg7<="1111110";
            when "0001" => seg7<="0110000";
            when "0010" => seg7<="1101101";
            when "0011" => seg7<="1111001";
            when "0100" => seg7<="0110011";
            when "0101" => seg7<="1011011";
            when "0110" => seg7<="1011111";
            when "0111" => seg7<="1110000";
            when "1000" => seg7<="1111111";
            when "1001" => seg7<="1111011";
            when "1010" => seg7<="1110111";
            when "1011" => seg7<="0011111";
            when "1100" => seg7<="1001110";
            when "1101" => seg7<="0111101";
            when "1110" => seg7<="1001111";
            when "1111" => seg7<="1000111";
        end case;
    end process;
end arc;
```

五、实验步骤

(一) 建立新工程

首先为此工程建立一个放置与此工程相关的所有设计文件的文件夹。建立工程文件夹后，选择“File”菜单下的“New Project Wizard”命令，在如图 3-94 所示对话框中，从上到下分别输入新工程的文件夹名、工程名和顶层实体的名字，工程名要和顶层实体的名字相同，同时与文件夹名也尽量保持一致，均为“seg7”，以方便寻找工程相关设计文件所在的文件夹。

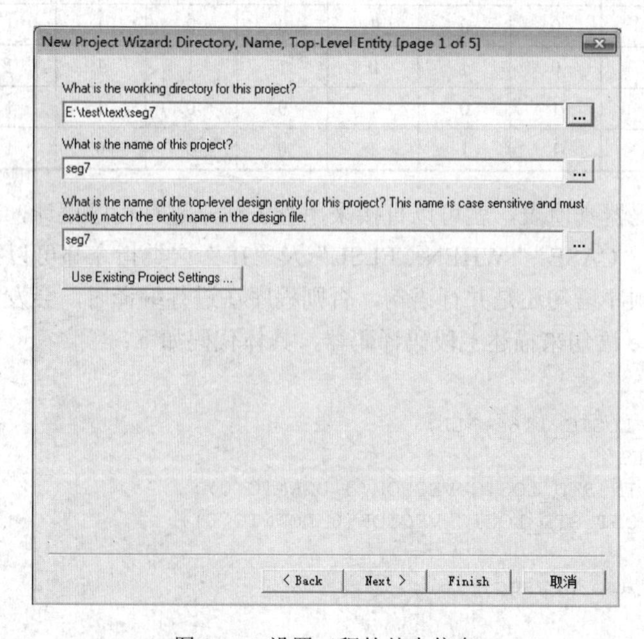

图 3-94 设置工程的基本信息

单击“Next”选择需要加入的文件和库，再单击“Next”，在图3-95中选择目标器件，在本次设计中选择ACEX1K系列中管脚数目为208、速度等级为3的EP1K30QC208-3型号芯片。单击“Next”选择第三方EDA工具，在本次设计中并没有用到第三方工具，可以不选。

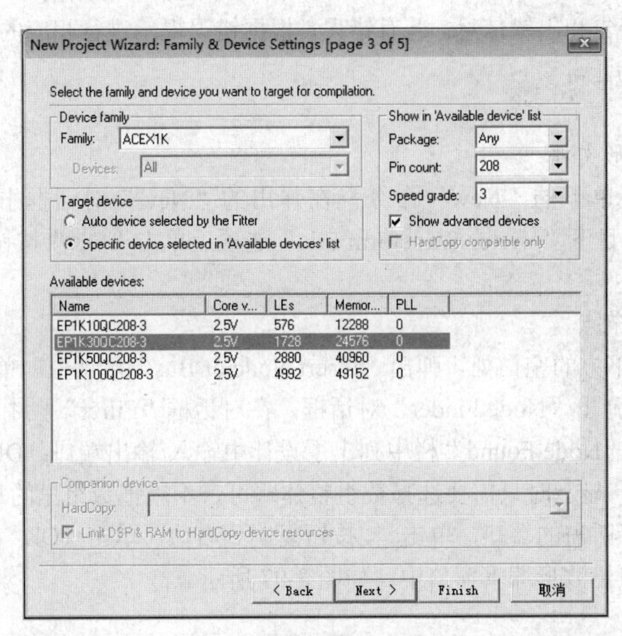

图3-95 器件类型设置

进入最后确认的对话框后核对建立的工程名称、选择的器件和选择的第三方工具等信息，如果无误的话则可单击“Finish”按钮，弹出项目主窗口，在资源管理窗口可以看到新建的工程名称“seg7”。

（二）设计输入

在主窗口中，单击“File”菜单下的“New”命令，弹出“New”对话框。在“Design Files”下拉菜单中选择“VHDL File”选项，单击“OK”按钮。在文本编辑窗口输入代码，如图3-96所示。

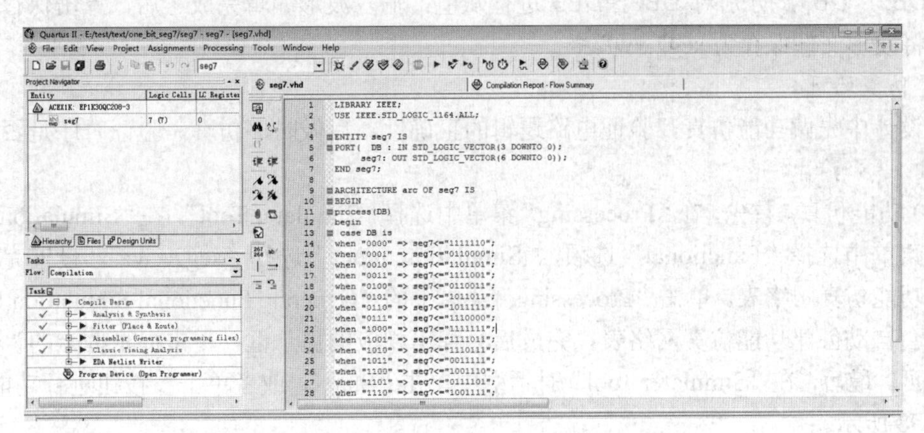

图3-96 输入代码

在图 3-96 中单击保存文件按钮。在默认情况下，文件名为 seg7.vhd，单击“保存”按钮即可保存文件。

（三）编译工程

在保存好设计文档之后，单击水平工具条上的编译按钮开始编译。编译结果会显示各种信息，其中包括警告和出错信息。若有错误，根据错误提示进行相应的修改，并重新编译，直到没有错误提示为止。

（四）仿真

1. 建立矢量波形文件

单击“File”菜单下的“New”命令，在弹出的“New”对话框中选择“Verification/Debugging Files”栏目下“Vector Waveform File”选项后单击“OK”按钮，弹出矢量波形编辑窗口。

2. 添加引脚或节点

双击“Name”下方的空白处，弹出“Insert Node or Bus”对话框。单击对话框的“Node Finder…”按钮后，弹出“Node Finder”对话框，在对话框“Filter”栏中选择“Pins:all”，单击“List”按钮，在“Node Found”栏中列出了设计中输入/输出端口：DB 和 seg7。由于 DB 和 seg7 是组合端口，显示时只需要选择数组整体即可，不用把数组里的每一位都选择进去。因此，根据情况选择所需的端口，单击 > 按钮复制到右边。单击“OK”按钮，选中的输入/输出端口被添加到矢量波形编辑窗口中，如图 3-97 所示。

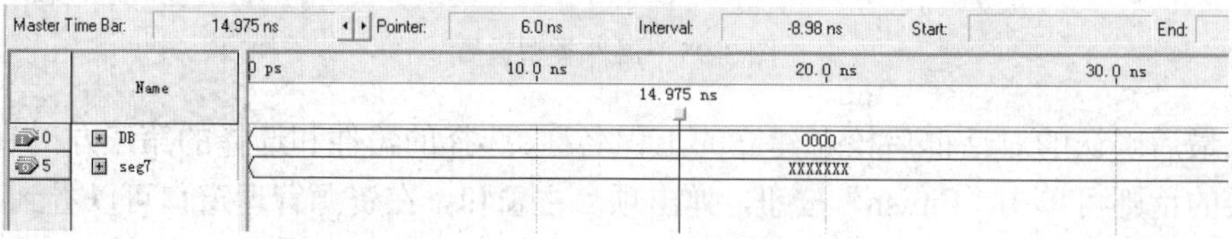

图 3-97 添加节点后的矢量波形文件

3. 编辑输入信号并保存文件

输入信号 DB 为数组信号，赋值时可以单击 DB 前的“+”号，将 DB 信号展开为 DB0、DB1、DB2、DB3，分别对 DB0～DB3 进行赋值。输入波形编辑完成之后，单击保存文件按钮，将波形文件保存为 seg7.vwf。

4. 仿真验证

在设计中先做功能仿真，验证电路逻辑的正确性，后做时序仿真，验证时序是否符合实际要求。

（1）功能仿真。首先，在“Processing”菜单中选择“Simulater Tool”，在“Simulation mode”的下拉菜单中选择“Functional”选项，“Simulation input”选择“seg7.vwf”。设置完成后需要生成功能仿真网络表。单击“Processing”菜单下的“Generate Functional Simulation Netlist”命令后会自动创建功能仿真网络表。完成后会弹出相应的提示框，单击提示框上的“确定”按钮即可。最后，在“Simulater Tool”对话框中单击“Start”，或者单击按钮进行功能仿真，如图 3-98 所示。

从图 3-98 可知，输出 seg7 与输入 DB 符合表 3-11，能实现七段码译码器功能。

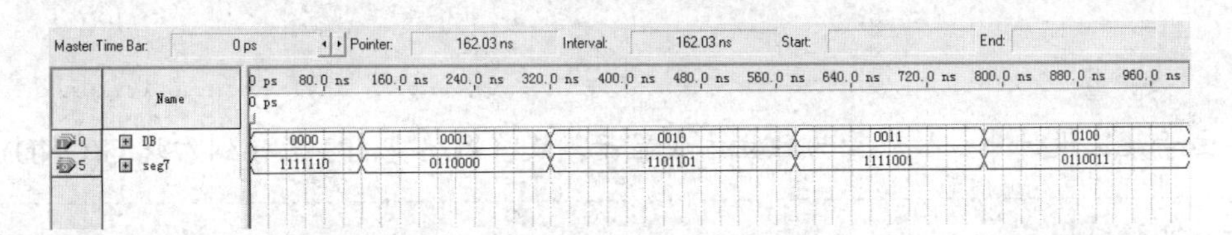

图 3-98 七段码译码器功能仿真波形

（2）时序仿真。

首先，在“Processing”菜单中选择“Simulater Tool”，在“Simulation mode”的下拉菜单中选择“Timing”选项，“Simulation input”选择“seg7.vwf”，在“simulation options”中把“Overwrite simulation input file with simulation results”打上钩，单击“Start”进行时序仿真，仿真结束后可以直接单击“Open”，打开矢量波形文件查看仿真结果，如图 3-99 所示。从时序仿真波形图上可以看到，仿真结果满足七段码译码器的设计要求，输出信号与输入信号之间存在着一定的延时。

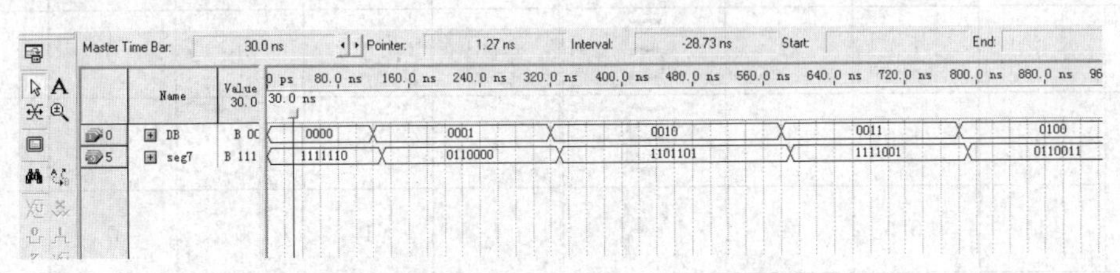

图 3-99 七段码译码器时序仿真波形

（五）引脚分配

本次设计的七段码译码器，输入信号 DB0～DB3 由拨码开关来实现，输入信号 DB3（A3）、DB2（A2）、DB1（A1）、DB0（A0）设置为引脚 PIN7、PIN8、PIN9、PIN10，分别对应实验箱 KH-310 上的拨码开关 I01、I02、I03、I04，也可对照实验箱 KH-310 拨码开关管脚对应表自行设定。输出信号 seg7 为 7 位数组，seg7（6）、seg7（5）、seg7（4）、seg7（3）、seg7（2）、seg7（1）、seg7（0）分别对应七段数码管的 a、b、c、d、e、f、g 各段，设置为引脚 PIN73、PIN74、PIN75、PIN83、PIN85、PIN86、PIN87，如图 3-100 所示。

	Node Name	Direction	Location	I/O Bank	VREF Group	Reserved	Group	PCB layer
1	DB[3]	Input	PIN_7				DB[3..0]	
2	DB[2]	Input	PIN_8				DB[3..0]	
3	DB[1]	Input	PIN_9				DB[3..0]	
4	DB[0]	Input	PIN_10				DB[3..0]	
5	seg7[6]	Output	PIN_73				seg7[6..0]	
6	seg7[5]	Output	PIN_74				seg7[6..0]	
7	seg7[4]	Output	PIN_75				seg7[6..0]	
8	seg7[3]	Output	PIN_83				seg7[6..0]	
9	seg7[2]	Output	PIN_85				seg7[6..0]	
10	seg7[1]	Output	PIN_86				seg7[6..0]	
11	seg7[0]	Output	PIN_87				seg7[6..0]	
12	<<new node>>							

图 3-100 引脚分配图

所有引脚分配完成后需要重新编译。选择“Processing”下拉菜单中“Start Complition”选项或直接单击工具栏中编译快捷按钮▶开始编译。

（六）下载

在“Tool”菜单下选择“Programmer”命令，或者直接单击工具栏上的按钮打开编程器对话框，确认编程器中.sof 文件为七段码译码器的配置文件，单击“Start”，进行程序下载。

注意

由于此次设计中，数码管为独立方式显示，故将短路夹 JP3 短接到右端 G(GND)处。

六、实验结果

程序下载完成后，VHDL 描述的七段码译码器就已经烧写到 FPGA 芯片中，现在可以通过硬件资源来验证七段码数码管功能是否正确，按表 3-12 中拨码开关的状态进行硬件测试。

表 3-12　七段码译码器硬件测试

DB3	DB2	DB1	DB0	七段码显示	DB3	DB2	DB1	DB0	七段码显示
0	0	0	0	0	1	0	0	0	8
0	0	0	1	1	1	0	0	1	9
0	0	1	0	2	1	0	1	0	A
0	0	1	1	3	1	0	1	1	b
0	1	0	0	4	1	1	0	0	C
0	1	0	1	5	1	1	0	1	d
0	1	1	0	6	1	1	1	0	E
0	1	1	1	7	1	1	1	1	F

七、相关知识

（一）进程语句

一般来讲，结构体中的所有处理语句都是并行处理语句，那么结构体中是否存在顺序语句呢？答案是肯定的，VHDL 语言程序的结构体中既存在并行语句，又存在顺序语句。并行语句用来描述一组并发行为，它是并发执行的，与程序的书写顺序无关；顺序语句是一个接一个严格顺序执行的语句，与程序的书写顺序有关。

进程语句是 VHDL 语言中最重要的一类语句，它构成了 VHDL 语言程序的基本框架。一般来讲，一个结构体可以包括一个或者多个进程语句，进程内部的语句是顺序语句，而结构体的各个进程语句之间是一组并发行为，即各个进程语句是并发执行的。

1. 进程（PROCESS）语句的结构

在 VHDL 语言中，采用 PROCESS 语句描述电路结构的书写格式如下：

```
[进程标号:] PROCESS [敏感信号表]
[进程语句说明部分];
BEGIN
<进程语句部分>;
END PROCESS [进程标号];
```

每一个 PROCESS 语句结构可以赋予一个进程标号，但这个进程标号不是必需的，可以省略。在多进程设计中，往往使用进程标号来区分各个进程，使程序简洁明了。PROCESS 语句从 PROCESS 开始，到 END PROCESS 结束。

2. 进程的启动

在 PROCESS 语句中总是带有 1 个或者多个信号量。这些信号量是 PROCESS 输入信号后，在书写时跟在“PROCESS”后面的括号内。

就如此次七段码译码器程序中的 PROCESS（DB），此语句中，DB 是信号量，在 VHDL 语言中称它们为敏感信号，这些信号无论哪个发生改变（如由“1”变为“0”或者由“0”变为“1”）都将启动该进程，使进程自上而下顺序执行一次。当执行完最后一个语句时，就返回到开始的 PROCESS 语句，等待下次敏感信号变化的出现。

3. 进程的语句顺序性

在 VHDL 中，一个功能独立的电路，在设计的时候可以用一个 PROCESS 进程来描述，在 PROCESS 中，语句是自上而下顺序执行的。

一个结构体中可以含有多个 PROCESS 结构，每个进程可以在任何时刻被激活或者启动，在同一结构体中，所有被激活的进程都是并行运行的。

（二）CASE 语句

CASE 语句属于顺序语句，因此必须放在进程语句 PROCESS 中使用。CASE 语句根据满足的条件选择多项顺序语句中的一项执行。

CASE 语句的一般格式如下：

```
 CASE  表达式 IS
WHEN <选择值>  => 顺序处理语句;
WHEN <选择值>  => 顺序处理语句;
...
WHEN OTHERS  => 顺序处理语句;
 END CASE;
```

当执行 CASE 语句时，首先计算表达式的值，然后根据条件句中与之相同的选择值，执行对应的顺序语句，最后结束 CASE 语句。表达式可以是一个整数类型或者枚举类型的值，也可以是由这些数据类型的值构成的数组。条件句中的“=>”不是操作符，它的含义相当于 THEN。

多条件选择值为静态表达式或动态范围，最终的选择是可以是“others”，选择不能重叠，若无“others”选择，那么多选择值必须覆盖表达式的所有可能值。

多选择值可以有以下四种选择类型：

（1）单个普通数值：WHEN 值=>顺序处理语句。

（2）并列数值：WHEN 值 | 值 | …… | 值 =>顺序处理语句。

（3）数值选择范围：WHEN 值 TO 值 =>顺序处理语句。

（4）WHEN OTHERS=>顺序处理语句。

使用 CASE 语句要注意以下几点。

（1）WHEN 条件句中的选择值必须在 CASE 表达式的取值范围内，而且数据类型也必须匹配。

（2）除非所有条件句中的选择值能完整覆盖 CASE 语句中表达式的取值，否则最后一个条件句的选择必须加上最后一句“WHEN OTHERS=>顺序处理语句”。OTHERS 代表已给的所有条件句中未能列出的其他可能的取值。OTHERS 只能出现一次，且只能作为最后一种条件取值，这样可以避免综合器插入不必要的寄存器。

（3）CASE 语句中每一条件句的选择值只能出现一次，不能有相同选择值的条件语句出现。

（4）CASE 语句执行时必须选中，且只能选中所列条件语句中的一条。这表明 CASE 语句中至少要包含一个条件语句。

3.5 七人表决器的设计

一、实验目的

（1）熟悉基于 FPGA 的 EDA 设计流程。

（2）了解 Quartus II 软件的基本操作步骤。

（3）掌握 VHDL 语言的 if…then 语句的语法。

（4）掌握七人表决器的工作原理和设计方法。

二、实验环境

（1）软件环境：Quartus II 8.0 版本。

（2）硬件环境：KH-310。

三、实验任务

利用 VHDL 语言设计一个七人表决器，使用实验箱上 7 个拨码开关对应 7 个表决输入，每个输入端输入“1”为通过，“0”为不通过，7 个输入中通过者超过半数输出为“1”。根据 7 个表决输入决定输出端的输出值。其电路实体或元件图如图 3-101 所示，A1、A2、A3、A4、A5、A6、A7 为 7 人的表决输入，Y 为最终的表决结果。

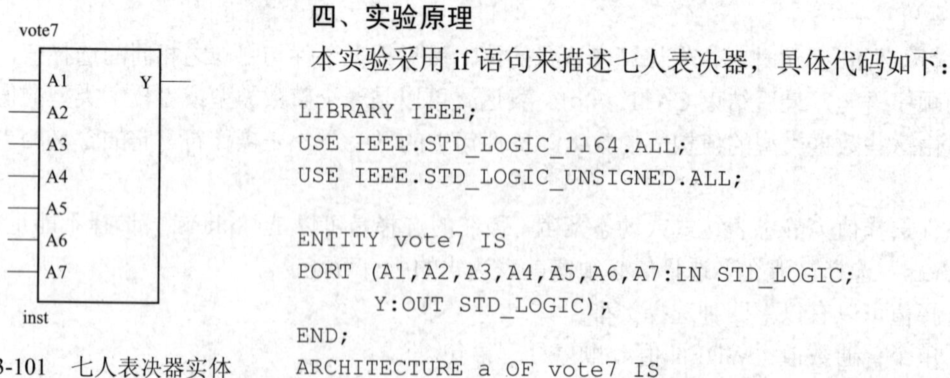

图 3-101 七人表决器实体

四、实验原理

本实验采用 if 语句来描述七人表决器，具体代码如下：

```
LIBRARY IEEE;
USE IEEE.STD_LOGIC_1164.ALL;
USE IEEE.STD_LOGIC_UNSIGNED.ALL;

ENTITY vote7 IS
PORT (A1,A2,A3,A4,A5,A6,A7:IN STD_LOGIC;
      Y:OUT STD_LOGIC);
END;
ARCHITECTURE a OF vote7 IS
 BEGIN
PROCESS(A1,A2,A3,A4,A5,A6,A7)
VARIABLE SUM:INTEGER RANGE 0 TO 7;
 BEGIN
  SUM:=0;
  IF A1='1'THEN SUM:=SUM+1;END IF;
  IF A2='1'THEN SUM:=SUM+1;END IF;
```

```
    IF A3='1'THEN SUM:=SUM+1;END IF;
    IF A4='1'THEN SUM:=SUM+1;END IF;
    IF A5='1'THEN SUM:=SUM+1;END IF;
    IF A6='1'THEN SUM:=SUM+1;END IF;
    IF A7='1'THEN SUM:=SUM+1;END IF;
    IF SUM>3 THEN Y<='1';
    ELSE Y<='0';
    END IF;
  END PROCESS;
END;
```

五、实验步骤

(一) 建立新工程

首先为此工程建立一个放置与此工程相关的所有设计文件的文件夹 vote7，然后选择 Quartus II 主页面的“File”菜单下的“New Project Wizard”命令，弹出如图 3-102 所示对话框，从上到下分别输入新工程的文件夹名、工程名和顶层实体的名字，工程名要和顶层实体的名字相同，均为“vote7”。

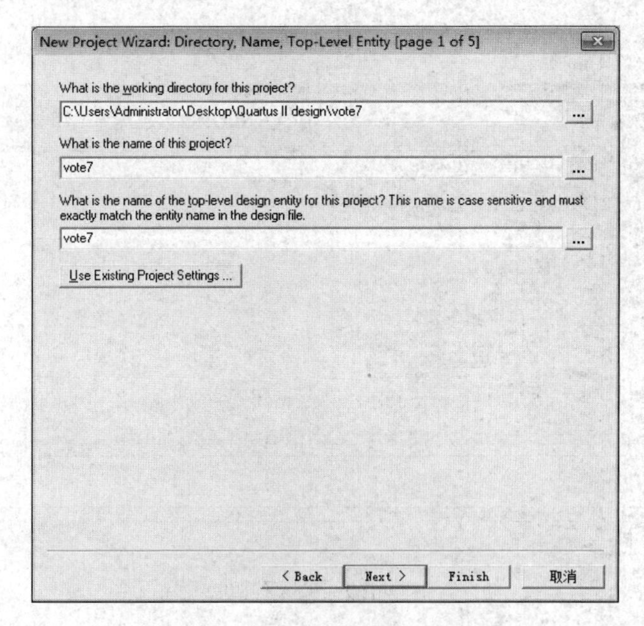

图 3-102 工程的基本信息设置页面

单击“Next”选择需要加入的文件和库，再单击“Next”，在图 3-103 中选择目标器件，在本次设计中选择 ACEX1K 系列中管脚数目为 208、速度等级为 3 的 EP1K30QC208-3 型号芯片。单击“Next”选择第三方 EDA 工具，在本次设计中并没有用到第三方工具，可以不选。

进入最后确认的对话框，确认建立的工程名称、选择的器件和选择的第三方工具等信息，如无误，则单击“Finish”按钮，即完成了新建项目的工作。

(二) 设计输入

在主窗口中，单击“File”菜单下的“New”命令，弹出“New”对话框。在“Design Files”下拉菜单中选择“VHDL File”选项，单击“OK”按钮。在文本编辑窗口输入代码，如图 3-104 所示。

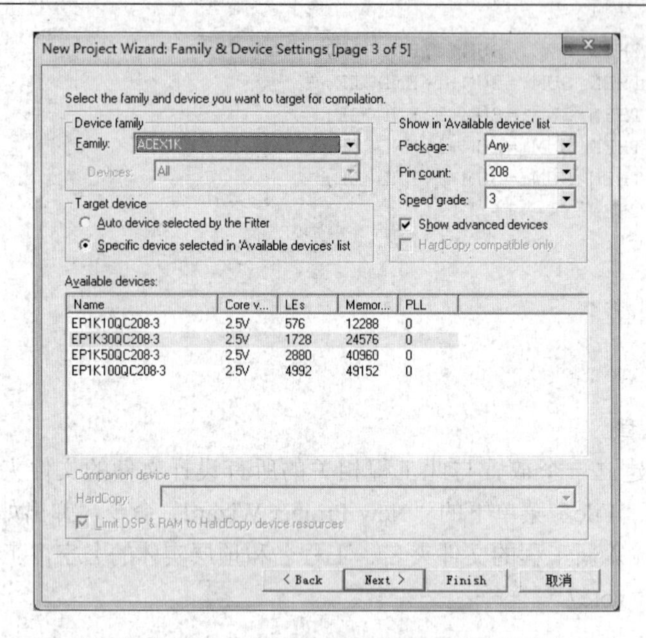

图 3-103　目标器件设置页面

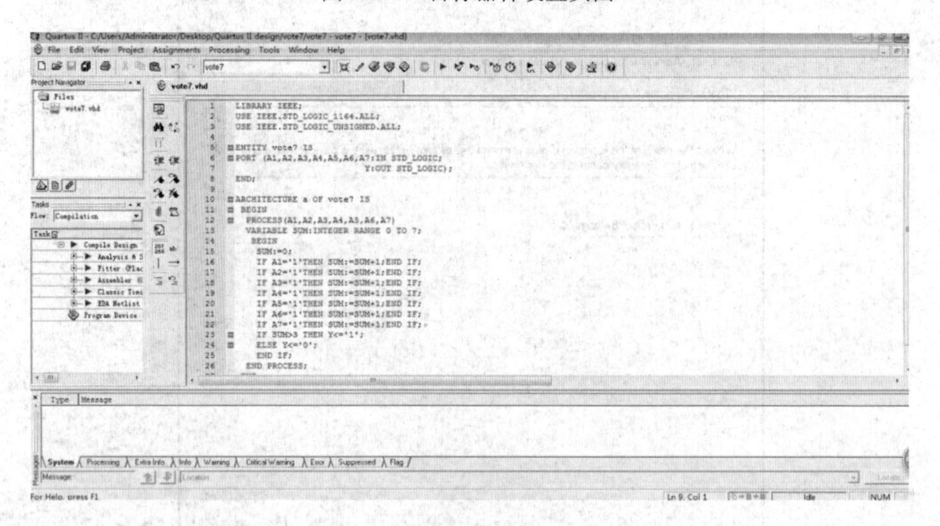

图 3-104　输入代码

在图 3-104 中单击保存文件按钮。在默认情况下，文件名为 vote7.vhd，单击“保存”按钮即可保存文件。

（三）编译工程

在保存好设计文档之后，单击水平工具条上的编译按钮开始编译。编译结果会显示各种信息，其中包括警告和出错信息。若有错误，根据错误提示进行相应的修改，并重新编译，直到没有错误提示为止。

（四）仿真

1. 建立矢量波形文件

单击“File”菜单下的“New”命令，在弹出的“New”对话框中选择“Verification/Debugging Files”栏目下“Vector Waveform File”选项后单击“OK”按钮，弹出矢量波形编

辑窗口。

2. 添加引脚或节点

双击“Name”下方的空白处，弹出“Insert Node or Bus”对话框。单击对话框的“Node Finder…”按钮后，弹出“Node Finder”对话框，如图 3-105 所示。在“Filter”栏中选择“Pins:all”，单击“List”按钮，在“Node Found”栏中列出了设计中的输入/输出端口，单击 › 按钮，将所需要观测的全部节点添加到右边“Selected Nodes”栏中，如图 3-106 所示。

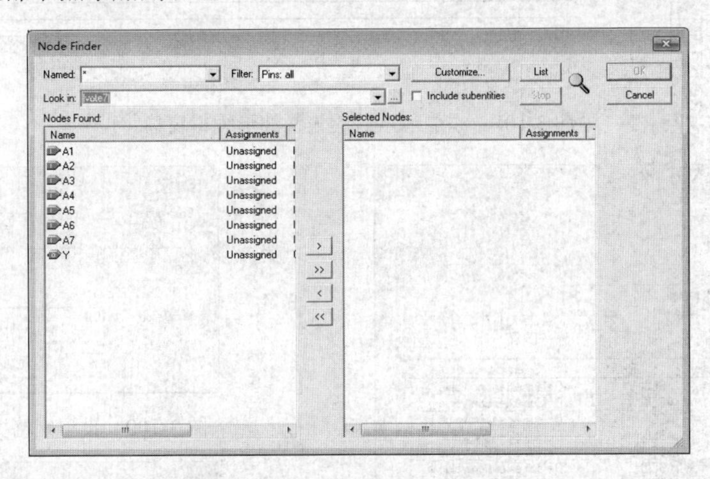

图 3-105 选择输入/输出节点

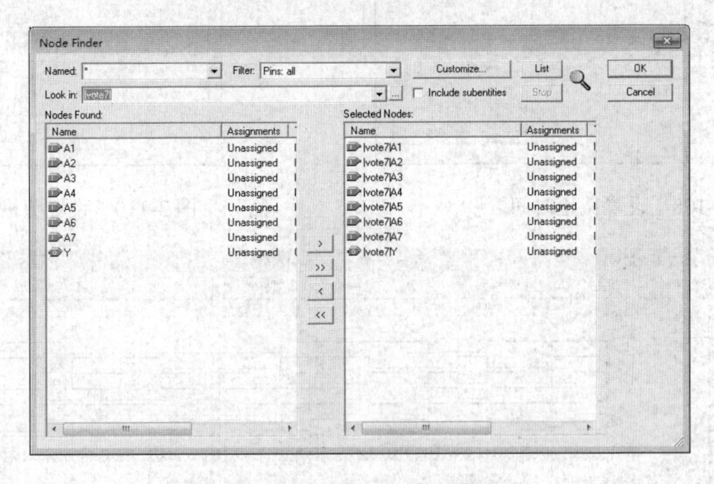

图 3-106 完成节点的添加

单击“OK”按钮后，返回“Insert Node or Bus”对话框，此时，在“Name”和“Type”栏里出现了“Multiple Items”项。单击“OK”按钮，选中的输入/输出端口被添加到矢量波形编辑窗口中，如图 3-107 所示。

3. 编辑输入信号并保存文件

单击“Edit”菜单下的“End Time”命令和“Grid Size”命令，如图 3-108 和图 3-109 所示，设置截止时间为 1μs，网格大小为 10ns，单击“OK”按钮，完成设置。

右击输入信号 A1，选择“Value”中的“Random Value…（随机数）”选项，在弹出的如图 3-110 所示的对话框中选择“Every grid interval”选项，设置输入信号 A1 为随机值。A2、

A3、A4、A5、A6、A7仿照A1依次都设置为随机值，如图3-111所示，并将文件保存为vote7.vwf。

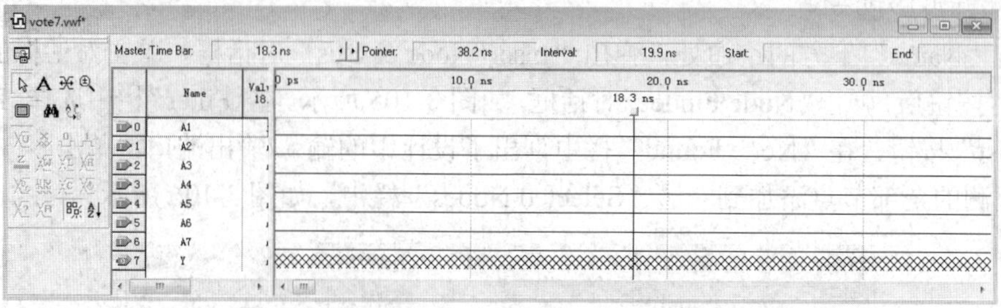

图3-107 添加节点后的矢量波形编辑窗口

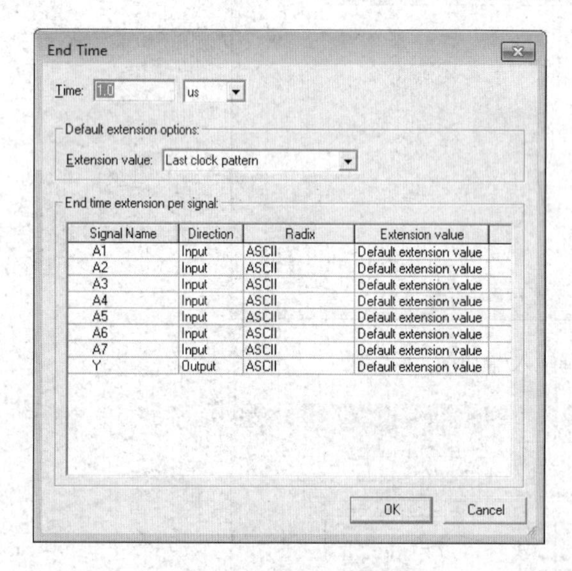

图3-108 设置截止时间

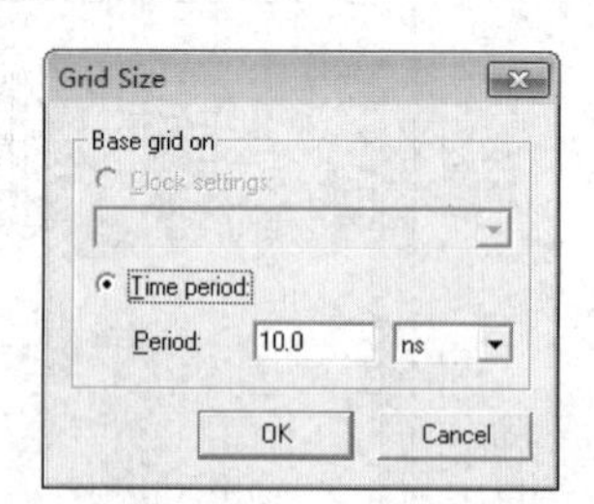

图3-109 设置网格大小

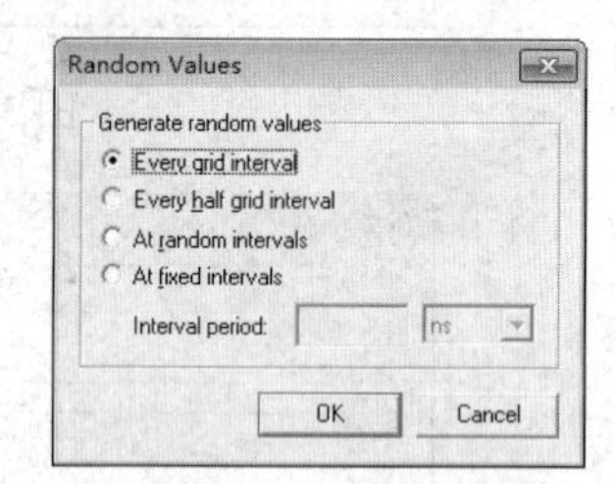

图3-110 设置随机数

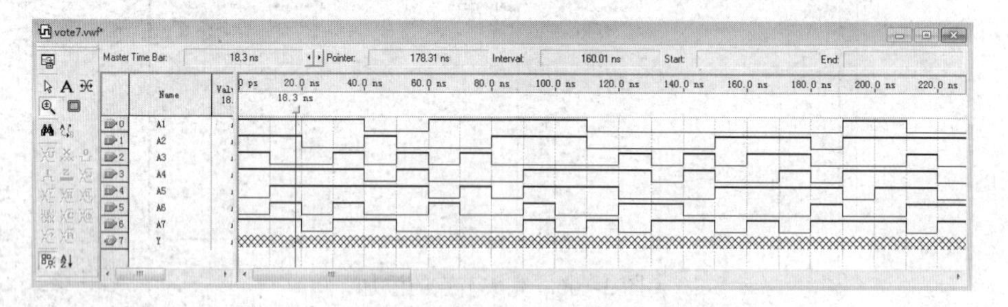

图3-111 设置仿真输入信号

4. 功能仿真验证

首先，单击“Assignments”中的“Settings”选项，在弹出的“Settings”对话框中进行设置。单击左侧标题栏中的“Simulator Settings”选项后，在右侧“Simulation mode”的下拉菜单中选择“Functional”选项即可（软件默认的是“Timing”选项），单击“OK”按钮后完成设置。

设置完成后需要生成功能仿真网络表。单击“Processing”菜单下的“Generate Functional Simulation Netlist”命令后会自动创建功能仿真网络表。完成后会弹出相应的提示框，单击提示框上的“确定”按钮即可。

最后，单击按钮进行功能仿真，如图3-112所示。

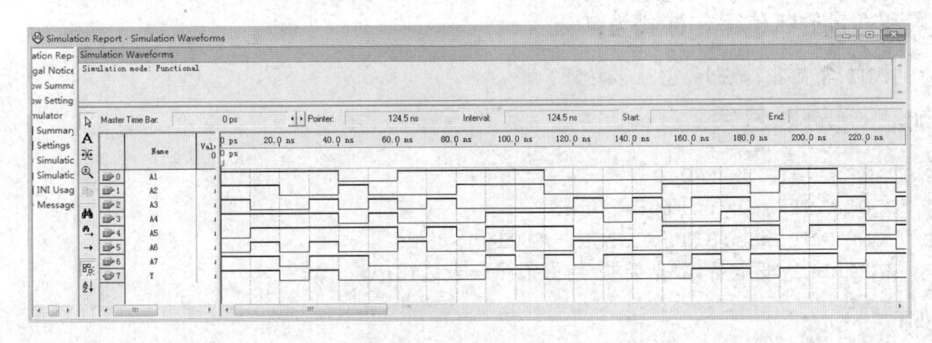

图3-112　功能仿真波形

从图3-112可知，当A1、A2、A3、A4、A5、A6、A7中有4个及以上输入为“1”时，则Y的输出为“1”，反之Y的输出为“0”。

（五）引脚分配

单击“Assignments”菜单下“Pins”命令，在弹出的对话框中下方的列表中列出了本项目所有的输入/输出引脚名，如图3-113所示，给输入和输出端口分配相应的引脚。

Named: 　Edit:

	Node Name	Direction	Location	I/O Bank	VREF Group	Reserved
1	A1	Input	PIN_7			
2	A2	Input	PIN_8			
3	A3	Input	PIN_9			
4	A4	Input	PIN_10			
5	A5	Input	PIN_11			
6	A6	Input	PIN_12			
7	A7	Input	PIN_13			
8	Y	Output	PIN_39			
9	<<new node>>					

All Pins

For Help, press F1

图3-113　引脚分配

所有引脚分配完成后需要重新编译。选择 “Processing”下拉菜单中“Start Complition”选项或直接单击工具栏中编译快捷按钮▶开始编译。

（六）下载

在“Tool”菜单下选择“Programmer”命令，或者直接单击工具栏上的按钮打开编程器对话框，确认编程器中.sof文件为vote7.sof的配置文件，单击“Start”，进行程序下载。

六、实验结果

程序下载完成后，VHDL描述的七人表决器就下载到FPGA芯片中，现在可以通过实验箱上的拨码开关和发光二极管来验证七人表决器功能是否正确。

七、相关知识

（一）赋值符

1. 常量和变量的赋值符

常量（CONSTANT）就是固定不变的值，可以在程序包、实体说明、结构体、子程序和进程中进行定义。变量（VARIABLE）只能在进程和子程序中使用，是一个局部量。常量和变量的赋值符都是“:=”。

常量和变量的赋值语句格式为：

```
CONSTANT 常数名:数据类型:=表达式;
```

例如：

```
CONSTANT GND:REAL:=0.0;
    CONSTANT dely:time:=30ns;
    CONSTANT bus:BIT_VECTOR:="1010";
    VARIABLE 变量名:数据类型 约束条件:=表达式;
```

再如：

```
VARIABLE n:INTEGER RANGER 0 TO 15:=2;
```

2. 信号的赋值符

信号（SINGAL）是电子电路内部硬件连接的抽象。它可以作为设计实体中的并行语句模块间交流信息的通道。信号赋初值的符号是“:=”，而在程序中，信号的赋值的符号是“<=”。

信号的赋初值语句格式为：

```
SIGNAL 信号名:数据类型 约束条件:=表达式;
```

例如：

```
SIGNAL GND:BIT:= '0';
     SIGNAL data:STD_LOGIC_VECTOR(7 DOWNTO 0);
```

在程序中，信号的赋值语句格式为：

```
目标信号名<=表达式;
```

例如：

```
x<=y;
a<='1';
S1<=s2 AFTER 10ns;
```

（二）操作符

VHDL 的表达式由操作数和操作符组成。VHDL 具有丰富的预定义操作符，可分为 4 种类型：算术操作符、关系操作符、逻辑操作符和连接操作符。各个操作符的类型、名称、功能及操作数数据见表 3-13。

表 3-13 **VHDL 操作符列表**

类型	操作符	功能	操作数数据
算术操作符	+	加	整数
	–	减	整数
	*	乘	整数和实数（包括浮点数）
	/	除	整数和实数（包括浮点数）
	MOD	取模	整数
	REM	取余	整数

续表

类型	操作符	功能	操作数数据
算术操作符	**	指数	整数
	ABS	取绝对值	整数
	+	正	整数
	–	负	整数
移位操作符	SLL	逻辑左移	BIT 或布尔型一维数组
	SRL	逻辑右移	BIT 或布尔型一维数组
	SLA	算术左移	BIT 或布尔型一维数组
	SRA	算术右移	BIT 或布尔型一维数组
	ROL	逻辑循环左移	BIT 或布尔型一维数组
	ROR	逻辑循环右移	BIT 或布尔型一维数组
并置操作符	&	并置	一维数组
关系操作符	=	等于	任何数据类型
	/=	不等于	任何数据类型
	<	小于	枚举与整数类型，以及对应的一维数组
	>	大于	枚举与整数类型，以及对应的一维数组
	<=	小于等于	枚举与整数类型，以及对应的一维数组
	>=	大于等于	枚举与整数类型，以及对应的一维数组
逻辑操作符	AND	与	BIT，BOOLEAN，STD_LOGIC
	OR	或	BIT，BOOLEAN，STD_LOGIC
	NAND	与非	BIT，BOOLEAN，STD_LOGIC
	NOR	或非	BIT，BOOLEAN，STD_LOGIC
	XOR	异或	BIT，BOOLEAN，STD_LOGIC
	XNOR	异或非	BIT，BOOLEAN，STD_LOGIC
	NOT	非	BIT，BOOLEAN，STD_LOGIC

操作符之间是有优先级的，见表3-14。

表 3-14　　操作符的优先级

优先级顺序	运　算　符
最高优先级 ↑ 最低优先级	NOT、ABS、**
	*、/、MOD、REM
	+（正号）、–（负号）
	+、–、&
	=、/=
	AND、OR、NAND、NOR、XOR、NXOR

3.6 分频器的设计

一、实验目的

（1）学习分频器的分类。

（2）学习用 VHDL 语言设计分频器。

二、实验环境

（1）软件环境：Quartus II 8.0 版本。

（2）硬件环境：KH-310。

三、实验任务

利用 VHDL 语言设计一个分频器电路，使用实验箱所提供的 1kHz 时钟，将其千分频后连接至发光二极管，使发光二极管以 1s 的时间间隔进行闪烁显示。其电路实体或元件图如图 3-114 所示，其中 clk 为输入信号频率，f1hz 为分频后 1Hz 输出信号。

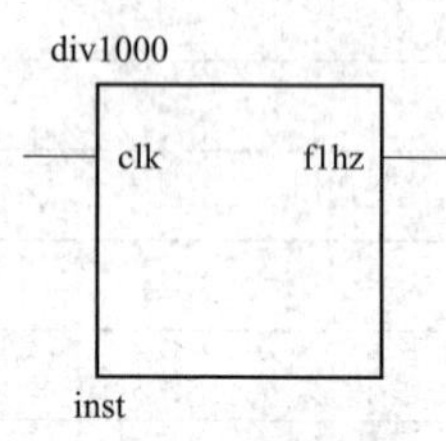

图 3-114 分频器器实体

四、实验原理

在数字电路系统的设计中，分频器是一种应用十分广泛的电路，其功能是对较高频率的信号进行分频。分频电路的本质是加法计数器的变种，其计数值由分频系数决定，输出不是一般计数器的计数结果，而是根据分频常数对输出信号的高、低电平进行控制的结果。通常来说，分频器常常用来对数字电路中的时钟信号进行分频，用以得到低频率的时钟信号、选通信号、中断信号等。

分频器按照分频系数的不同，分为偶数分频器、奇数分频器以及半整数分频器。偶数分频器是指分频系数为偶数的分频器，可按照分频系数是否为 2 的整数次幂，分为 2 的整数次幂分频器（如 8 分频器）和非 2 的整数次幂分频器（如 12 分频器）；奇数分频器是指分频系数为奇数的分频器。半整数分频器是指分频系数为半整数的分频器，如 1.5 分频器、2.5 分频器等。

在实际的数字电路设计中，经常会需要占空比不是 1:1 的分频信号，如中断信号和帧头信号等。因此，分频器按照分频输出信号占空比的不同，又可分为等占空比的分频器和不等占空比的分频器。等占空比分频器是指分频输出信号的占空比为 1:1；不等占空比的分频器是指分频输出信号的占空比不为 1:1，如占空比为 1:5、1:6。

对于分频系数是 2 的整数次幂的分频器来说，直接将计数器的相应位赋给分频器的输出信号即可。要想实现分频系数为 2N 的分频器，只需要实现一个模为 N 的计数器，然后把 N 的计数器的最高位直接赋给分频器的输出信号，即可得到所需要的分频信号。

使用 VHDL 语言描述分频器，代码如下：

```
Library IEEE;
Use IEEE.std_logic_1164.all;
Use ieee.std_logic_unsigned.all;
Use IEEE.std_logic_arith.all;
Entity div1000 is
  Port( clk: in std_logic;--from system clock(1kHz)
      f1hz: out std_logic);-- 1Hz output signal
```

```
end div1000;
architecture arch of div1000 is
signal count : integer range 0 to 499;--count from 0 to 499
signal temp:std_logic;
begin
process (clk)
begin
  if  rising_edge(clk)  then
     if count>=499 then
              temp<=not temp;
              count<=0;
      else  count<=count+1;
     end if;
  end if;
end process;
f1hz<=temp;
end arch;
```

五、实验步骤

（一）建立新工程

首先为此工程建立一个放置与此工程相关的所有设计文件的文件夹。建立工程文件夹后，选择“File”菜单下的“New Project Wizard”命令，在如图3-115所示对话框中，从上到下分别输入新工程的文件夹名、工程名和顶层实体的名字，工程名要和顶层实体的名字相同，同时与文件夹名也尽量保持一致，均为“div1000”，以方便寻找工程相关设计文件所在的文件夹。

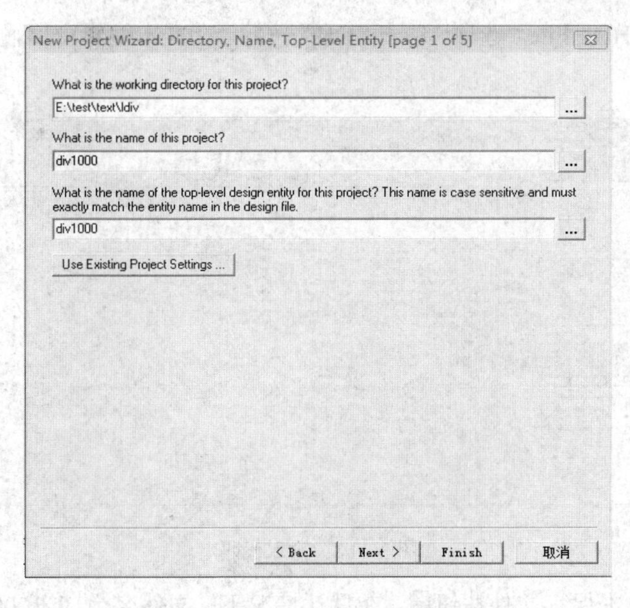

图3-115　设置工程的基本信息

单击“Next”选择需要加入的文件和库，再单击“Next”，在图3-116中选择目标器件，在本次设计中选择ACEX1K系列中管脚数目为208、速度等级为3的EP1K30QC208-3型号芯片。单击“Next”选择第三方EDA工具，在本次设计中并没有用到第三方工具，可以不选。

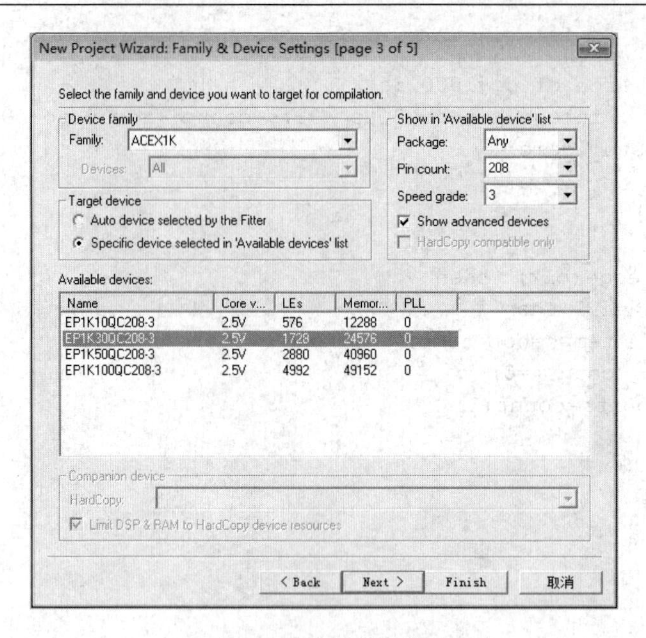

图 3-116 器件类型设置

进入最后确认的对话框后核对建立的工程名称、选择的器件和选择的第三方工具等信息，如果无误的话则可单击“Finish”按钮，弹出项目主窗口，在资源管理窗口可以看到新建的工程名称“div1000”。

（二）设计输入

在主窗口中，单击“File”菜单下的“New”命令，弹出“New”对话框。在“Design Files”下拉菜单中选择“VHDL File”选项，单击“OK”按钮。在文本编辑窗口输入代码，如图 3-117 所示。

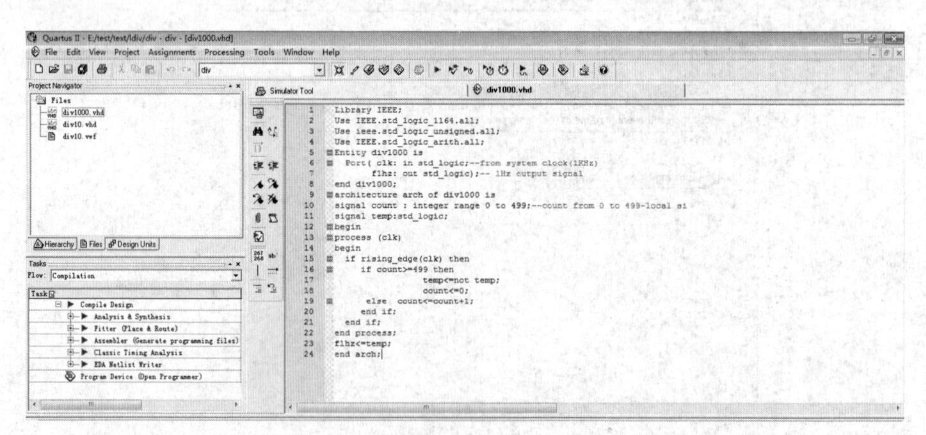

图 3-117 输入代码

在图 3-117 中单击保存文件按钮。在默认情况下，文件名为 div1000.vhd，单击“保存”按钮即可保存文件。

（三）编译工程

在保存好设计文档之后，单击水平工具条上的编译按钮▶开始编译。编译结果会显示各种信息，其中包括警告和出错信息。若有错误，根据错误提示进行相应的修改，并重新编译，直到没有错误提示为止。

（四）仿真

1. 建立矢量波形文件

单击“File”菜单下的“New”命令，在弹出的“New”对话框中选择“Verification/Debugging Files”栏目下“Vector Waveform File”选项后单击“OK”按钮，弹出矢量波形编辑窗口。

2. 添加引脚或节点

双击“Name”下方的空白处，弹出“Insert Node or Bus”对话框。单击对话框的“Node Finder…”按钮后，弹出“Node Finder”对话框，在对话框“Filter”栏中选择“Pins:all”，单击“List”按钮，在“Node Found”栏中列出了设计中输入/输出端口：clk 和 f1hz，单击 › 按钮复制到右边。单击“OK”按钮，选中的输入/输出端口被添加到矢量波形编辑窗口中，如图 3-118 所示。

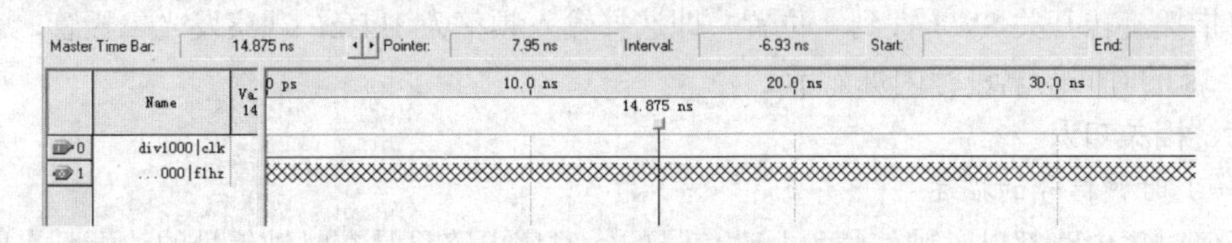

图 3-118 添加节点后的矢量波形文件

3. 编辑输入信号并保存文件

输入信号 clk 为时钟信号，在图 3-118 中单击“Name”下方的“clk”，即选中该行的信号波形。此时波形窗口左侧工具栏的赋值信号显现出来，选择工具栏中的按钮为 clk 信号赋值，选择周期为 10ns。千分频实验仿真时间较长，需要更改默认仿真时间长度，选择“Edit”菜单下“End Time”，在弹出的对话框中设置仿真时间 time 为 20μs。输入波形编辑完成之后，单击保存文件按钮，将波形文件保存为 div1000.vwf。

4. 功能仿真验证

在“Processing”菜单中选择“Simulater Tool”，在“Simulation mode”的下拉菜单中选择“Functional”选项，“Simulation input”选择“div1000.vwf”。

设置完成后需要生成功能仿真网络表。单击“Processing”菜单下的“Generate Functional Simulation Netlist”命令后会自动创建功能仿真网络表。完成后会弹出相应的提示框，单击提示框上的“确定”按钮即可。

最后在 Simulater Tool 对话框中点击 Start，或者单击按钮进行功能仿真，如图 3-119 所示。

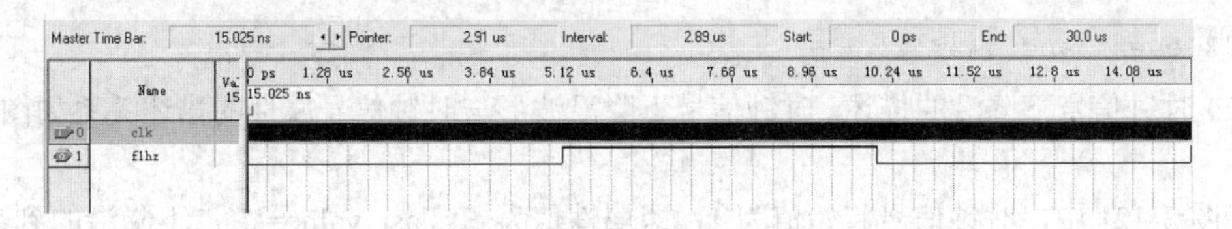

图 3-119 功能仿真波形

从仿真波形图上可以看到，仿真结果满足千分频电路的设计要求。

（五）引脚分配

本次设计的千分频电路，输入信号 clk 由指拨旋转开关 SW7（GCLK1）来实现，设置引脚为 PIN183，SW7（GCLK1）旋转开关拨到 4 位置，即选择频率为 1kHz；而输出信号 f1hz 对应到发光二极管，设置引脚为 PIN39。

所有引脚分配完成后需要保存重新编译。选择“Processing”下拉菜单中“Start Complition”选项或直接单击工具栏中编译快捷按钮▶开始编译。

（六）下载

在“Tool”菜单下选择“Programmer”命令，或者直接单击工具栏上的按钮打开编程器对话框，确认编程器中.sof 文件为千分频的配置文件，单击“Start”，进行程序下载。

六、实验结果

程序下载完成后，VHDL 描述的千分频程序就已经烧写到 FPGA 芯片中，现在可以通过硬件资源来验证千分频功能是否正确。

将指拨旋转开关 SW7 拨到 4 位置，即选择输入频率为 1kHz，观察发光二极管，发光二极管以 1s 的时间间隔进行闪烁显示。

七、相关知识

（一）时钟信号的描述

任何时序电路都以时钟信号为驱动信号的，时序电路只是在时钟信号的边沿到来时，其状态才发生改变。因此，时钟信号通常利用跳变来控制系统输出状态变化，跳变也称作边沿，分为两种：上升沿和下降沿，前者对应时钟信号从 0 变为 1 的时刻，后者对应时钟信号从 1 变为 0 的时刻。VHDL 中常用的描述时钟信号方法有两种：使用属性（Attribute）和使用测定边沿发生的函数。

1. 使用属性描述时钟

用来描述时钟信号的属性包括以下两种：

‘event：如果当前的信号发生了变化则返回真，否则返回假；

‘last_value：返回信号变化之前的值。

(1) 时钟信号上升沿的描述。时钟信号上升沿波形与时钟信号属性的描述关系如图 3-120 所示。

在图 3-120 中，时钟信号起始值为 0，即属性值为 clk’last_value=‘0’；上升沿的到来表示发生了一个事件，用 clk’event 表示；上升沿以后，时钟信号当前值为 1，即属性值为 clk=‘1’。综上所述，时钟上升沿到来的条件可写为：

```
clk='1' and clk'last_value='0' and clk'event
```

可以简写为：

```
clk'event and clk='1'
```

(2) 时钟信号下降沿的描述。时钟信号下降沿波形与时钟信号属性的描述关系如图 3-121 所示。

在图 3-121 中，时钟信号起始值为 1，即属性值为 clk’last_value=‘1’；下降沿的到来表示发生了一个事件，用 clk’event 表示；下降沿以后，时钟信号当前值为 0，即属性值为 clk=‘0’。综上所述，时钟下降沿到来的条件可写为：

图 3-120 时钟信号上升沿波形　　图 3-121 时钟信号下降沿波形

```
clk='0' and clk'last_value='1' and clk'event
```

可以简写为：

```
clk'event and clk='0'
```

2. 使用测定边沿发生的函数描述时钟

使用 IEEE 库的 STD_LOGIC_1164 程序包中预定义的函数 rising_edge()和 falling_edge()也可以检测信号的跳变，其中函数 rising_edge()用来检测信号从 0 到 1 的跳变，函数 falling_edge()用来检测信号从 1 到 0 的跳变。待检测的信号写在括号内，信号的数据类型必须是标准逻辑类型。

（二）IF 语句

IF 语句作为一种条件语句，它根据语句中所设置的一种或多种条件，有选择地执行指定的顺序语句。IF 语句结构有以下三种：

1. IF 门控锁存语句

语句中设置的条件只有一种。当条件满足，即条件为真时，顺序地执行条件中的各条语句；当条件不满足时，则不予执行条件后的顺序语句，直接结束 IF。结果是，条件不成立，赋值目标保持先前的状态，实现数据的锁存。语句格式为：

```
IF  条件句   then
  顺序语句;
 END  IF;
```

2. IF 二选择控制语句

用条件来选择两条不同程序执行的路径。条件成立，执行一种路径下的顺序语句，否则条件不成立，执行另外一组顺序执行语句。语句格式为：

```
IF  条件句   then
   顺序语句;
else
   顺序语句;
 END  IF;
```

3. IF 多选择控制语句

这种情况的 IF 语句通过关键词 ELSIF 设定多个判定条件，以使顺序语句的执行分支可以超过两个及以上。使用这一语句需要注意的是，任一分支顺序语句的执行条件是以上各分支所确定条件的相与（即相关条件同时成立），即条件有优先级别。语句格式为：

```
 IF 条件句  then
顺序语句;
```

```
  ELSIF   条件句   then
顺序语句;
     …
  ELSE
顺序语句;
  END  IF;
```

3.7 异步十进制计数器的设计

一、实验目的

（1）熟悉基于 FPGA 的 EDA 设计流程。

（2）了解 Quartus II 软件的基本操作步骤。

（3）掌握 VHDL 语言多进程 process 语句和实体内部信号的相关知识。

（4）掌握异/同步十进制计数器的工作原理和设计方法。

二、实验环境

（1）软件环境：Quartus II 8.0 版本。

（2）硬件环境：KH-310。

三、实验任务

利用 VHDL 设计一个异步十进制加法计数器，其电路实体或元件图如图 3-122 所示，其中 clk 和 clr 分别为时钟信号和复位信号输入端口，seg7［6..0］为七段数码管输出端口。cnt10_led 是设计者为此器件取的名称，该器件不仅能实现异步十进制计数功能，并能在数码管上显示计数结果。当 clr 信号为高电平时，数码管显示数字 0，否则，在输入时钟 1Hz 频率的驱动下数码管在 0～9 之间循环显示。

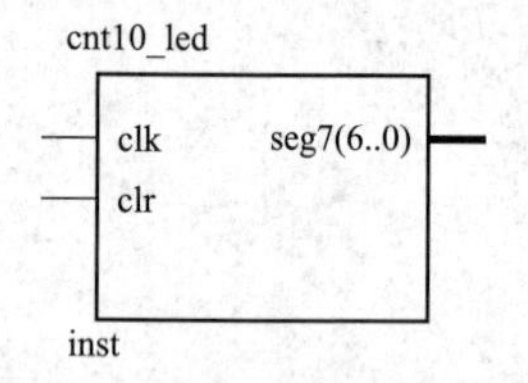

图 3-122　异步十进制计数器实体

四、实验原理

计数器的逻辑功能是用来记忆时钟脉冲的具体个数，通常计数器能记忆时钟的最大数目 M 称为计数器的模，即计数器的范围是 0～$(M-1)$或$(M-1)$～0。计数器在数字电路设计中是一种最为常见、应用最为广泛的时序逻辑电路，它不仅可以用于对时钟脉冲进行计数，还可以用于时钟分频、信号定时、地址发生器和数字运算等。

计数器按照不同的分类方法可以划分为不同的类型，按照计数器的技术方向可以分为加法计数器、减法计数器和可逆计数器；按照计数器中复位信号是否与时钟边沿信号同步可分为同步计数器和异步计数器。本节将介绍异步十进制加法计数器的设计方法。

异步十进制加法计数器的状态表见表 3-15。

表 3-15　　异步十进制加法计数器的状态表

clk	clr	工 作 状 态
×	1	置零
↑	0	计数 0～9

采用文本编辑法，使用 VHDL 语言描述异步十进制加法计数器，代码如下：

```
Library ieee;
USE ieee.std_logic_1164.all;                    --申明使用 std_logic_1164 程序包

ENTITY cnt10_led IS
 port( clk: IN  std_logic;
      clr: IN  std_logic;
      seg7: OUT  std_logic_vector(6 downto 0));
END;

ARCHITECTURE oneOF  cnt10_ledIS
SIGNAL cnt10:  INTEGER RANGE  0 TO 9;          --结构体内部信号定义
BEGIN
P1: process(clk,clr)                            --进程 1 实现异步十进制计数功能
begin
 if clr='1' then cnt10<=0;                      --异步清零控制
 elsif clk'event and clk='1' then
cnt10<=cnt10+1;
end if;
if cnt10=10 then cnt10<=0;
end if;
end process;

P2: process(cnt10)                              --进程 2 实现译码功能
 begin
case cnt10 is
 when 0 => seg7<="1111110";
 when 1 => seg7<="0110000";
 when 2 => seg7<="1101101";
when 3 => seg7<="1111001";
 when 4 => seg7<="0110011";
when 5 => seg7<="1011011";
when 6 => seg7<="1011111";
 when 7 => seg7<="1110000";
 when 8 => seg7<="1111111";
 when 9 => seg7<="1111011";
 when others=>null;
end case;
 end process;
ENDARCHITECTURE one;
```

五、实验步骤

(一) 建立新工程

首先为此工程建立一个放置与此工程相关的所有设计文件的文件夹。建立工程文件夹后，选择“File”菜单下的“New Project Wizard”命令，弹出如图 3-123 所示对话框，从上到下分别输入新工程的文件夹名、工程名和顶层实体的名字，工程名要和顶层实体的名字相同，同时与文件夹名也尽量保持一致，均为“cnt10_led”，以方便寻找工程相关设计文件所在的文件夹。

接着，选择需要加入的文件和库，没有的情况下可直接单击“Next”，进入目标器件选择窗口，如图 3-124 所示。选择 ACEX1K 系列中管脚数目为 208、速度等级为 3 的

EP1K30QC208-3 型号芯片。最后选择第三方 EDA 工具，在本次设计中并没有用到第三方工具，可以不选。

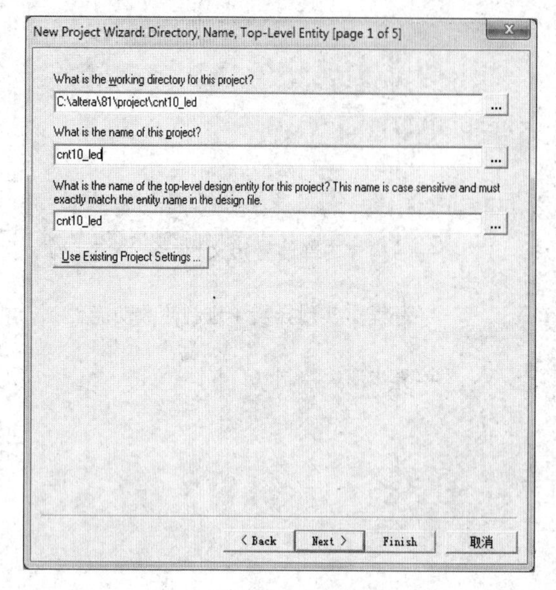

图 3-123 设置工程的基本信息

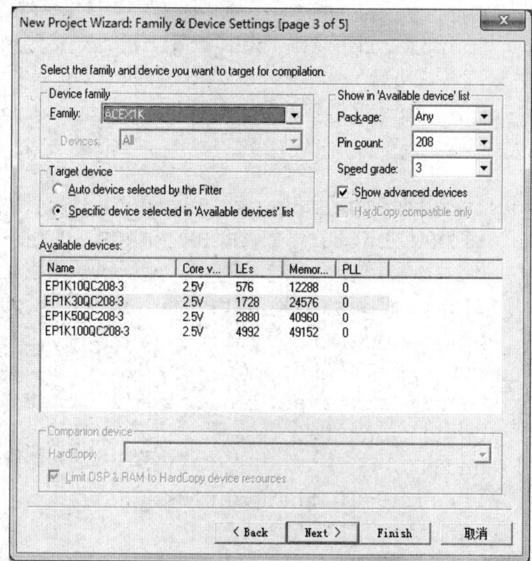

图 3-124 选择目标器件

在最后确认的对话框中检查建立的工程名称、选择的器件和选择的第三方工具等信息，核实无误之后则可单击“Finish”按钮，弹出项目主窗口，在资源管理窗口可以看到新建的工程名称“cnt10_led”。

（二）设计输入

在主窗口中，单击“File”中的“New”命令或者在快捷栏中单击🗋空白文档，弹出“New”对话框。在“Design Files”下拉菜单中选择“VHDL File”选项，单击“OK”按钮，弹出 VHDL 的文本编辑窗口，输入代码，如图 3-125 所示。

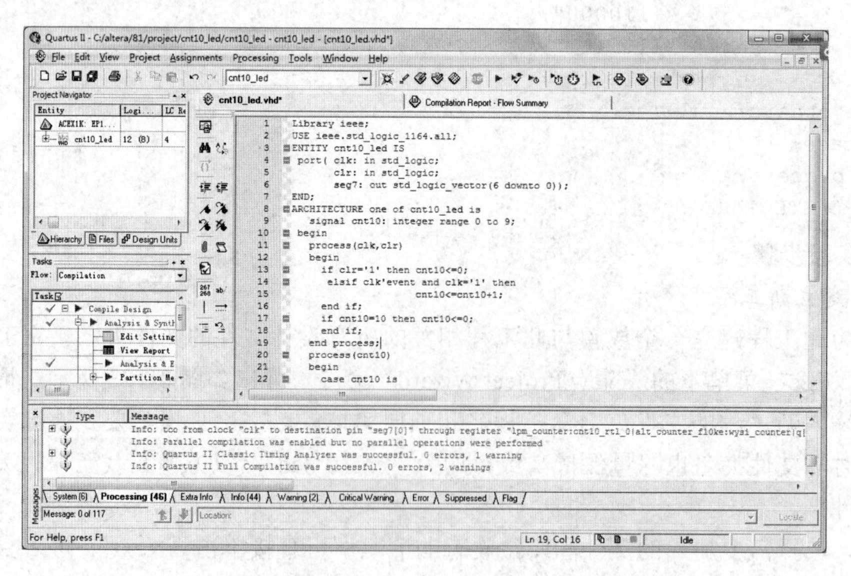

图 3-125 输入代码

在图3-125中单击保存文件按钮，弹出“另存为”窗口。在默认情况下，“文件名 (N) ”的文本编辑框中为工程的名称“cnt10_led”，单击“保存”按钮即可保存文件。

（三）编译工程

在保存好设计文档之后，单击水平工具条上的编译按钮▶开始编译。编译结果会显示各种信息，其中包括警告和出错信息。若有错误，根据错误提示进行相应的修改，并重新编译，直到没有错误提示为止。

（四）仿真

1. 建立矢量波形文件

单击“File”菜单下的“New”命令，在弹出的“New”对话框中选择“Verification/Debugging Files”栏目下“Vector Waveform File”选项后单击“OK”按钮，弹出矢量波形编辑窗口。

2. 添加引脚或节点

双击“Name”下方的空白处，弹出“Insert Node or Bus”对话框。单击对话框的“Node Finder…”按钮后，弹出“Node Finder”对话框，如图3-126所示。

在图3-126中，“Filter”栏中选择“Pins:all”，单击“List”按钮，在“Node Found”栏中列出了设计中输入/输出端口：clk、clr和seg7［6..0］。其中，seg7［6..0］是组合端口，显示时只需要选择数组整体即可，不用把数组里的每一位都选择进去。因此，根据情况选择所需的端口，单击 > 按钮复制到右边。

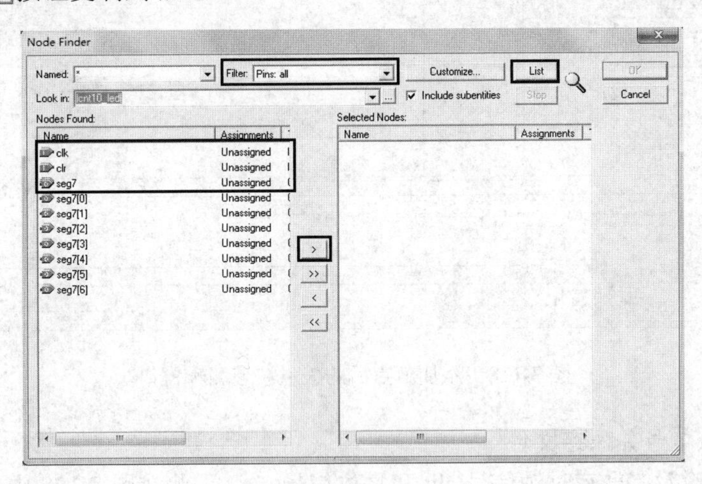

图3-126　选择输入/输出节点

本次设计使用了内部计数信号cnt10，如果想在仿真中观察该信号的结果，可在“Node Finder”窗口中的“Filter”栏选择“Register:pre-synthesis”，单击“List”，如图3-127所示，在“Node Found”栏中列出了内部信号 cnt10。同样将该信号数组作为整体复制到右边。

本项目中所需要观测的全部节点添加到右边“Selected Nodes”中。单击“OK”按钮后，返回“Insert Node or Bus”对话框，此时，在“Name”和“Type”栏里出现了“Multiple Items”项。单击“OK”按钮，选中的输入/输出端口被添加到矢量波形编辑窗口中，如图3-128所示。

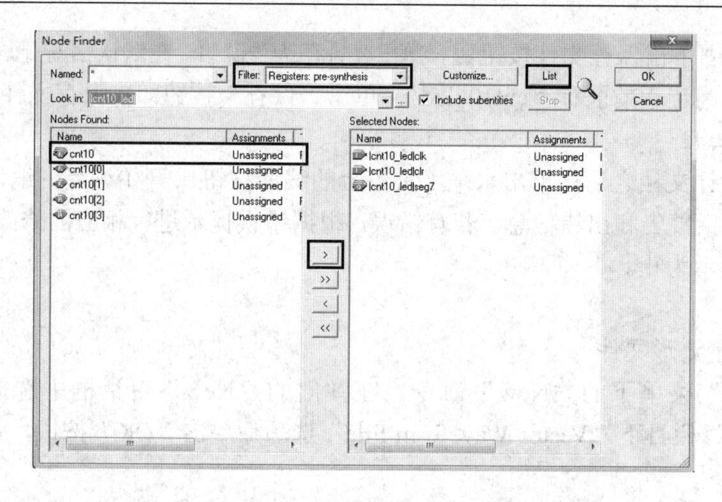

图 3-127 选择内部信号节点

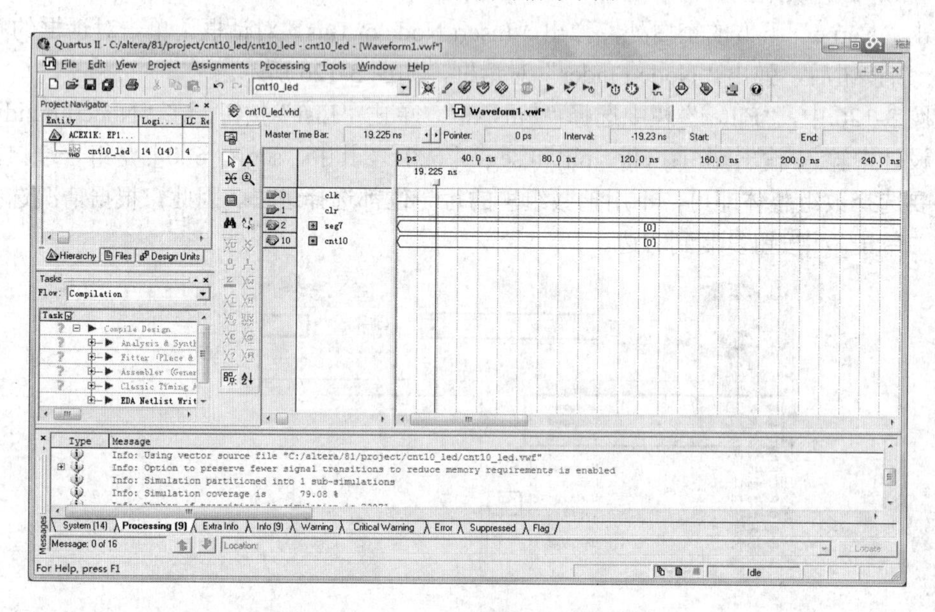

图 3-128 添加节点后的矢量波形编辑窗口

3. 编辑输入信号并保存文件

在本项目中输入信号有时钟信号 clk 和复位信号 clr，因此在图 3-128 中单击“Name”下方的“clk”，选择波形窗口左侧工具栏的赋值信号，弹出“Clock”对话框，如图 3-129 所示，设定周期为 10ns 的时钟信号。用鼠标左键选中 clr 信号前 20ns 区域，然后单击赋值信号工具栏中的按钮，如图 3-130 所示。

输入波形编辑完成之后，单击保存文件按钮，根据“另存为”的提示框完成文件保存工作。默认情况下，直接单击“保存”即可。此时，在工程的文件夹中保存与工程名相同的矢量波形文件 cnt10_led.vwf。

4. 仿真验证

（1）功能仿真。首先单击“Assignments”菜单下的“Settings”选项，在弹出的“Settings”对话框中进行设置。如图 3-131 所示，单击左侧标题栏中的“Simulator Settings”选项后，在右侧“Simulation mode”的下拉菜单中选择“Functional”选项即可，单击“OK”按钮后完成设置。

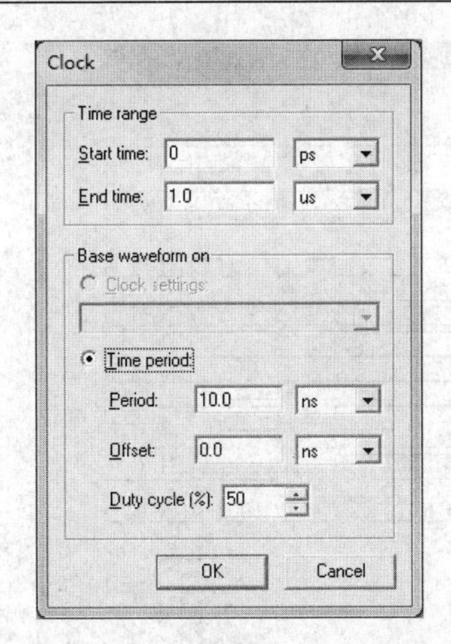

图 3-129 时钟信号参数设置

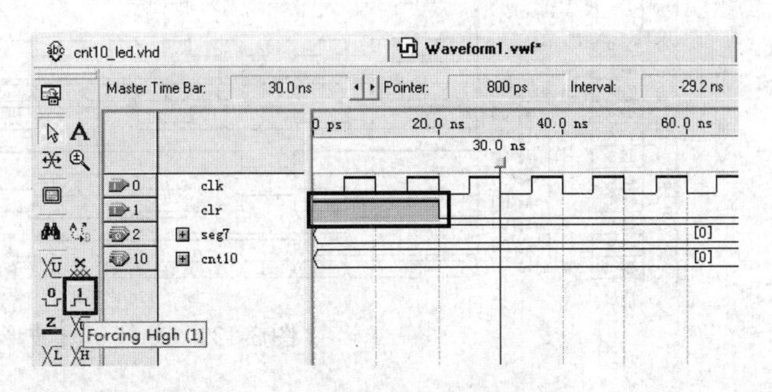

图 3-130 编辑输入信号波形

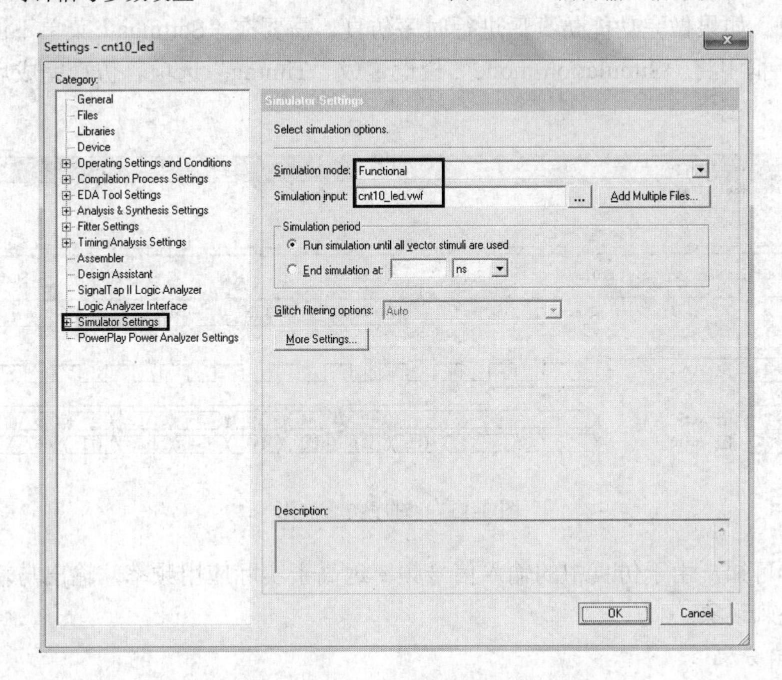

图 3-131 设置仿真类型

注 意

设置完成后需要生成功能仿真网络表。单击“Processing”菜单下的“Generate Functional Simulation Netlist”命令后会自动创建功能仿真网络表。完成后会弹出相应的提示框，单击提示框上的“确定”按钮即可。

最后单击按钮进行功能仿真，如图 3-132 所示。从图可知，当 clr 为‘0’时，计数信号 cnt10 保持为 0，不会受时钟信号的驱动，从而实现复位功能；当 clr 为‘1’时，每来一次时钟上升沿，计数信号 cnt10 增加 1，并在 0～9 之间循环。由此可知，本次设计的异步十进制计数器功能符合设计要求。根据译码功能，从 cnt10 每一个输出的数字所对应的 seg7［6..0］结果可知，此次设计能够满足计数、译码显示的设计要求。

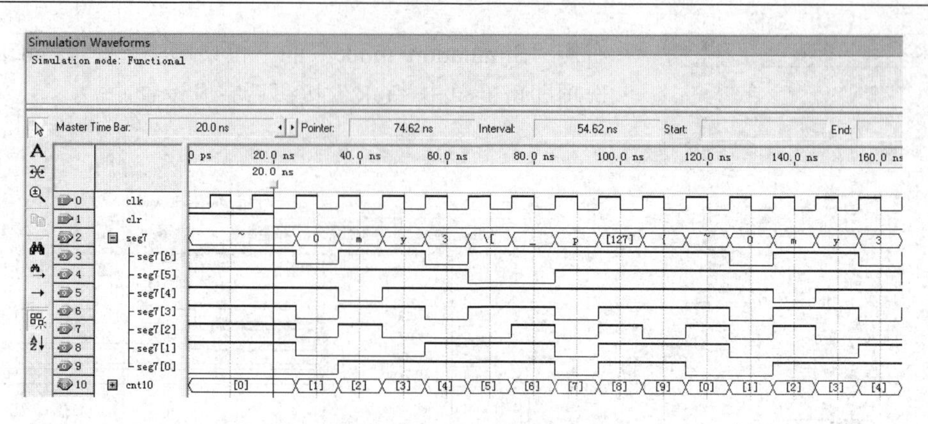

图 3-132 功能仿真波形

（2）时序仿真。Quartus II 中默认的仿真为时序仿真，可在矢量波形保存之后直接单击仿真按钮即可。如果做完功能仿真后进行时序仿真，需要在“Settings”菜单下的“Simulator Settings”对话框中将“Simulation mode”栏设置成“Timing”选项。仿真完成后的窗口如图 3-133 所示。

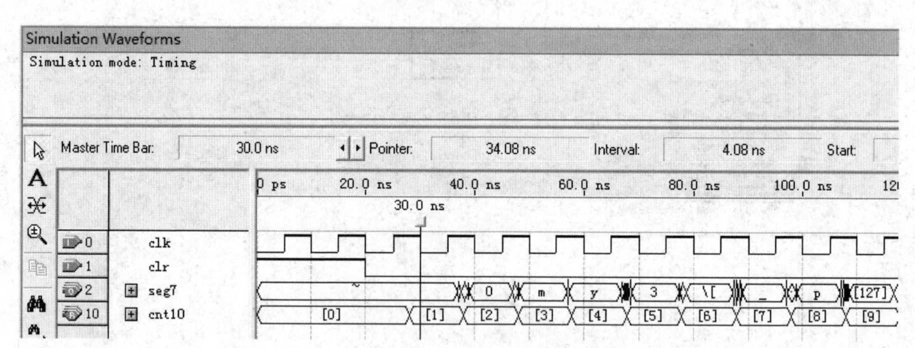

图 3-133 时序仿真波形

观察波形可知，由于仿真中的输入信号频率远高于实际应用频率，输出与输入之间有一定的延时和毛刺现象。

（五）引脚分配

为了对所设计的工程进行硬件测试，将输入/输出信号锁定在实际硬件所确定的引脚上。单击“Assignments”菜单下“Pins”命令，在弹出的对话框中下方的列表中列出了本项目所有的输入/输出引脚名。

本次设计的计数器：①输入时钟信号 clk 设置为引脚 pin183，对应试验箱中的时钟输入电位器开关，可选择 1Hz 作为输入频率。②输入复位信号 clr 设置为引脚 pin7，对应试验箱中的第一个拨位开关，实现复位功能。③输出信号 seg［6..0］对应数码管的 a、b、c、d、e、f、g 管的管脚编号，如图 3-134 所示，完成所有引脚的分配。

注 意

所有引脚分配完成后需要重新编译。选择“Processing”下拉菜单中“Start Complition”选项或直接单击工具栏中编译快捷按钮开始编译。

（六）下载

在“Tool”菜单下选择“Programmer”命令，或者直接单击工具栏上的按钮，弹出下载对话框。确认编程器中.sof文件为cnt10_led.sof的配置文件，单击“Start”，进行程序下载。

Named: 　Edit: PIN_183　Filter: Pins: all

	Node Name	Direction	Location	I/O Bank	VREF Group
1	clk	Input	PIN_183		
2	clr	Input	PIN_7		
3	seg7[6]	Output	PIN_73		
4	seg7[5]	Output	PIN_74		
5	seg7[4]	Output	PIN_75		
6	seg7[3]	Output	PIN_83		
7	seg7[2]	Output	PIN_85		
8	seg7[1]	Output	PIN_86		
9	seg7[0]	Output	PIN_87		
10	<<new node>>				

For Help, press F1

图3-134　完成引脚分配

六、实验结果

下载完成后，VHDL描述的计数器电路就已经烧写到FPGA芯片中，现在可以通过数码管显示来验证异步十进制计数器功能是否正确。

将实验箱KH-310的SW-I01拨动开关拨至低电平，即clr为0时，拨动时钟频率开关SW7至1Hz挡位，观察数码管能否按照1s的时间间隔从0→1→2→3→4→5→6→7→8→9→0的方式循环显示；当SW-I01拨至高电平时，数码管显示不再变化，保持为零。

七、相关知识

在给出的异步十进制加法计数器的程序中，对新出现的语法现象作简要说明。

（一）结构体内部信号的定义和使用

内部信号的定义语句处于ARCHITECTURE与BEGIN语句之间，定义的格式是：

```
SIGNAL  信号名 :  数据类型[: =初始值];
```

定义时，信号流动方向不用说明，同样，信号初始值的设置也不是必需的。

```
ARCHITECTURE oneOF  cnt10_ledIS
SIGNALcnt10:INTEGER RANGE  0  TO  9;      --结构体内部信号定义
BEGIN
```

信号定义的数据类型是整数类型INTEGER，包含的元素有正整数、负整数和零。在VHDL中，整数的取值范围是–2147483647～+2147483647，即可用32位有符号的二进制数表示。在使用整数时，VHDL综合器要求必须使用RANGE子句为所定义的数限定范围，然后根据所限定的范围来决定表示此信号的二进制数的位数。

信号SIGNAL是描述硬件系统的基本数据对象，它的性质类似于连接线，可以作为设计实体中并行语句模块间的信息交流通道。本次设计的内部信号cnt10实现了进程1与进程2之间的通信交流。

（二）多进程语句的要点

虽然进程语句引导语句属于顺序语句，但同一结构体中的不同进程是并行运行的，或者说是根据相应的敏感信号独立运行的。进程1通过clk和clr信号触发运行，实现加法计数cnt10<=cnt10+1。当信号cnt10发生变化时，进程2被启动。信号是多个进程间的通信线，如

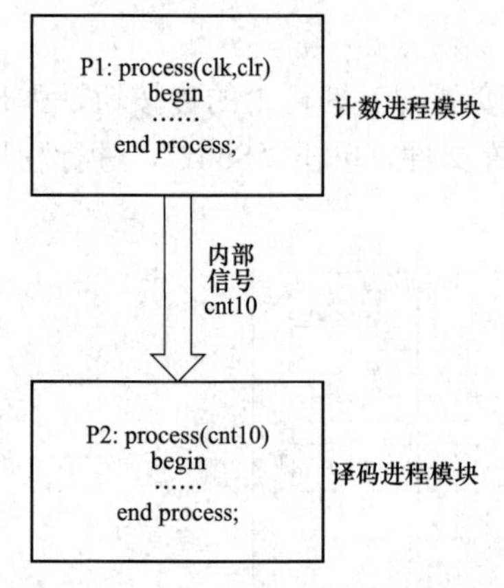

图 3-135 进程之间通过内部信号连接图

图 3-135 所示。因此，对于结构体来说，信号具有全局特性，它是进程间进行并行联系的重要途径。

（三）异步/同步清零计数器

同步或异步都是相对于时钟而言的。不依赖于时钟而有效的信号称为异步信号，否则称为同步信号。

1. 异步清零计数

```
        if clr='1' then cnt10<=0;
 elsif clk'event and clk='1' then
cnt10<=cnt10+1;
end if;
```

如果 clr 为 1，将对计数器清零，即复位。这项操作独立于 clk 信号，因而称为异步清零。如果 clr 为 0，则看是否有时钟上升沿；如果此时有 clk 信号，计数器将正常计数，即执行 cnt10<=cnt10+1。

2. 同步清零计数

```
          if clk'event and clk='1'then
if clr='1'  then cnt10<=0;
 else   cnt10<=cnt10+1;
end if;
     end  if;
```

语句中采用多重 IF 语句嵌套式条件句。此时，如果有 clk 的上升沿信号，又测得 clr 为 1，才会将计数器清零。这项操作依赖于 clk 信号，故而称为同步。若 clr 为 0，计数器则会根据 clk 信号进行计数。

八、任务拓展

（1）设计一个同步十进制加法计数器，增添计数溢出端。

（2）设计一个异步十进制减法计数器，增添计数溢出端。

3.8 六十进制计数器的设计

一、实验目的

（1）熟悉基于 FPGA 的层次化设计流程。

（2）了解 Quartus II 软件的基本操作步骤。

（3）掌握 VHDL 语言中的元件例化语句等相关语法。

（4）掌握由两位数码管动态扫描显示的六十进制计数器的设计方法。

二、实验环境

（1）软件环境：Quartus II 8.0 版本。

（2）硬件环境：KH-310。

三、实验任务

利用纯 VHDL 文本输入设计一个由两位数码管动态扫描显示的六十进制加法计数器，其电路实体或元件图如图 3-136 所示，其中 clk 和 clr 分别为时钟信号和复位信号输入端口，scan_led［1..0］为数码管地址扫描输出端口，seg［6..0］为七段数码管输出端口。cnt60_scan

是设计者为此器件取的名称，也是本次项目设计的顶层文件名。该器件不仅能实现异步六十进制计数功能，并能在两个数码管上分别显示计数结果的个位和十位数字。当 clr 信号为高电平时，数码管显示数字 00，否则，在计数时钟 clk 的驱动下数码管在 00～59 之间循环显示。

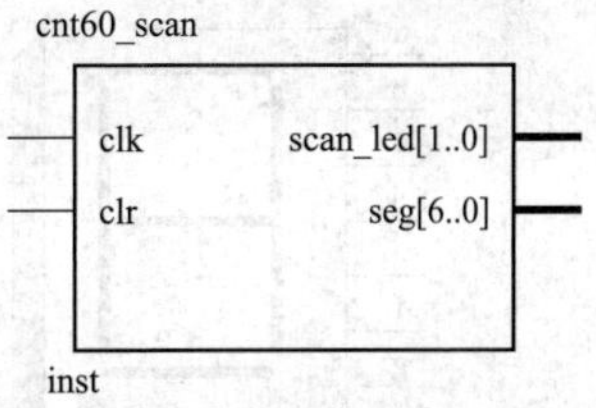

图 3-136 六十进制计数器实体

四、实验原理

根据实验任务的要求，可将本次项目分解为四个底层模块：分频模块、计数模块、动态扫描模块、译码模块。其中，①分频模块：主要完成将输入的扫描频率 1kHz 进行 1000 分频之后得到计数所需要的 1Hz 频率；②计数模块：主要根据 1Hz 的计数脉冲完成六十进制的计数功能，并将计数结果中个位上的数字存放在 4 位二进制数组 cnt0［3..0］中，十位上的数字放在数组 cnt1［3..0］中；③动态扫描模块：按照 1kHz 的扫描频率对两位数码管依次点亮，并将计数结果送进对应数码管显示的数据数组 data［3..0］中准备进行译码显示；④译码模块：将接收进来的 4 位二进制数 DB［3..0］翻译成 7 段数码管显示十进制数码。本次项目的工作原理框图如图 3-137 所示，四个模块相互连接、各司其职，完成六十进制计数器的计数、译码、显示功能。

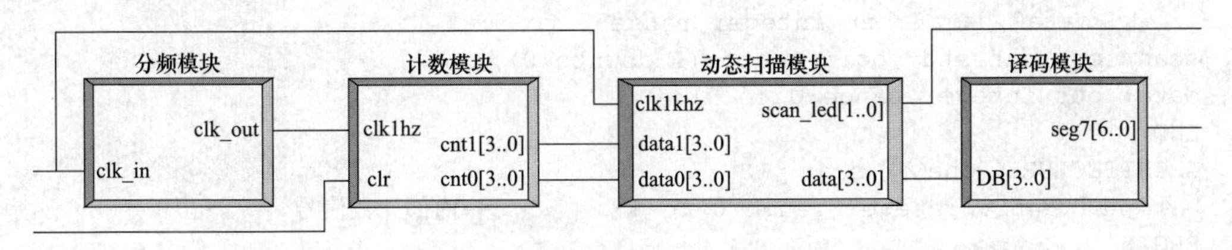

图 3-137 计数器工作原理框图

其中计数模块、分频模块和译码模块的工作原理在前面的章节中已经详细介绍过，本次只会提供 VHDL 程序代码。因此，此次重点介绍数码管动态扫描底层模块以及工程顶层文件的文本设计。

（一）动态扫描模块

数码管动态扫描显示电路是数字系统设计中较常用的电路，通常作为数码显示模块。所谓的动态扫描，就是利用人眼的视觉暂留特性，在人眼能分辨的变化速度以外，快速分时地点亮各个数码管对应的选通信号。因为分别点亮所有数码管一次所用的时间小于人眼的视觉暂留，因此在人们眼里看来，这些数码管都是同时持续点亮的，并不会有闪烁的感觉。通常选择 1kHz 的扫描频率。

两位共阴极的数码管动态扫描显示电路如图 3-138 所示，其中每个数码段的 7 个段 a、b、c、d、e、f、g 都连在一起，两个数码管的公共端分别由两个选通信号 scan_led［0］和 scan_led［1］来控制。被选通的数码管公共端接通低电平方能显示数据，其余数码管关闭。如在某一时刻，scan_led［0］=‘1’，scan_led［1］=‘0’，信号经过反相器后接至数码管公共端，此时，仅 scan_led［0］对应的数码管能显示来自信号端的数据，另一个数码管呈现关闭状态。

采用文本编辑法，使用 VHDL 语言描述两位数码扫描显示电路，其电路实体如图 3-139 所示。

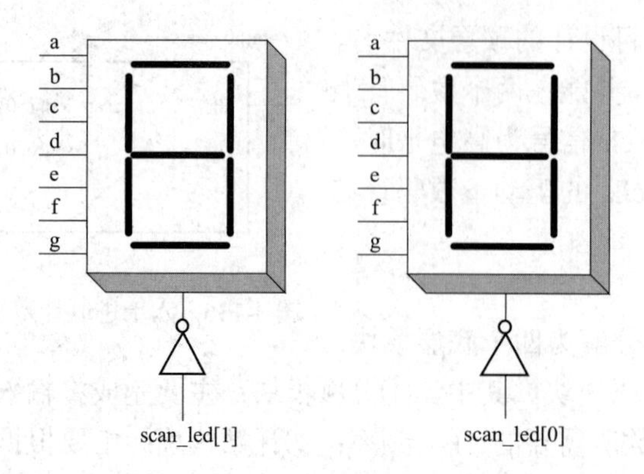

图 3-138 两位数码码动态扫描显示电路

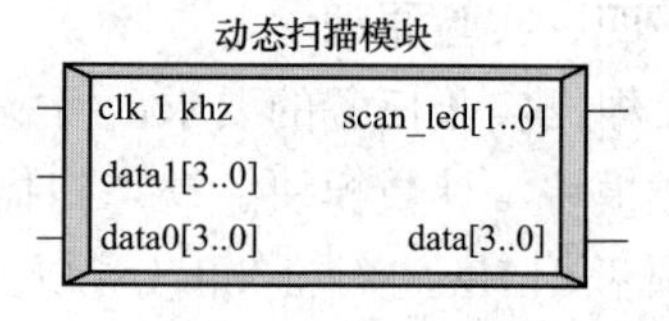

图 3-139 动态扫描电路实体

代码如下：

```
LIBRARY IEEE;
USE  ieee.std_logic_1164.all;
ENTITY  scanIS
PORT( clk1khz: in std_logic;
        data0,data1: in integer range 0 to 9;
scan_led: out std_logic_vector(1 downto 0);
data: out integer range 0 to 9);
END;
ARCHITECTURE  oneOF  scan  IS
  signal cnt2: integer range 0 to 1;          --内部计数信号
BEGIN
P1:process(clk1khz)                            --用于扫描数码管地址的计数器
   begin
    if clk1khz'event and clk1khz='1' then
          cnt2<=cnt2+1;
    end if;
  end process;
P2:process (cnt2)                              --数码管地址扫描
   begin
    case cnt2 is
      when 0 => scan_led<="01";data<=data0;
      when 1 => scan_led<="10";data<=data1;
      when others=>null;
    end case;
  end process;
end architecture one;
```

（二）分频模块

使用 VHDL 语言描述分频模块，其电路实体如图 3-140 所示。

代码如下：

图 3-140 分频电路实体

```
library ieee;
use ieee.std_logic_1164.all;
use ieee.std_logic_arith.all;
use ieee.std_logic_unsigned.all;
```

```
entity clk_div is
port(clk_in:in std_logic;
     clk_out:out std_logic);
end;

architecture one of clk_div is
signal  clk_temp: std_logic;
begin
  process( clk_in )

    variable  countQ : integer range 499 downto 0 ;  --分频计数变量=1000/2-1

    begin
      if(clk_in'event and clk_in='1')then
         if( countQ=499 )  then
           countQ:=0;
           clk_temp<=not clk_temp;
          else
           countQ:=countQ+1;
         end if;
      end if;
  end process;
      clk_out<=clk_temp;
end architecture one;
```

（三）计数模块

使用 VHDL 语言描述六十进制计数模块，其电路实体如图 3-141 所示。

代码如下：

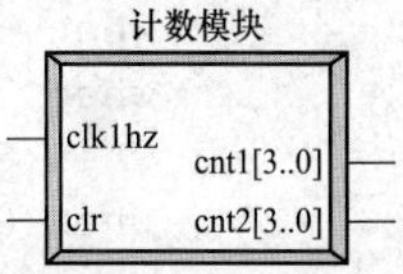

计数模块

图 3-141　六十进制计数器电路实体

```
library ieee;
use ieee.std_logic_1164.all;

entity cnt60 is
 port(clk1hz: in std_logic;
clr: in std_logic;
     cnt1,cnt0: out integer range 0 to 9);
end;

architecture one of cnt60 is
 begin
   process(clk1hz,clr)
     variable cnt : integer range 0 to 59;
   begin
     if clk1hz'event and clk1hz='1' then
       if clr='1' then cnt:=0;
        else cnt:=cnt+1;
       end if;
     end if;
     if cnt=60 then cnt:=0;
     end if;
     cnt0<= (cnt) REM 10 ;               --利用取余运算获取 cnt 中的个位上的数
```

```
    cnt1<=(cnt)/10;        --利用整除 10 获取 cnt 中的十位上的数
  end process;
end;
```

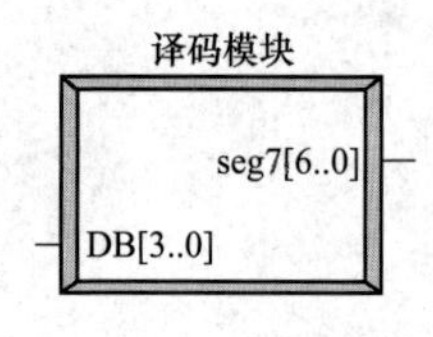

图 3-142 译码电路实体

（四）译码模块

使用 VHDL 语言描述译码模块，其电路实体如图 3-142 所示。代码如下：

```
library ieee;
use ieee.std_logic_1164.all;

entity seg7 is
 port(DB: in integer range 0 to 9;
      seg7: out std_logic_vector (6 downto 0));
end entity ;

architecture arc of seg7 is
 begin
   process(DB)
     begin
     case DB is
      when 0=>seg7<="1111110";
      when 1=>seg7<="0110000";
      when 2=>seg7<="1101101";
      when 3=>seg7<="1111001";
      when 4=>seg7<="0110011";
      when 5=>seg7<="1011011";
      when 6=>seg7<="1011111";
      when 7=>seg7<="1110000";
      when 8=>seg7<="1111111";
      when 9=>seg7<="1111011";
      when others=>seg7<="0000000";
      end case;
   end process;
end arc;
```

（五）顶层实体文本设计

注意

该项目 project 中只有一个顶层文件。

根据图 3-137 所示的原理框图，利用 VHDL 的元件例化语句描述四个底层模块之间的连接关系，代码如下：

```
library ieee;
use ieee.std_logic_1164.all;

ENTITYcnt60_scanIS
 port(clk: in std_logic;
clr: in std_logic;
     scan_led: out std_logic_vector(1 downto 0);
```

```
  seg: out std_logic_vector(6 downto 0));
 END;

 ARCHITECTURE  one  OF cnt60_scan  IS
  COMPONENT cnt60                       --声明六十进制计数器元件
    PORT (clk1hz: in std_logic;
      clr: in std_logic;
      cnt1,cnt0: out integer range 0 to 9);
  END COMPONENT;
  COMPONENT clk_div                     --声明分频器元件
    port(clk_in:in std_logic;
      clk_out:out std_logic);
  END COMPONENT;
  COMPONENT scan                        --声明动态扫描器元件
     port( clk1khz: in std_logic;
        data0,data1: in integer range 0 to 9;
        scan_led: out std_logic_vector(1 downto 0);
        data: out integer range 0 to 9);
  END COMPONENT;
  COMPONENT seg7                        --声明译码器元件
      port(DB: in integer range 0 to 9;
         seg7: out std_logic_vector (6 downto 0));
  END COMPONENT;
  SIGNAL clk1 : std_logic;              --用于元件之间连接的信号
  SIGNAL data_in0,data_in1,data_out: integer range 0 to 9;
 BEGIN                                  --结构体描述开始
    u1: clk_div  PORT MAP (clk_in=>clk,clk_out=>clk1);
                                        --元件例化语句,实现元器件之间的连接
    u2:  cnt60    PORT  MAP  (clk1hz=>clk1,clr=>clr,cnt1=>data_in1,cnt0=>
data_in0);
    u3:  scan    PORT  MAP  (clk1khz=>clk,data0=>data_in0,data1=>data_in1,
scan_led=> scan_led, data=>data_out);
    u4: seg7    PORT MAP (DB=>data_out,seg7=>seg);
 end architecture one;
```

五、实验步骤

(一) 建立新工程

(1) 选择“File”菜单下的“New Project Wizard”命令，单击鼠标左键后弹出新建工程的对话框，从上到下分别输入新工程的文件夹名、工程名和顶层实体的名字，工程名要和顶层实体的名字相同，同时与文件夹名也尽量保持一致，均为“cnt60_scan”，以方便寻找工程相关设计文件所在的文件夹。

(2) 选择需要加入的文件和库，不包括其他设计文件，可以直接单击“Next”按钮即可。

(3) 选择目标器件，在本次设计中选择 ACEX1K 系列中管脚数目为 208、速度等级为 3 的 EP1K30QC208-3 型号芯片。

(4) 选择第三方 EDA 工具，本次设计中并没有用到第三方工具，可以不选。

(5) 最后确认对话框中建立的工程名称、选择的器件和选择的第三方工具等信息，核实无误则可单击“Finish”按钮，弹出工程主窗口，在资源管理窗口可以看到新建的工程名称“cnt60_scan”。

（二）设计输入

1. 建立底层元件的 VHDL 文本文件

单击“File”菜单下的“New”命令或者在快捷栏中单击🗋空白文档，弹出“New”对话框。在“Design Files”下拉菜单中选择“VHDL Files”选项，单击“OK”按钮，弹出 VHDL 文本编辑窗口。分别建立四大模块 scan.vhd、clk_div.vhd、cnt60.vhd、seg7.vhd 的 VHDL 文本文件，并将这些后缀为.vhd 的文件保存在 cnt60_scan 项目的文件夹中。

2. 建立顶层 VHDL 文件并保存

用同样的方式新建 VHDL 文本文件，如图 3-143 所示，只是该文件的名称与项目名一致，保存为 cnt60_scan.vhd，即为顶层文件。

图 3-143 顶层文件设计

（三）编译工程

在保存好设计文档之后，单击水平工具条上的编译按钮▶开始编译。编译结果会显示各种信息，其中包括警告和出错信息。若有错误，根据错误提示进行相应的修改，并重新编译，直到没有错误提示为止。

（四）仿真

1. 建立矢量波形文件

单击“File”菜单下的“New”命令，在弹出的“New”对话框中选择“Verification/Debugging Files”栏目下“Vector Waveform File”选项后单击“OK”按钮，弹出矢量波形编辑窗口。

2. 添加引脚或节点

双击“Name”下方的空白处，弹出“Insert Node or Bus”对话框，单击对话框的“Node Finder…”按钮后，弹出“Node Finder”对话框。

在“Node Finder”对话框中，“Filter”栏中选择“Pins:all”，单击“List”按钮，在“Node Found”栏中列出了设计中输入/输出端口：clk、clr、scan_led［1..0］和 seg［6..0］。因此，根据情况选择所需的端口，单击“›”按钮复制到右边。

本次设计使用了内部分频器的计数时钟 clk_temp 和计数器的计数结果 cnt，如果想在仿真中观察该信号的结果，可在“Node Finder”窗口中的“Filter”栏选择“Register:pre-synthesis”，单击“List”，在“Node Found”栏中列出了内部信号 clk_div:u1|clk_temp 和 cnt60:u2|cnt。同样将该信号复制到右边。

单击“OK”按钮后，返回“Insert Node or Bus”对话框，此时，在“Name”和“Type”栏里出现了“Multiple Items”项。单击“OK”按钮，选中的输入/输出端口被添加到矢量波形编辑窗口中，如图 3-144 所示。

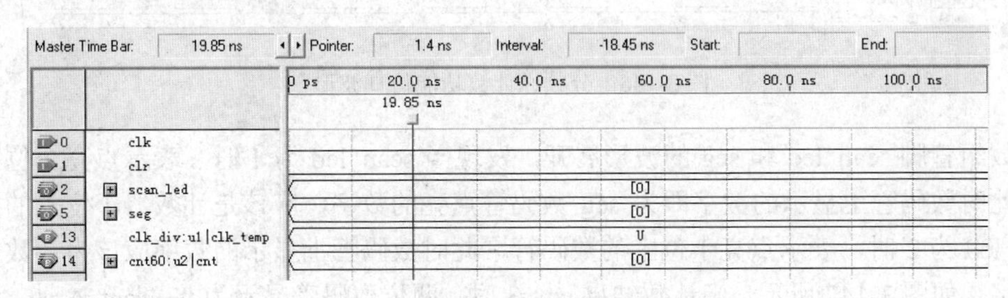

图 3-144　添加节点后的矢量波形编辑窗口

3. 编辑输入信号并保存文件

在本项目中输入信号有时钟信号 clk 和复位信号 clr，因此在图 3-145 中单击“Name”下方的“clk”，即选中该行的信号波形。此时波形窗口左侧工具栏的赋值信号显现出来，选择工具栏中的按钮，弹出“Clock”对话框，设置时间周期为 10ns。

用鼠标左键选中 clr 信号前 20ns 区域，然后单击赋值信号工具栏中的按钮。

输入波形编辑完成之后，单击保存文件按钮，根据提示框完成文件保存工作。默认情况下，直接单击“保存”即可。此时，在工程的文件夹中保存与工程名相同的矢量波形文件 cnt60_scan.vwf，如图 3-145 所示。

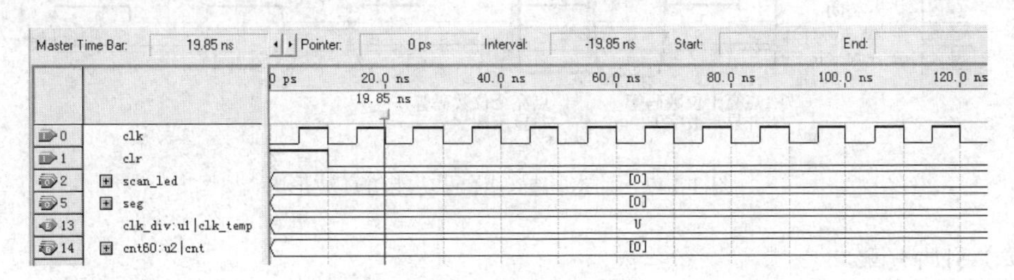

图 3-145　矢量波形文件建立完成

4. 功能仿真验证

此次仿真主要观察六十进制的计数以及动态扫描功能是否能成功实现，因此主要观察功能仿真的结果波形即可。由于项目中涉及 1000 分频，而仿真时间有限，因此要在有限的时间内观察到全部的计数结果，可以降低分频代码中的分频次数。

例如，可将分频器中的计数脉冲 countQ 的判断时钟翻转语句改为：

```
if( countQ=1 )  then                          --改为 4 分频
        countQ:=0;
        clk_temp<=not clk_temp;
```

按照功能仿真的步骤可获得如图 3-146 所示的功能仿真波形，从图中可发现 4 分频时钟 clk_temp 信号波形以及计数 cnt 的波形符合设计要求。当 clk_temp 时钟上升沿到来，计数信号 cnt 增加一次。

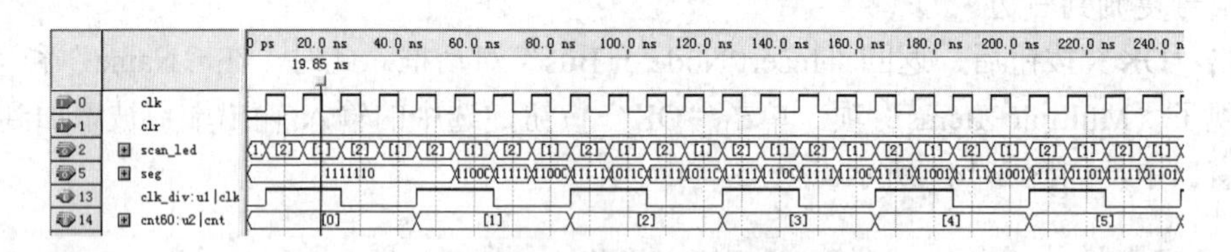

图 3-146　分频、计数功能仿真波形

将数组管脚 scan_led 和 seg 的波形展开，发现当 scan_led 为 1 时，表示点亮个位上的数码管，此时数码管上显示的数字即为 seg 数码管点亮的数字，应该是计数器个位上的数字；当 scan_led 为 2 时，表示点亮十位上的数码管，此时数码管上显示的数字应该为计数器十位上的数字。如图 3-147 所示，当计数结果 cnt=3 时，两位数码管显示为 03；cnt=4 时，两位数码管显示为 04。由此可知，本次设计基本符合项目要求，可进行硬件下载。

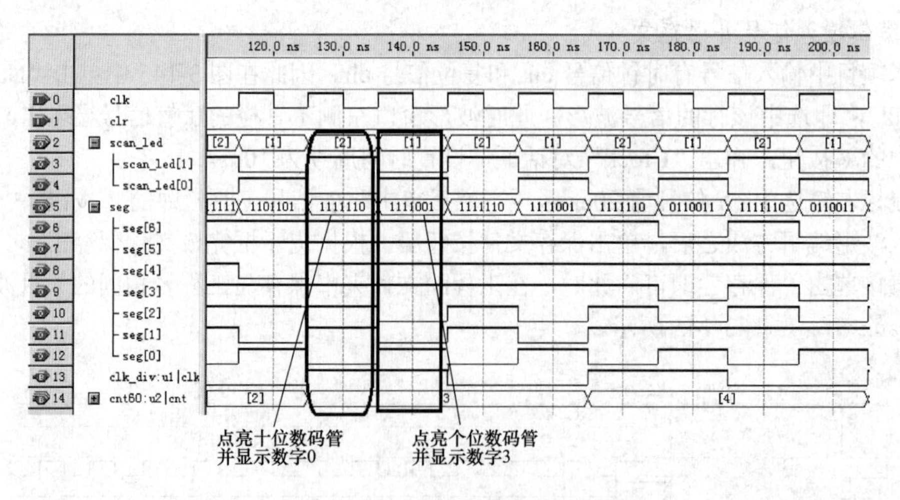

图 3-147　动态扫描、译码功能仿真波形

（五）引脚分配

选择 KH-310 中的 DP7 和 DP8 这两个数码管来显示六十进制计数器个位和十位，如图 3-148 所示。根据实验箱的 I/O 管脚对照表，可知 SO65→PIN97，SO64→PIN96。

单击“Assignments”菜单下“Pins”命令，弹出的对话框如图 3-149 所示，在下方的列表中列出了本项目所有的输入/输出引脚名。

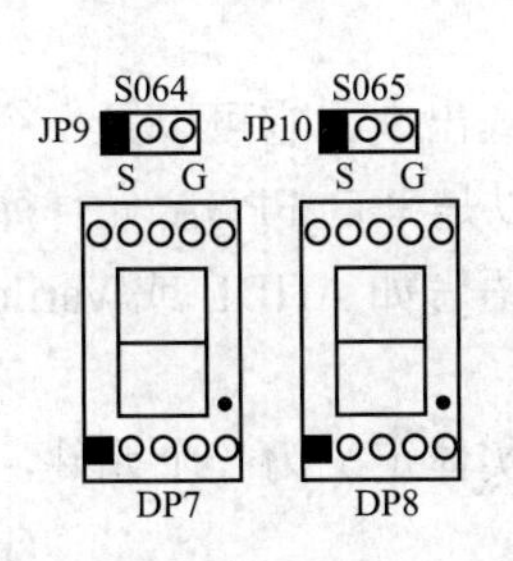

图 3-148 两位数码管显示计数结果

Node Name	Direction	Location
clk	Input	PIN_183
clr	Input	PIN_7
scan_led[0]	Output	PIN_97
scan_led[1]	Output	PIN_96
seg[0]	Output	PIN_87
seg[1]	Output	PIN_86
seg[2]	Output	PIN_85
seg[3]	Output	PIN_83
seg[4]	Output	PIN_75
seg[5]	Output	PIN_74
seg[6]	Output	PIN_73

图 3-149 完成引脚分配

注 意

所有引脚分配完成后需要重新编译。选择“Processing”下拉菜单中“Start Complition”选项或直接单击工具栏中编译快捷按钮▶开始编译。

（六）下载

在“Tool”菜单下选择“Programmer”命令，或者直接单击工具栏上的按钮，弹出下载对话框。确认编程器中.sof 文件为当前工程 cnt60_scan 的配置文件，单击“Start”，开始下载。

六、实验结果

下载完成后，VHDL 描述的计数器电路就已经烧写到 FPGA 芯片中，现在可以通过两位数码管显示来验证六十进制计数器功能是否正确。

将 clr 拨动开关拨至低电平，系统时钟电位器 SW7 拨至 1kHz，可看到两位数码管按照 1Hz 频率从 00→01→02→…→58→59→00 计数循环。

七、相关知识

在给出的六十进制计数器的程序中，对新出现的语法现象作简要说明。

（一）算术操作符

在 VHDL 中，有 4 类操作符，即逻辑操作符（Logical Operator）、关系操作符（Relational Operator）、算术操作符（Arithmetic Operator）和符号操作符（Sign Operator）。

对于 VHDL 中的操作符与操作数间的运算，有以下两点需要特别注意：

（1）严格遵循在基本操作符间操作数是同数据类型的规则。

（2）严格遵循操作数的数据类型必须与操作符所要求的数据类型完全一致的规则。

例如，参与除、取余运算的操作数的数据类型必须是整数，而 BIT 或 STD_LOGIC 类型的数是不能直接进行算术操作符的。

```
cnt0<= (cnt) REM 10 ;          --利用取余运算获取 cnt 中的个位上的数
cnt1<=(cnt)/10;                --利用整除 10 获取 cnt 中的十位上的数
```

因此，本设计中 cnt、cnt0、cnt1 均定义为整数类型。

（二）元件例化语句

元件例化就是引入一种连接关系，将预先设计好的设计实体定义为一个元件，然后利用特定的语句将此元件与当前的设计实体中的指定端口相连接，从而为当前设计实体引进一个新的低一级的设计层次。元件例化是使 VHDL 设计实体构成自上而下层次化设计的一个种重要方法。

任何一个被例化语句声明并调用的设计实体可以以不同的形式出现，它可以是一个设计好的 VHDL 设计文件（如本次实验项目所采用的设计方法），可以是来自 FPGA 元件库中的元件或是 FPGA 中器件的嵌入式元件功能块，或是其他硬件描述语言如 AHDL 或 Verilog 设计的元件，还可以是 IP 核。

元件例化语句由两部分组成，第一部分是对一个现成的设计实体定义为一个元件，语句的功能是对待调用的元件作出调用声明，它的最简表达式如下：

```
COMPONENT  元件名  IS
         PORT (端口名表);
END COMPONENT 文件名;
```

这部分可以称为元件定义语句，相当于对一个现成的设计实体进行封装，使其只留出对外的接口界面。就像一个集成芯片只留引脚在外一样，端口名表需要列出该元件对外通信的各端口名。命名方式与实体中的 PORT()语句一致。元件定义语句必须放在结构体的 ARCHITECTURE 和 BEGIN 之间。例如：

```
COMPONENT cnt60              --定义 60 进制计数器 cnt60 元件
 PORT (clk1hz: in std_logic;
 clr: in std_logic;
cnt1,cnt0: out integer range 0 to 9);
 END COMPONENT;
```

元件例化语句的二部分则是此元件与当前设计实体（顶层文件）中元件间及端口的连接说明。语句的表达式如下：

例化名：元件名 PORT MAP ([端口名=>]连接端口名,……);

其中的例化名是必须存在的，它类似于标在当前系统（电路板）中的一个插座名，而元件名则是准备在此插座上插入的、已定义好的元件名，即为待调用的 VHDL 设计实体的实体名。对应本次设计中的元件名 clk_div、cnt60、scan 和 seg7，其例化名分别为 u1、u2、u3 和 u4。

PORT MAP 是端口映射的意思，或者说端口连接。其中的“端口名”是在元件定义语句中的端口名表中已定义好的元件端口名字，或者说是顶层文件中待连接的各个元件本身的端口名；“连接端口名”则是顶层系统中准备与接入元件的端口相连的通信线名，或者是顶层系统的端口名。

以本次设计中例化名 u2 的端口映射语句为例：

```
u2: cnt60  PORT MAP(clk1hz=>clk1,clr=>clr,cnt1=>data_in1,cnt0=>data_ in0);
```

其中 clk1hz=>clk1 表示元件 cnt60 的内部端口 clk1hz 与元件的外部信号连接线 clk1 相连，clr=>clr 表示元件 cnt60 的内部端口 clr 与顶层元件的 clr 端口相连，cnt1=>data_in1 和 cnt0=>data_in0 则表示元件 cnt60 内部端口 cnt1 和 cnt0 分别与元件外部的连线（即定义在结构体内部的信号线）data_in1 和 data_in0 相连。连接方式如图 3-150 所示。

八、任务拓展

（1）设计一个二十四进制加法计数器。

（2）设计一个六十进制减法计数器。

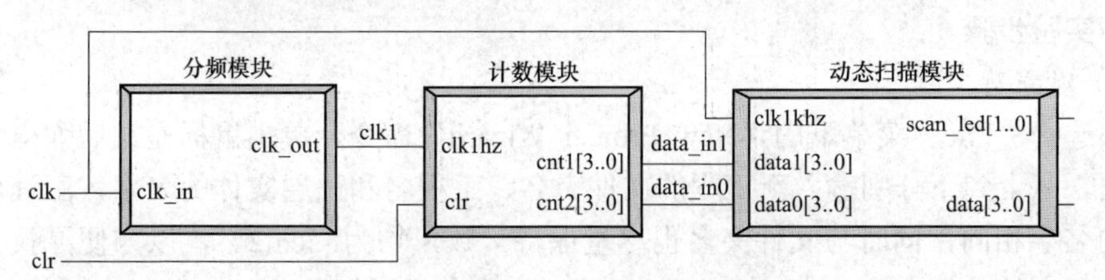

图 3-150 元件例化语句实现的电路连接

3.9 Quartus Ⅱ调用宏功能模块输入设计方法

一、实验目的

（1）学习 Quartus II 调用宏功能模块输入设计方法。

（2）学习用 VHDL 语言设计递减计数器。

二、实验环境

（1）软件环境：Quartus II 8.0 版本。

（2）硬件环境：KH-310。

三、实验任务

利用宏功能模块设计一个模 24 可逆计数器。

四、实验原理

Altera 公司以及第三方 IP 公司合作伙伴为用户提供了许多可用的功能模块，这些模块从功能上划分为两类：免费的 LPM 宏功能模块 Megafunction/LPM（Library of Parameterized Modules）和需要授权使用的 IP 知识产权 MegaCore。它们都是以加密网表的形式提供给用户使用的，同时配以一定的约束文件，例如逻辑位置、管脚以及 I/O 电平的约束。IP（Intellectual Property）即知识产权，指在某一领域内实现某一算法或功能的参数化模块，简称 IP 核。在可编程器件领域，IP 是指一些参数可修改的、可供其他用户直接调用的数字系统设计中常用但功能比较复杂的模块，如 FIR 滤波器、快速傅里叶变换 FFT、SDRAM 控制器、PCI 接口等。

Altera 可以提供的基本宏功能模块有门单元模块、算术运算模块、I/O 模块和存储器模块等，具体功能见表 3-16。

表 3-16 Altera 提供的基本宏功能模块与 LPM 功能

类型	说 明
算术组件	包括累加器、加法器、乘法器和 LPM 算术功能
逻辑门	包括多路复用器和 LPM 门功能
I/O 组件	包括时钟数据恢复（CDR）、锁相环（PLL）、双数据速率（DDR）、千兆收发器块（GXB）、LVDS 接收器和发送器、PLL 重新配置和远程更新宏功能模块
存储器编译器	包括 FIFO Partitioner、RAM 和 ROM 宏功能模块
存储组件	存储器、移位寄存器宏功能模块和 LPM 存储器功能

本实验主要学习如何利用 LPM 参数化宏功能模块进行设计。

五、实验步骤

（一）建立新工程

（1）选择“File”菜单下的“New Project Wizard”命令，单击鼠标左键后弹出新建工程的对话框，从上到下分别输入新工程的文件夹名、工程名和顶层实体的名字，工程名要和顶层实体的名字相同，同时与文件夹名也尽量保持一致，均为“cnt24”，以方便寻找工程相关设计文件所在的文件夹。

（2）选择需要加入的文件和库，不包括其他设计文件，可以直接单击“Next”按钮即可。

（3）选择目标器件，在本次设计中选择 ACEX1K 系列中管脚数目为 208、速度等级为 3 的 EP1K30QC208-3 型号芯片。

（4）选择第三方 EDA 工具，本次设计中并没有用到第三方工具，可以不选。

（5）最后确认对话框中建立的工程名称、选择的器件和选择的第三方工具等信息，核实无误则可单击“Finish”按钮，弹出工程主窗口，在资源管理窗口可以看到新建的工程名称“cnt24”。

（二）设计输入

在主窗口中，单击“File”菜单下的“New”命令，弹出“New”对话框。在“Design Files”下拉菜单中选择“Block Diagram/Schematic File”选项，单击“OK”按钮新建一个原理图文件，如图 3-151 所示，保存为 cnt24.bdf。

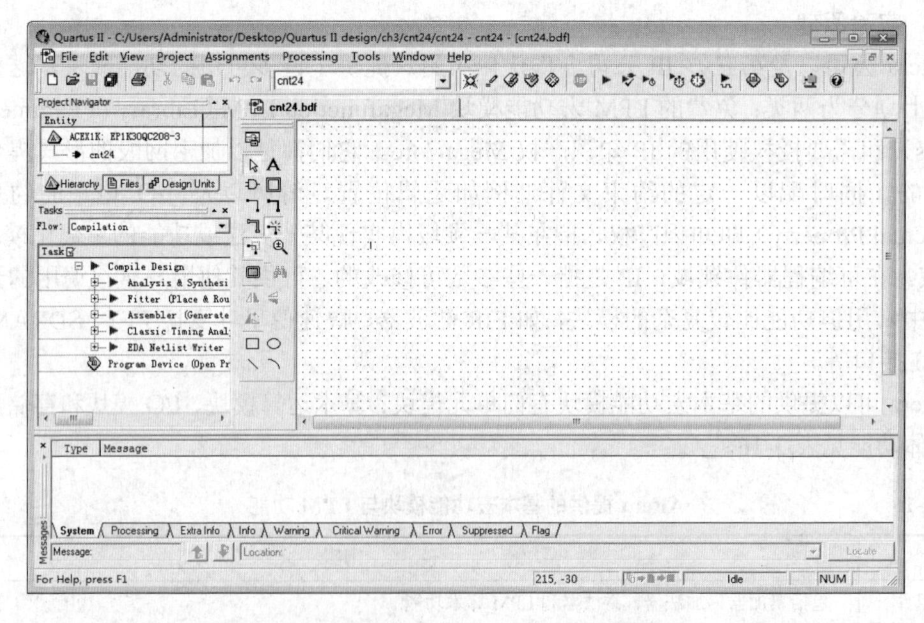

图 3-151 新建名为 cnt24.bdf 的原理图文件

在图形编辑窗口中双击鼠标左键，弹出如图 3-152 所示的“Symbol”对话框。在该对话框左侧的“Library”栏的“megafunctions/storage”下选择“lpm_counter（计数）”模块，单击“MegaWizard Plug-In Manager”按钮，弹出如图 3-153 所示的“MegaWizard”启动窗口。

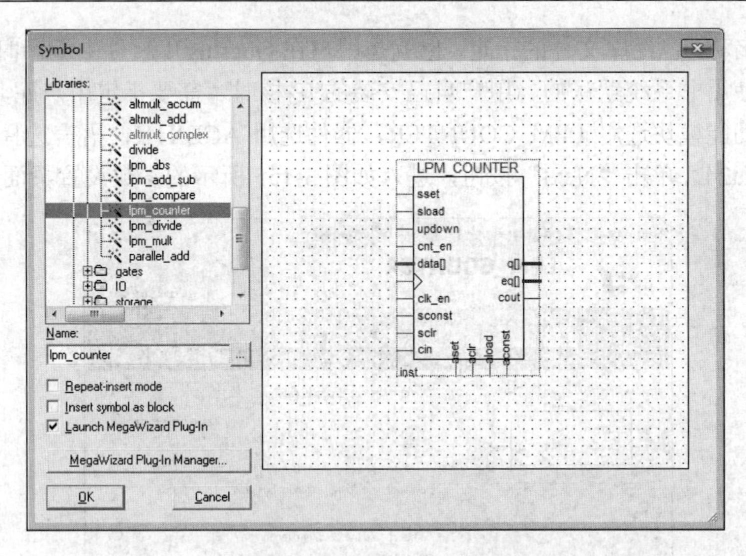

图 3-152 “Symbol”对话框

在“MegaWizard”启动窗口中选择创建一个新的宏功能（Create a new custom megafunction variation）选项，该选项允许用户创建一个新的基本宏功能、设置参数、生成输出的文件。然后单击 Next 按钮，进入如图 3-154 所示的宏功能模块选择窗口。

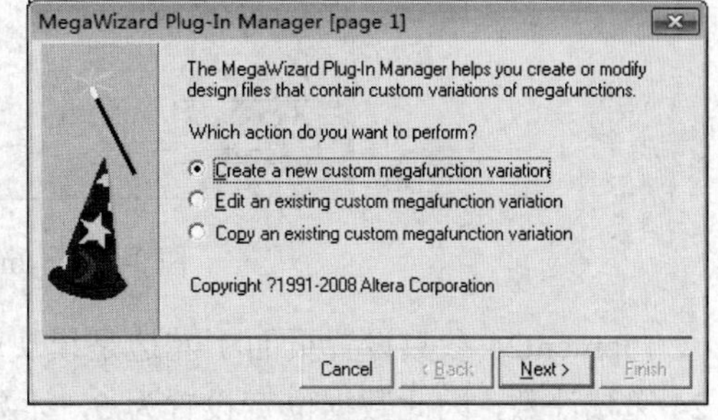

图 3-153 “Mega Wizard”启动对话框

宏功能模块选择窗口左边列出了可供选择的宏功能模块的类型，有已安装的组件（Installed Plug-Ins）和未安装的组件（IP MegaStore）两部分；右边部分包括器件选择，语言选择、输

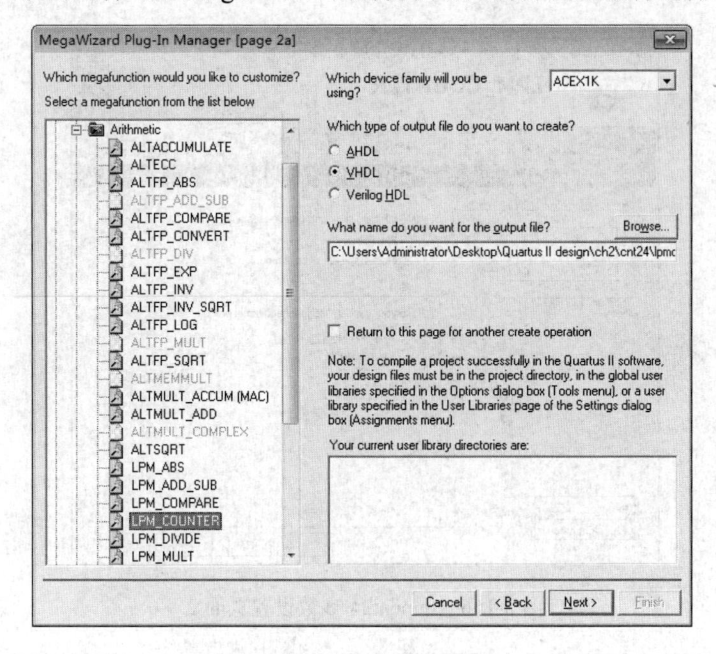

图 3-154 宏功能模块选择窗口

出文件路径和名称，已经库文件的指定，也就是用户在 Quartus II 软件中编译时需要用到的文件库。用户在使用非系统默认的、用户自己安装的 IP 核时，需要指定用户库。

本设计宏功能模块选用 LPM_COUNTER，器件选用 ACEX1K，语言选择 VHDL，输出文件名为 lpmcnt24。单击“Next”按钮，进入如图 3-155 所示的参数设置页面 1。

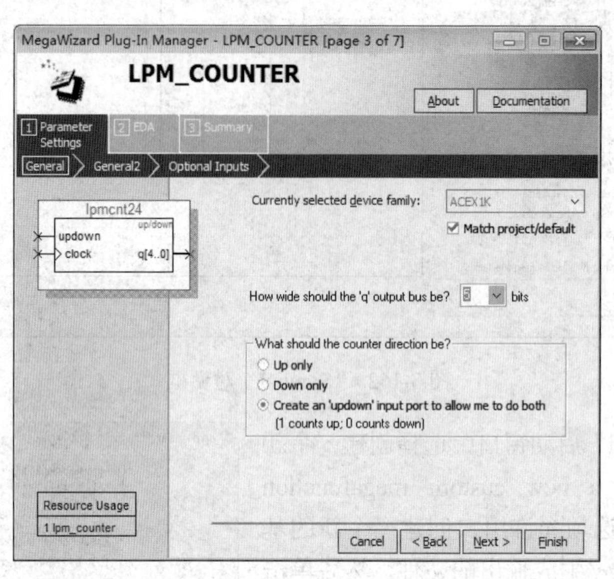

图 3-155 lmpcnt24 参数设置页面 1

lpmcnt24 参数设置页面 1 左边是模块端口图，右边是参数设置选项。因为要实现的是模 24 递减计数，因此数据位宽设置为 5，计数方向设置为可逆计数（其中“updown”为标志位，为 1 表示加计数，为 0 表示减计数）。单击“Next”按钮，进入如图 3-156 所示的参数设置页面 2。

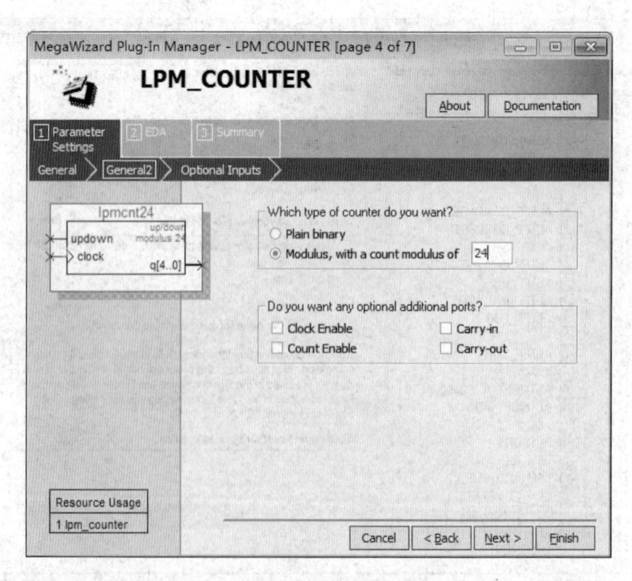

图 3-156 lmpcnt24 参数设置页面 2

在 lpmcnt24 参数设置页面 2 中设置计数的模值为 24，还可以设置计数器有没有时钟使能端（Clock Enable）、计数使能端（Count Enable）、进位输入端（Carry-in）、进位输出端（Carry-out）。可根据实际需要选择设置，本例中没有设置。单击“Next”按钮，进入如图3-157所示的lpmcnt24的输入端口参数设置页面。

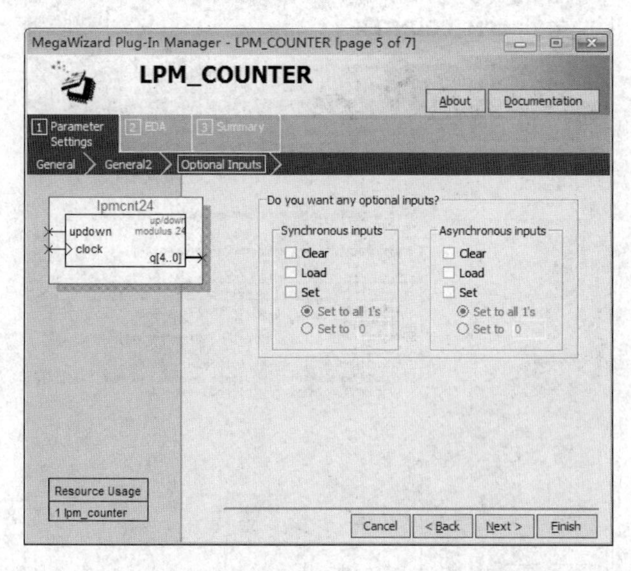

图3-157　lmpcnt24的输入端口参数设置页面

在lpmcnt24的输入端口参数设置页面中，可以设置同步（Synchronous）或异步（Asynchronous）的清零（clear）、预置（Load）、全部置1（Set to all 1's）或全部置0端（Set to 0）。可根据实际需要选择设置，本例中没有设置。单击“Next”按钮，进入如3-158所示的lmpcnt24的EDA设置页面。

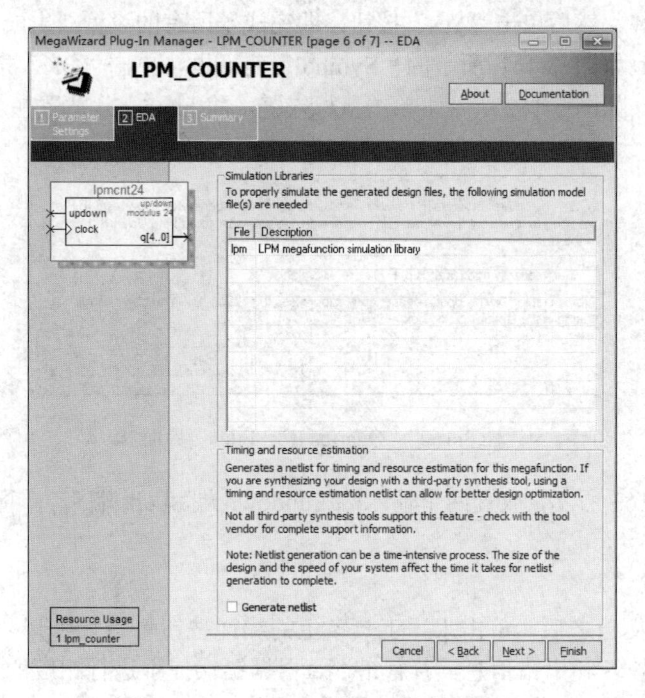

图3-158　lmpcnt24的EDA设置页面

在 lmpcnt24 的 EDA 设置页面中，可以选择是否生成网表（Generate netlist）。本例中没有设置，单击“Next”按钮，进入如图 3-159 所示的 lmpcnt24 的设置总结页面。

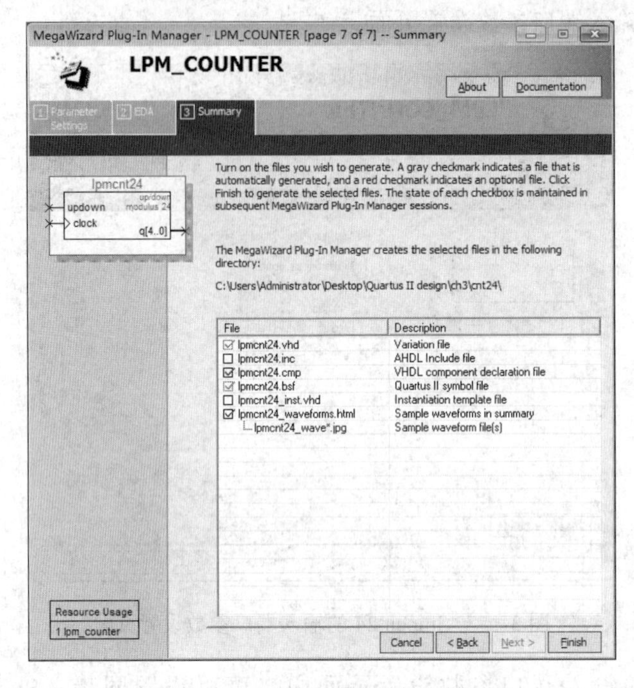

图 3-159 lmpcnt24 的设置总结页面

在 lmpcnt24 的设置总结页面中对刚刚的设置进行了总结。然后单击“Finish”按钮，进入如图 3-160 所示的 Quartus II IP Files 界面，询问是否将新生成的宏功能模块共享给所有的工程。可根据实际需要选择，然后单击“Yes”按钮，即完成了所有的设置，生成了一个模 24 的减计数器模块，并返回到如图 3-161 所示的“Symbol”对话框，单击“OK”按钮，又返回到最开始的图形编辑窗口，如图 3-162 所示。单击鼠标左键，将 lpmcnt24 放置在合适位置。

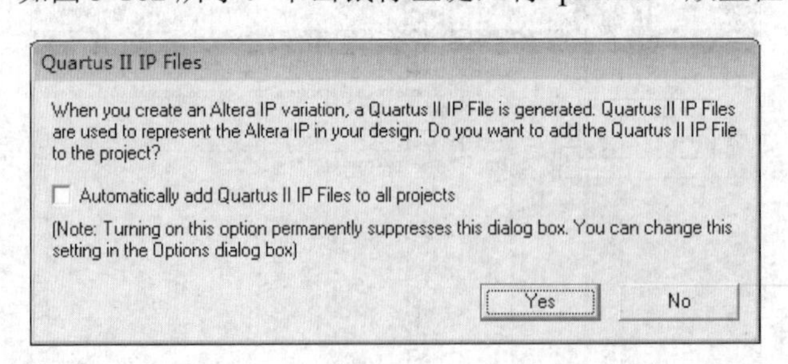

图 3-160 “Quartus II IP Files”界面

然后，如图 3-163 所示，放置两个输入端（updown 端和 clk 端）、一个输出端（q［4..0］），并连线、保存。

（三）编译工程

在保存好设计文档之后，单击水平工具条上的编译按钮 开始编译。编译结果会显示各种信息，其中包括警告和出错信息。若有错误，根据错误提示进行相应的修改，并重新编译，直到没有错误提示为止。

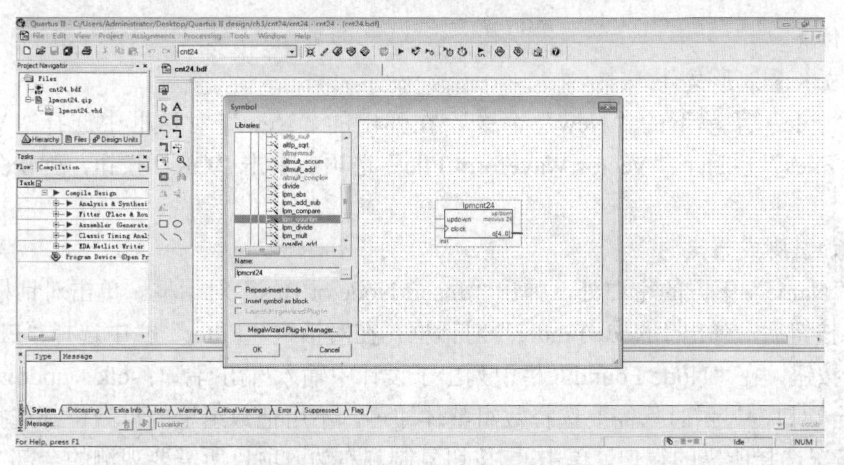

图 3-161 "Symbol"对话框

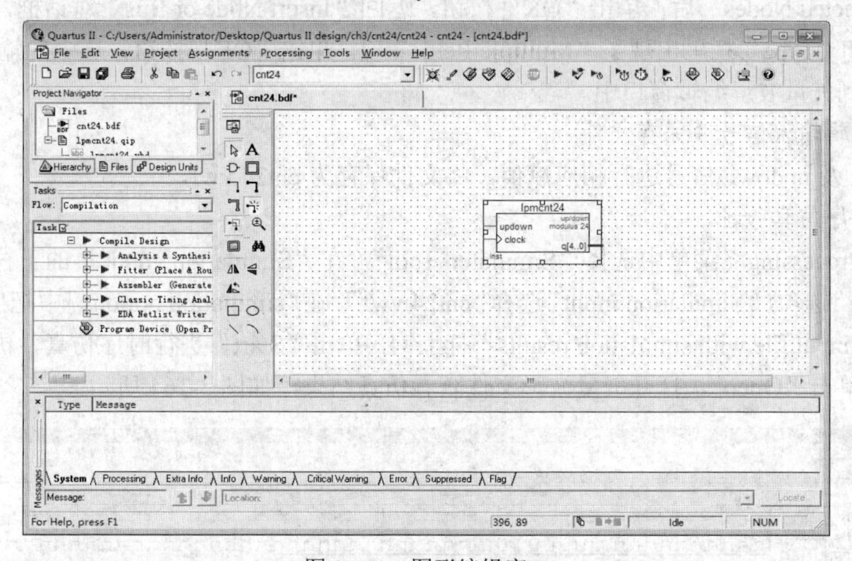

图 3-162 图形编辑窗口

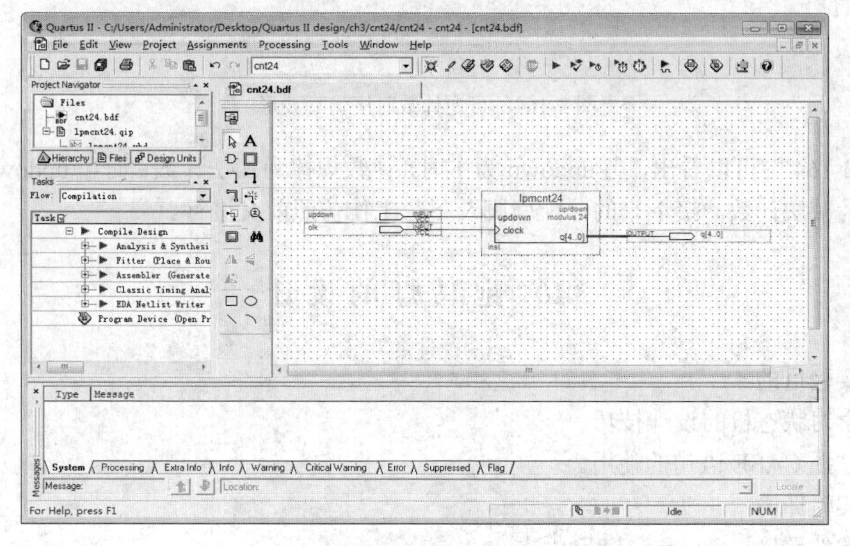

图 3-163 实验电路图

（四）仿真

1. 建立矢量波形文件

单击“File”菜单下的“New”命令，在弹出的“New”对话框中选择“Verification/Debugging Files”栏目下“Vector Waveform File”选项后单击“OK”按钮，弹出矢量波形编辑窗口。

2. 添加引脚或节点

双击“Name”下方的空白处，弹出“Insert Node or Bus”对话框。单击对话框的“Node Finder…”按钮后，弹出“Node Finder”对话框，在对话框“Filter”栏中选择“Pins:all”，单击“List”按钮，在“Node Found”栏中列出了设计中输入/输出端口：clk、updown 和 q。其中 q 是组合端口，显示时只需要选择数组整体即可，不用把数组里的每一位都选择进去。因此，根据情况选择所需的端口，单击>按钮复制到右边。项目所需要观测的全部节点添加到右边“Selected Nodes”后，单击“OK”按钮，返回“Insert Node or Bus”对话框，此时，在“Name”和“Type”栏里出现了“Multiple Items”项。单击“OK”按钮，选中的输入/输出端口被添加到矢量波形编辑窗口中。

3. 编辑输入信号并保存文件

对 clk 及 updown 信号进行相应赋值，将文件保存为 cnt24.vwf。

4. 时序仿真验证

在“Processing”菜单中选择“Simulater Tool”，在“Simulation mode”的下拉菜单中选择“Timing”选项，“Simulation input”选择“cnt24.vwf”，在“simulation options”中把“Overwrite simulation input file with simulation results”打上钩，单击“Start”进行时序仿真，仿真结束后可以直接单击“Open”，打开矢量波形文件查看仿真结果，如图 3-164 所示。

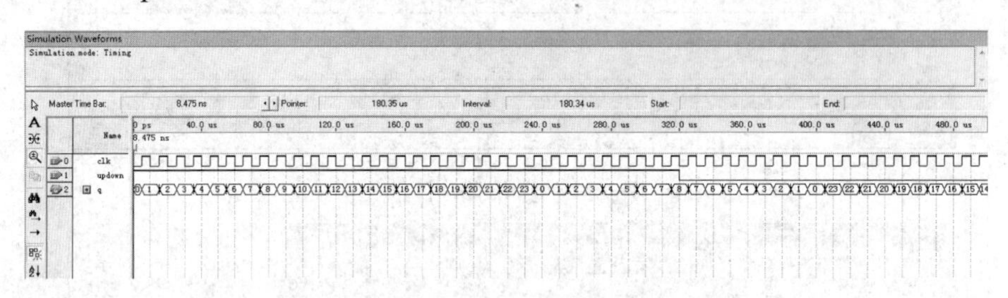

图 3-164　可逆计数时序仿真波形

从图 3-164 中可以看出，当 updown 为 1 时，计数规律为加法计数；而当 updown 为 0 时，计数规律为减法计数。接下来的分配引脚及下载工作仿照前文进行。

3.10 跑马灯的设计

一、实验目的

（1）学习状态机的设计技巧。

（2）掌握 CASE 语句的使用。

二、实验环境

（1）软件环境：Quartus II 8.0 版本。

（2）硬件环境：KH-310。

三、实验任务

控制 8 个 LED 进行花式显示，设计四种显示模式：

（1）从左到右逐个点亮 LED。

（2）从右到左逐个点亮 LED。

（3）从两边到中间逐个点亮 LED。

（4）从中间到两边逐个点亮 LED。

四种模式循环切换，由复位键 rst 控制系统的运行与停止。其电路实体或元件图如图 3-165 所示，其中 clk 和 rst 分别为时钟信号和复位信号输入端口，q［7..0］为 8 个 LED 输出端口。

四、实验原理

状态机设置 4 个状态，分别是“从左到右逐个点亮 LED”“从右到左逐个点亮 LED”“从两边到中间逐个点亮 LED”“从中间到两边逐个点亮 LED”，四种模式循环切换，状态转移图如图 3-166 所示。

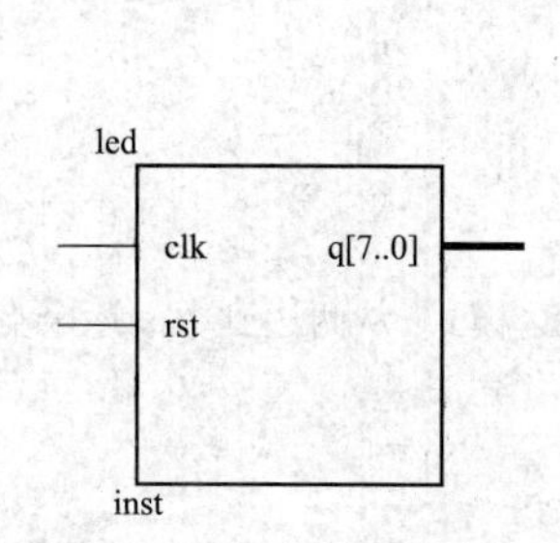

图 3-165　跑马灯实体

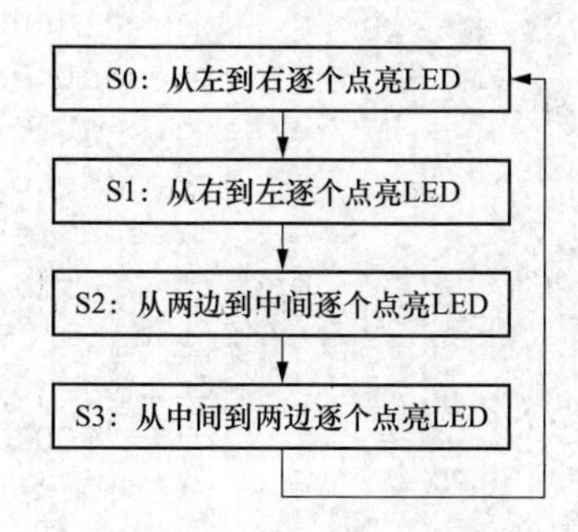

图 3-166　跑马灯状态转移图

采用文本编辑法，使用 VHDL 语言描述跑马灯，代码如下：

```
library ieee;
use ieee.std_logic_1164.all;
use ieee.std_logic_unsigned.all;
entity led is
port(clk:in std_logic;
    rst:in std_logic;
    q  :out std_logic_vector(7 downto 0));
end;
architecture led of led is
constant s0:std_logic_vector(1 downto 0):="00";     --模式 1
constant s1:std_logic_vector(1 downto 0):="01";     --模式 2
constant s2:std_logic_vector(1 downto 0):="10";     --模式 3
constant s3:std_logic_vector(1 downto 0):="11";     --模式 4
signal present:std_logic_vector(1 downto 0);        -- 当前模式
signal q1:std_logic_vector(7 downto 0);
signal count:std_logic_vector(3 downto 0);
begin
process(rst,clk)
begin
if(rst='0')then                                      --系统初始化
```

```
    present<=s0;
    q1<=(others=>'0');
elsif(clk'event and clk='1')then
        case present is
        when s0 => if(q1="00000000")then     --S0 模式:从左到右逐个点亮 LED
                   q1<="10000000";
               else if(count="0111")then
                       count<=(others=>'0');
                       q1<="00000001";
                       present<=s1;
                   else  q1<=q1(0) & q1(7 downto 1);
                        count<=count+1;
                        present<=s0;
                   end if;
               end if;
        when s1 => if(count="0111")then      --S1 模式:从右到左逐个点亮 LED
                   count<=(others=>'0');
                   q1<="10000001";
                   present<=s2;
               else q1<=q1(6 downto 0) & q1(7);
                   count<=count+1;
                   present<=s1;
               end if;
        when s2 => if(count="0011")then      --S2 模式:从两边到中间逐个点亮 LED
                   count<=(others=>'0');
                   q1<="00011000";
                   present<=s3;
               else q1(7 downto 4)<=q1(4) & q1(7 downto 5);
                   q1(3 downto 0)<=q1(2 downto 0) & q1(3);
                   count<=count+1;
                   present<=s2;
               end if;
        when s3 => if(count="0011")then      --S3 模式:从中间到两边逐个点亮 LED
                   count<=(others=>'0');
                   q1<="10000000";
                   present<=s0;
               else q1(7 downto 4)<=q1(6 downto 4) & q1(7);
                   q1(3 downto 0)<=q1(0) & q1(3 downto 1);
                   count<=count+1;
                   present<=s3;
               end if;
        end case;
end if;
end process;
q<=q1;
end;
```

五、实验步骤

（一）建立新工程

（1）选择“File”菜单下的“New Project Wizard”命令，单击鼠标左键后弹出新建工程的对话框，从上到下分别输入新工程的文件夹名、工程名和顶层实体的名字，工程名要和顶层实体的名字相同，同时与文件夹名也尽量保持一致，均为“led”，以方便寻找工程相关设计文件所在的文件夹。

（2）选择需要加入的文件和库，不包括其他设计文件，可以直接单击“Next”按钮即可。

（3）选择目标器件，在本次设计中选择 ACEX1K 系列中管脚数目为 208、速度等级为 3 的 EP1K30QC208-3 型号芯片。

（4）选择第三方 EDA 工具，本次设计中并没有用到第三方工具，可以不选。

（5）最后确认对话框中建立的工程名称、选择的器件和选择的第三方工具等信息，核实无误则可单击“Finish”按钮，弹出工程主窗口，在资源管理窗口可以看到新建的工程名称“led”。

（二）设计输入

在主窗口中，单击“File”菜单下的“New”命令，弹出“New”对话框。在“Design Files”下拉菜单中选择“VHDL File”选项，单击“OK”按钮。在文本编辑窗口输入代码，如图 3-167 所示。

图 3-167　输入代码

在图 3-167 中单击保存文件按钮。在其他设置默认情况下，文件名设为 led.vhd，单击“保存”按钮即可保存文件。

（三）编译工程

在保存好设计文档之后，单击水平工具条上的编译按钮开始编译。编译结果会显示各种信息，其中包括警告和出错信息。若有错误，根据错误提示进行相应的修改，并重新编译，直到没有错误提示为止。

（四）仿真

1. 建立矢量波形文件

单击“File”菜单下的“New”命令，在弹出的“New”对话框中选择“Verification/Debugging Files”栏目下“Vector Waveform File”选项后单击“OK”按钮，弹出矢量波形编辑窗口。

2. 添加引脚或节点

双击“Name”下方的空白处，弹出“Insert Node or Bus”对话框。单击对话框的“Node Finder...”按钮后，弹出“Node Finder”对话框，在对话框“Filter”栏中选择“Pins:all”，单

击“List”按钮，在“Node Found”栏中列出了设计中输入/输出端口：clk、rst 和 q。其中 q 是组合端口，显示时只需要选择数组整体即可，不用把数组里的每一位都选择进去。因此，根据情况选择所需的端口，单击按钮复制到右边。在“Filter”栏选择“Register:pre-synthesis”，单击“List”按钮，在“Node Found”栏中列出了内部信号，将信号 present 及 count 选择到右边。项目所需要观测的全部节点添加到右边“Selected Nodes”后，单击“OK”按钮，返回“Insert Node or Bus”对话框，此时，在“Name”和“Type”栏里出现了“Multiple Items”项。单击“OK”按钮，选中的输入/输出端口被添加到矢量波形编辑窗口中，如图 3-168 所示。

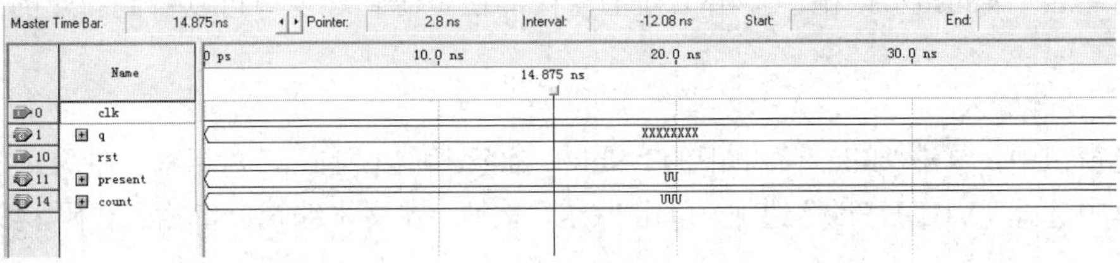

图 3-168 添加节点后的矢量波形文件

3. 编辑输入信号并保存文件

对图 3-168 中的 clk 及 rst 信号进行相应赋值，将文件保存为 led.vwf。

4. 时序仿真验证

在“Processing”菜单中选择“Simulater Tool”，在“Simulation mode”的下拉菜单中选择“Timing”选项，“Simulation input”选择“led.vwf”，在“simulation options”中把“Overwrite simulation input file with simulation results”打上钩，单击 Start 进行时序仿真，仿真结束后可以直接单击“Open”，打开矢量波形文件查看仿真结果，如图 3-169 所示。

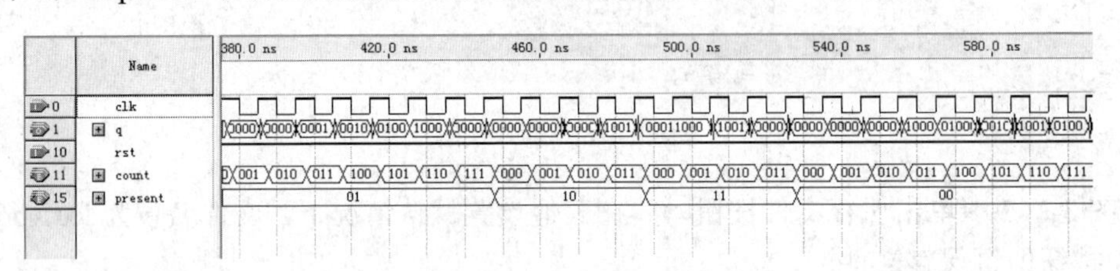

图 3-169 跑马灯时序仿真波形

从时序仿真波形图上可以看到，仿真结果满足跑马灯设计要求，输出信号与输入信号之间存在着一定的延时。

（五）引脚分配

本次设计的跑马灯，输入信号 clk 由指拨旋转开关 SW7（GCLK1）来实现，设置引脚为 PIN183，SW7（GCLK1）旋转开关拨到 2 位置，即选择输出频率为 10Hz。输入信号 rst 由拨码开关来实现，rst 设置引脚为 PIN7；而输出信号 q 对应到发光二极管，q［7］设置引脚为 PIN39，q［6］设置引脚为 PIN40，q［5］设置引脚为 PIN41，q［4］设置引脚为 PIN44，q［3］设置引脚为 PIN45，q［2］设置引脚为 PIN46，q［1］设置引脚为 PIN47，q［0］设置引脚为 PIN53。

所有引脚分配完成后需要保存重新编译。选择“Processing”下拉菜单中“Start Complition”选项或直接单击工具栏中编译快捷按钮▶开始编译。

（六）下载

保证实验箱电源已打开，在“Tool”菜单下选择“Programmer”命令，或者直接单击工具栏上的按钮打开编程器对话框，确认编程器中.sof文件为跑马灯的配置文件，单击“Start”，进行程序下载。

六、实验结果

程序下载完成后，VHDL描述的跑马灯程序就已经烧写到FPGA芯片中，现在可以通过硬件资源来验证跑马灯功能是否正确。

将指拨旋转开关SW7拨到2位置，即选择输入频率为10Hz，将rst信号设置为高电平，观察发光二极管是否按四种循环模式轮流显示。

七、相关知识

有限状态机在VHDL语言中有着广泛的应用，许许多多的实际问题都可以通过状态机来实现，无论是与基于VHDL的其他设计方案相比，还是与可完成相似功能的CPU相比，状态机都有其难以逾越的优越性。

状态机其实就是实物存在状态的一种综合描述，比如，交通路口的红绿灯，它有“红灯亮”“绿灯亮”“黄灯亮”3种状态。在不同情况下，三种状态相互转换，转换的条件是经过多少时间，如经过20s，由“绿灯亮”变为“红灯亮”状态。状态机就是对红绿灯三种状态的综合描述，说明任意两个状态之间的转变条件。

有限状态机由状态寄存器、输出逻辑和次态逻辑组成，其结构框图如图3-170所示。

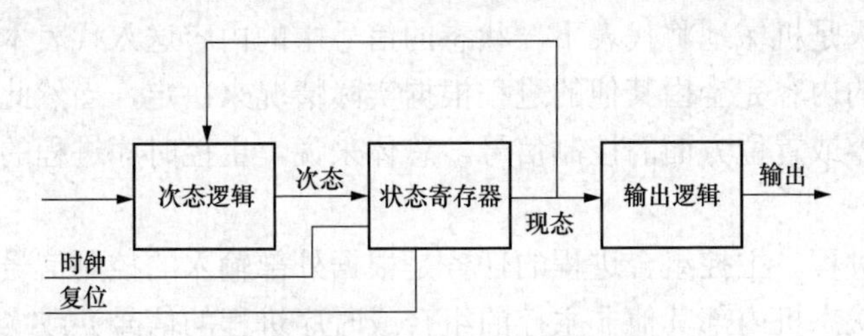

图3-170 有限状态机的结构框图

（1）状态寄存器：存储有限状态机的内部状态。在时钟信号的作用下，现态跟随次态而变化。复位信号用于置初始状态，在时钟作用下的复位是同步复位，不受时钟控制的直接复位是异步复位。

（2）输出逻辑：在现态作用下，经过组合逻辑而产生输出信号。

（3）次态逻辑：在输入信号和现态作用下，经过组合逻辑电路产生次态。

在产生输出的过程中，由是否使用输入信号可以确定状态机的类型。两种典型的状态机是Moore型状态机和Mealy型状态机。在Moore型状态机中，其输出只是当前状态值的函数，并且仅在时钟边沿到来时才发生变化；在Mealy型状态机中，输出都是当前状态值、当前输入值和当前输出值的函数。大多数实用的状态机都是同步的时序电路，由时钟信号触发状态的转换。时钟信号同所有的边沿触发的状态寄存器和输出相连，这使得状态的改变发生在时钟的上升沿。

（一）一般状态机的VHDL设计

用VHDL语言描述状态机的常用方法有两种：

（1）三进程语句描述。每个进程对次态组合逻辑电路、输出组合逻辑和状态寄存器进行描述。

（2）两进程语句描述。将两个组合逻辑电路用一个进程语句描述，而另一个进程语句描述状态寄存器。

一般有限状态机的 VHDL 设计由以下几部分组成：

（1）说明部分。说明部分中有新数据类型 TYPE 的定义及其状态类型（状态名），和在此新数据类型下定义的状态变量。状态类型一般用枚举类型，其中每一个状态名可任意选取。但为了便于辨认和含义明确，状态名最好有明显的解释性意义。状态变量应定义为信号，便于信息传递。说明部分一般放在 ARCHITECTURE 和 BEGIN 之间，例如：

```
ARCHITECTURE ...IS
TYPE states IS (st0, st1, st2, st3);              --定义新的数据类型和状态名
SIGNAL current_state, next_state: states;         --定义状态变量
…
BEGIN
…;
```

（2）主控时序进程。状态机是随外部时钟信号以同步时序方式工作的，因此，状态机中必须包含一个对工作时钟信号敏感的进程，作为状态机的“驱动泵”。当时钟发生有效跳变时，状态机的状态才发生变化，状态机的下一状态（包括再次进入本状态）仅仅取决于时钟信号的到来。一般地，主控时序进程不负责进入的下一状态的具体状态取值。当时钟的有效跳变到来时，时序进程只是机械地将代表下一状态的信号中的内容送入代表本状态的信号中，而下一状态的信号中的内容完全由其他的进程根据实际情况来决定，当然此进程中也可以放置一些同步或异步清零或置位方面的控制信号，总体来说，主控时序进程的设计比较固定、单一和简单。

（3）主控组合进程。主控组合进程的任务是根据外部输入的控制信号（包括来自状态机外部的信号和来自状态机内部其他非主控的组合或时序进程的信号）或（和）当前状态的状态值确定下一状态，以及确定对外输出或对内部其他组合或时序进程输出控制信号的内容。

（4）普通组合进程。用于配合状态机工作的其他组合进程，如为了完成某种算法的进程。

（5）普通时序进程。用于配合状态机工作的其他时序进程，如为了稳定输出设置的数据锁存器等。一个状态机的最简结构应至少由两个进程构成（也有单进程状态机，但并不常用），即一个主控时序进程和一个主控组合进程。一个进程作“驱动泵”，描述时序逻辑，包括状态寄存器的工作和寄存器状态的输出；另一个进程描述组合逻辑，包括进程间状态值的传递逻辑以及状态转换值的输出。当然，必要时还可以引入第 3 个和第 4 个进程，以完成其他的逻辑功能。

（二）Moore 状态机的 VHDL 设计

Moore 型有限状态机输出只与当前状态有关，而与当前的输入信号值无关，并且仅在时钟边沿到来时才发生变化，是严格的现态函数。

例如：Moore 型状态机的 VHDL 设计模型。

```
LIBRARY IEEE;
USE IEEE.STD_LOGIC_1164.ALL;
ENTITY system IS
```

```
PORT (clock: IN STD_LOGIC; a: IN STD_LOGIC;
      d: OUT STD_LOGIC);
END system;
ARCHITECTURE moore OF system IS
SIGNAL b, c: STD_LOGIC;
    BEGIN
FUNC1: PROCESS (a, c)  -- 第 1 组合逻辑进程为时序逻辑进程提供反馈信息
BEGIN
   b <= FUNC1(a, c);        -- c 是反馈信号
END PROCESS;
FUNC2: PROCESS (c)      -- 第 2 组合逻辑进程为状态机输出提供数据
BEGIN
   d <= FUNC2(c);            -- 输出信号 D 所对应的 FUNC2 是仅为当前状态的函数
END PROCESS;
REG: PROCESS (clock)    -- 时序逻辑进程负责状态的转换
BEGIN
   IF clock='1' AND clock'EVENT THEN
   c <= b; -- b 是反馈信号
   END IF;
END PROCESS;
   END moore;
```

图 3-171 Moore 型状态机模型示意图

图 3-171 所示为此程序的示意图，由图可以十分形象地看出，这个 Moore 状态机由三个进程组成，其中两个进程由组合逻辑构成，一个进程由时序逻辑构成。

（三）Mealy 状态机的 VHDL 设计

Mealy 型状态机的输出是当前状态和输入信号的函数，输出随输入变化而随时发生变化。因此，从时序的角度看，Mealy 型状态机属于异步输出的状态机，输出不依赖于系统时钟，也不存在 Moore 型状态机中输出滞后一个时钟周期来反映输入变化的问题。

例如：Mealy 型状态机的 VHDL 设计模型。

```
LIBRARY IEEE;
USE IEEE.STD_LOGIC_1164.ALL;
ENTITY system IS
   PORT(clk: in std_logic;
        input:in std_logic;
        reset:in std_logic;
        output:out std_logic_vector(1 downto 0));
   END ENTITY;
   ARCHITECTURE behav of system is      --双进程结构体
   TYPE state_type IS (s0,s1,s2,s3)     --定义枚举类型的状态机
   Signal state: state_type;            --定义一个信号保存当前状态
   BEGIN
     Reg: process(clk,reset)            --次态组合译码和寄存器进程
        BEGIN
          IF reset='1' then state<=s0;
          ELSIF(rising_edge(clk)) then
            CASE  state IS              --根据当前状态和输入信号同步决定下一个状态
                when s0 =>if input='0' then state<=s0;
                          else          state<=s1;
```

```
                    end if;
               when s1 =>if input='0' then state<=s1;
                    else          state<=s2;
                    end if;
               when s2 =>if input='0' then state<=s2;
                    else          state<=s3;
                    end if;
               when s3 =>if input='0' then state<=s3;
                    else          state<=s4;
                    end if;
            END CASE;
      END IF;
   END process;
   com:process(state,input)          --依据当前状态和输入信号决定输出信号,与时钟无关
      BEGIN
        CASE state IS
          WHEN s0 => if input='0' then output<="00";
                     else          output<="01";
                     end if;
          WHEN s1 => if input='0' then output<="01";
                     else          output<="10";
                     end if;
          WHEN s2 => if input='0' then output<="10";
                     else          output<="11";
                     end if;
          WHEN s3 => if input='0' then output<="11";
                     else          output<="00";
                     end if;
      END CASE;
    END process;
   END behav;
```

使用 VHDL 语言描述状态机时，必须注意避免由于寄存器的引入而带来不必要的异步反馈路径。根据 VHDL 综合器的规则，对于所有的可能输入条件，当进程中的输出信号没有被完全地与之对应指定时，即没有为所有可能的输入条件提供明确的赋值时，此信号将自动被指定，即在没有列出的条件下保持原值，这就意味着引入了寄存器。在状态机中，如果存在一个或者更多的状态没有被明确地指定转换方式，或者对于状态机中的状态值没有规定所有的输出值，寄存器就会被引入。因此，在程序的综合过程中，应密切关注 VHDL 综合器的每个警告信息，并根据警告信息提示，对程序做进一步修改。

第4章 综 合 实 验

4.1 数字钟的设计

一、实验目的

（1）熟悉基于 FPGA 的层次化设计流程。

（2）掌握 Quartus II 软件的模块方式的设计方法。

（3）掌握 VHDL 设计可调数字时钟的设计方式。

二、实验环境

（1）软件环境：Quartus II 8.0 版本。

（2）硬件环境：KH-310。

三、实验任务

设计一个数字时钟，要求用六位数码管分别显示时、分、秒的计数，同时可以进行时间校准设置，并且设置的时间显示要求闪烁。

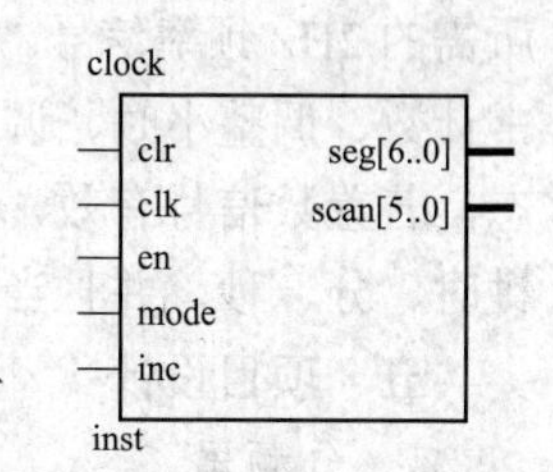

图 4-1 数字钟电路实体

数字钟电路实体如图 4-1 所示，其中各输入/输出端信号的作用见表 4-1。

表 4-1 数字钟输入/输出端口功能

端口名		端 口 作 用	硬件设备
输入端	clk 时钟信号	用于数码管动态扫描，并分频产生计数频率和闪烁频率	SW7 频率开关
	clr 清零端	高电平有效。将时钟的输出数字一并归零	拨码开关 I01
	en 暂停端	高电平有效。时钟保持当前显示状态不变	拨码开关 I02
	mode 控制端	上升沿有效。用来选择时钟是进行正常计数还是时间校准，并决定是校准小时、分钟还是秒	拨码开关 I03
	inc 置数端	上升沿有效。如果对小时进行设置，显示时间的数码管将闪烁，并且若 inc 按键被按下一次，相应的小时显示器要加 1	PLUS2 脉冲发生按钮 EPI1
输出端	seg［6..0］七段数码管	显示十进制数	a b c d e f g
	scan［5..0］数码管地址扫描	扫描 6 个数码管地址位	SO60 SO61 SO62 SO63 SO64 SO65

四、实验原理

根据设计任务，计数器主要由三大功能模块构成，如图 4-2 所示。

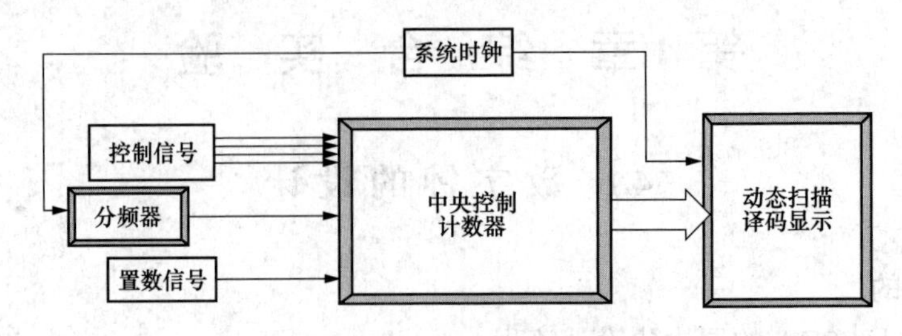

图 4-2　数字钟原理框图

其中：①分频器实现将系统输入时钟 1kHz 分频为计数所需的 1Hz 频率信号和闪烁显示所需的 2Hz 频率信号。②中央控制计数器接收控制信号，将计数器控制在四种工作状态：正常计数、调整小时、调整分钟、调整秒。正常计数状态下是对 1Hz 的频率计数，调整时间状态，若置数信号有效，则对调整的时间模块进行计数。③动态扫描译码显示器用于显示数字钟时、分、秒，并且当数字钟处于调整状态时，调整时间的数码管将按 2Hz 闪烁。

五、项目设计

1. 分频器

根据设计任务需求，除了需要动态扫描的高频 1kHz 之外，还需要 1Hz 的计数频率和 2Hz 的闪烁频率，因此需要使用分频器来实现。分频器实体如图 4-3 所示。

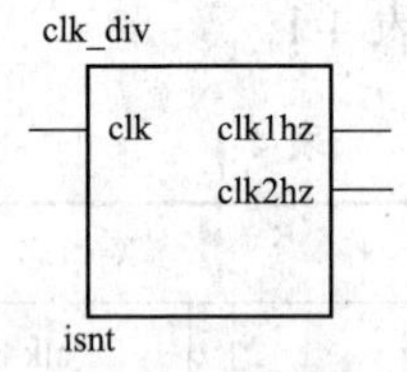

图 4-3　分频器实体

新建一个 clk_div 工程，其 VHDL 文本描述如下：

```
LIBRARY ieee;
USE ieee.std_logic_1164.all;

ENTITY clk_div IS
PORT(   clk : IN std_logic;
     clk1hz: OUT std_logic;
     clk2hz: OUT std_logic
);
END;

ARCHITECTURE one OF clk_div IS
  signal clk1_temp,clk2_temp : std_logic;
BEGIN
 P1: process(clk)
     variable cnt1 : integer range 499 downto 0;
    begin
     if clk'event and clk='1' then
       if cnt1=499                                   --1000 分频的计数 1000/2-1
then clk1_temp<=not clk1_temp;
          cnt1:=0;
      else cnt1:=cnt1+1;
      end if;
    end if;
```

```
    end process;
  clk1hz<=clk1_temp;
 P2: process(clk)
      variable cnt2 : integer range 249 downto 0;
    begin
    if clk'event and clk='1' then
      if cnt2=249                          --500 分频的计数 500/2-1
then clk2_temp<= not clk2_temp;
cnt2:=0;
      else cnt2:= cnt2+1;
      end if;
    end if;
   end process;
 clk2hz<=clk2_temp;
END;
```

该模块的仿真波形，如图4-4所示。从图中可看出该分频器能实现设计要求。

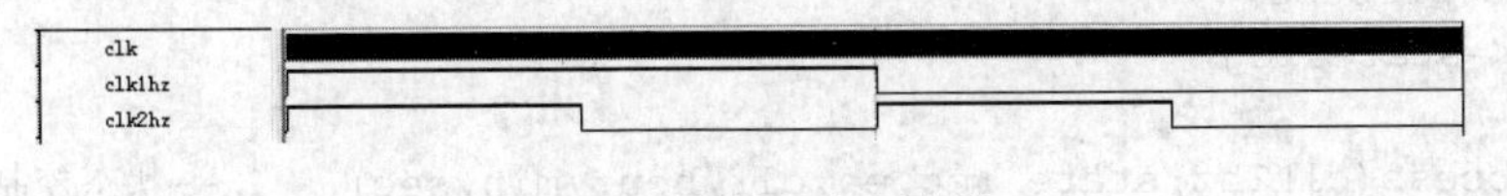

图4-4　分频器仿真波形

2. 中央控制计数器

该模块是控制时钟工作状态的核心器件，其电路实体如图4-5所示。其中，clr和en端口可使用拨动开关来实现信号的输入，高电平有效；而mode和inc端口可使用pluse开关实现脉冲上升沿信号的输入，在设计时需要考虑使用防抖电路。state[1..0]信号用来标注时钟的四种工作状态：state[1..0]="00"时为正常1Hz计数状态；state[1..0]="01"时为调整小时状态，即当inc按键输入一次有效上升沿，小时增加1；state[1..0]="10"时为调整分钟状态，即当inc按键输入一次有效上升沿，分钟增加1；state[1..0]="11"时为调整秒状态，即当inc按键输入一次有效上升沿，秒增加1。hour1、min1、sec1分别是时、分、秒十位上的二进制数，hour0、min0、sec0分别是时、分、秒个位上的二进制数。

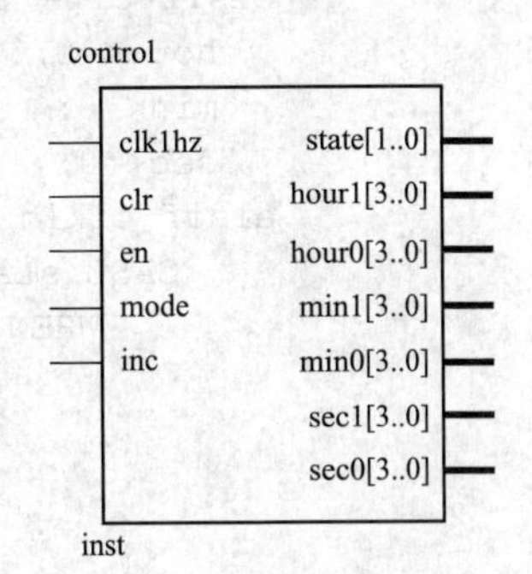

图4-5　中央控制计数器实体

建立control工程，其VHDL文本描述如下：

```
LIBRARY ieee;
USE ieee.std_logic_1164.all;
USE ieee.std_logic_unsigned.all;

ENTITY control IS
PORT ( clk1hz : IN std_logic;
       clr,en,mode,inc: IN std_logic;
       state: OUT std_logic_vector(1 downto 0);
       hour1,hour0 : OUT integer range 9 downto 0;
       min1,min0 : OUT integer range 9 downto 0;
       sec1,sec0 : OUT integer range 9 downto 0 );
```

```
END;

ARCHITECTURE one OF control IS
   SIGNAL state_reg: std_logic_vector(1 downto 0);
   SIGNAL inc_reg: std_logic;
   SIGNAL hour: integer range 23 downto 0;
   SIGNAL min,sec: integer range 59 downto 0;
BEGIN
 P1: process(clr,mode)                                         --状态转换
     begin
       if clr='1'then
          state_reg<="00";
       elsif clk1hz'event and clk1hz='1' then
           if  mode'event and mode='1'  then
state_reg<=state_reg+1;
end if;
end if;
     end process;
  state<=state_reg;

 P2: process(clk1hz,state_reg,en,clr,hour,min,sec)             --状态控制
     begin
       if en='1' then                                          --暂停状态
          hour<=hour;
          min<=min;
          sec<=sec;
       elsif clr='1' then
          hour<=0;
          min<=0;
          sec<=0;
       elsif clk1hz'event and clk1hz='1' then
            CASE state_reg IS
                WHEN "00" => if sec=59 then sec<=0;           -- 模式 0,正常计时
                                if min=59 then min<=0;
                                  if hour=23 then hour<=0;
                                  else hour<=hour+1; end if;
                                 else min<=min+1;  end if;
                              else sec<=sec+1; end if;
                 WHEN "01" => if inc='1' then                  --模式 1,设定小时时间
                                if inc_reg='0' then inc_reg<='1';
                                   if hour=23 then
                                      hour<=0;
                                   else hour<=hour+1;end if;
                                end if;
                               else inc_reg<='0';
                               end if;
                 WHEN "10" => if inc='1' then                  --模式 2,设定分钟时间
                                if inc_reg='0' then inc_reg<='1';
                                  if min=59 then
                                     min<=0;
                                  else min<=min+1;end if;
```

```
                         end if;
                       else inc_reg<='0';
                       end if;
            WHEN "11" => if inc='1' then                --模式3，设定秒钟时间
                          if inc_reg='0' then inc_reg<='1';
                            if sec=59 then
                               sec<=0;
                            else sec<=sec+1;end if;
                          end if;
                       else inc_reg<='0';
                       end if;
          END CASE;
      end if;
   end process;
  hour0<=hour REM 10;                                    --获取小时时间的个位
  hour1<=hour/10;                                        --获取小时时间的十位
  min0<=min REM 10;
  min1<=min/10;
  sec0<=sec REM 10;
  sec1<=sec/10;
END;
```

该模块的仿真情况较多，因此分成几段仿真波形来观察。如图 4-6 所示，时钟初步清零后开始正常计数的状态，可以看出秒的个位 sec0 随着 1Hz 信号进行计数。当 mode 按下一次上升沿之后，state 状态转为“01”，它是设定小时时间的状态，此时时钟不再按 1Hz 计数，而是等待 inc 按键输入有效脉冲，小时的个位 hour0 相应地累加 1。

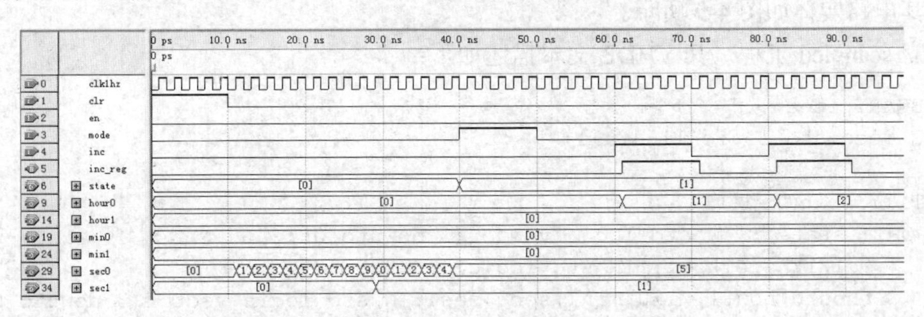

图 4-6 时钟正常计数及设置小时状态的仿真波形

在图 4-7 所示的仿真波形中，mode 进行第二次有效输入，时钟状态 state 转为“10”，它是设定分钟时间的状态。此刻，特意将 inc 输入的次数增加，从图 4-7 中可发现，分钟的计数结果是按照 inc 的频率进行的，inc 端口输入 26 次上升沿，分钟的个位 min0 计到 6，分钟的十位 min1 计到 2。

当 mode 进行第三次有效输入之后，state 转为“11”，它是设定秒钟时间的状态。此时特意将 inc 输入信号的频率降低，从图 4-7 中可发现，秒钟的计数仅仅受 inc 的上升沿控制，与信号持续时间的长短无关。

在图 4-8 所示的仿真波形中，mode 进行第四次按键，state 状态回到“00”，即时钟处于按照 1Hz 频率进行正常计时的状态。从图 4-8 中可看出，当 sec1=5、sec0=9 时 min0 增加 1，由此可知本次设计能完成时钟的正常计时功能。

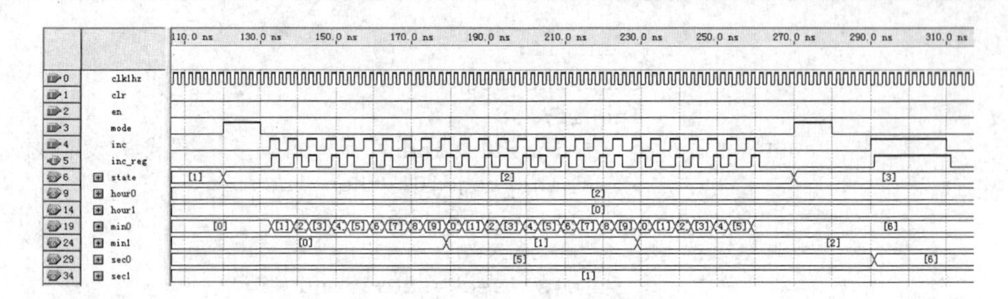

图 4-7 时钟调整分、秒状态的仿真波形

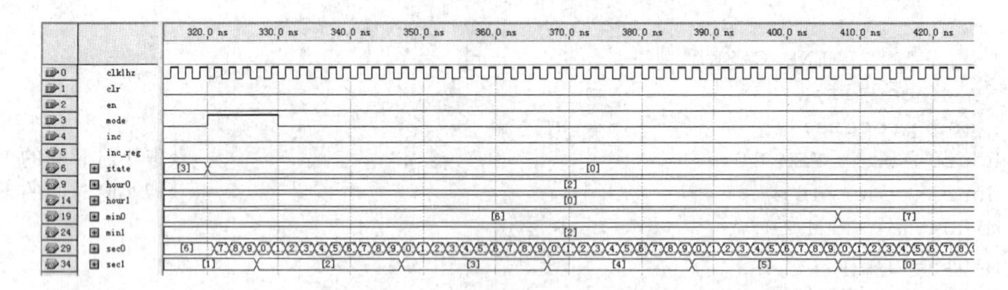

图 4-8 时钟正常计时的仿真波形

3. 动态扫描译码显示器

时钟的时、分、秒的计数结果 hour1［3..0］、hour0［3..0］、min1［3..0］、min0［3..0］、sec1［3..0］、sec0［3..0］经过二—十进制译码后，可通过 scan［5..0］地址选择信号控制 6 个数码管动态显示对应的数字，并且在时钟处于调整状态时，设定的时间对象要按 2Hz 进行闪烁。其电路实体如图 4-9 所示。

建立 scan_led 工程，其 VHDL 文本描述如下：

```
LIBRARY ieee;
USE ieee.std_logic_1164.all;

ENTITY scan_led IS
  PORT( state : IN std_logic_vector(1 downto 0);
        clk1khz,clk2hz: IN std_logic;
        hour0,hour1,min0,min1,sec0,sec1:IN std_logic_vector(3 downto 0);
        seg: OUT std_logic_vector(6 downto 0);
        scan:OUT std_logic_vector(5 downto 0)
  );
end;

ARCHITECTURE one OF scan_led IS
   SIGNAL blink : std_logic_vector(2 downto 0);
   SIGNAL data: std_logic_vector(3 downto 0);
   SIGNAL cnt: integer range 5 downto 0;
begin
  P1:process(state,clk2hz)    --当进行时间设定时，令
数码管闪烁
     begin
      case state is
       when "00"=> blink<="000";
```

scan_led
state[1..0]
clk1khz
clk2hz
hour0[3..0]
hour1[3..0]
min0[3..0]
min1[3..0]
sec0[3..0]
sec1[3..0]
seg[6..0]
scan[5..0]
inst

图 4-9 动态扫描译码显示器实体

```
      when "01"=> blink<=(2=>clk2hz,others=>'0');
      when "10"=> blink<=(1=>clk2hz,others=>'0');
      when "11"=> blink<=(0=>clk2hz,others=>'0');
     end case;
   end process;

  P2: process(clk1khz)                              --数码管动态扫描计数
     begin
       if clk1khz'event and clk1khz='1' then
         if cnt=5 then cnt<=0;
         else cnt<=cnt+1;
         end if;
       end if;
    end process;

  P3:process (cnt,hour0,hour1,min0,min1,sec0,sec1,blink)    --数码管动态扫描
    begin
     case cnt is
      when 0 => data<=sec0 or (blink(0)&blink(0)&blink(0)&blink(0)); scan<=
"000001";
      when 1 => data<=sec1 or (blink(0)&blink(0)&blink(0)&blink(0)); scan<=
"000010";
      when 2 => data<=min0 or (blink(1)&blink(1)&blink(1)&blink(1)); scan<=
"000100";
      when 3 => data<=min1 or (blink(1)&blink(1)&blink(1)&blink(1)); scan<=
"001000";
      when 4 => data<=hour0 or (blink(2)&blink(2)&blink(2)&blink(2)); scan<=
"010000";
      when 5 => data<=hour1 or (blink(2)&blink(2)&blink(2)&blink(2)); scan<=
"100000";
     end case;
  end process;

  P4:process (data)                                          --数码管 7 段译码
    begin
    case data is
      when "0000"=>seg<="1111110";
      when "0001"=>seg<="0110000";
      when "0010"=>seg<="1101101";
      when "0011"=>seg<="1111001";
      when "0100"=>seg<="0110011";
      when "0101"=>seg<="1011011";
      when "0110"=>seg<="1011111";
      when "0111"=>seg<="1110000";
      when "1000"=>seg<="1111111";
      when "1001"=>seg<="1111011";
      when others=>seg<="0000000";
    end case;
  end process;
 END;
```

该模块的仿真波形如图 4-10 所示，可看出 scan 信号随 1kHz 的频率变化，依次点亮 6 个数码管，同时 seg 的译码信号也与对应位置上的数字相匹配。

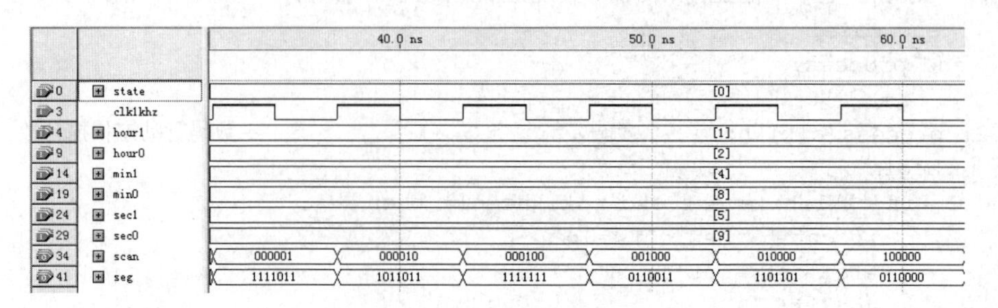

图 4-10　动态扫描译码显示器仿真波形

4. 顶层文件设计

本次设计采用混合编辑法，在 VHDL 文本设计三个模块的基础上，使用原理图编辑方法实现顶层文件的设计。按照图 4-2 将三个模块的管脚连接起来，如图 4-11 所示。

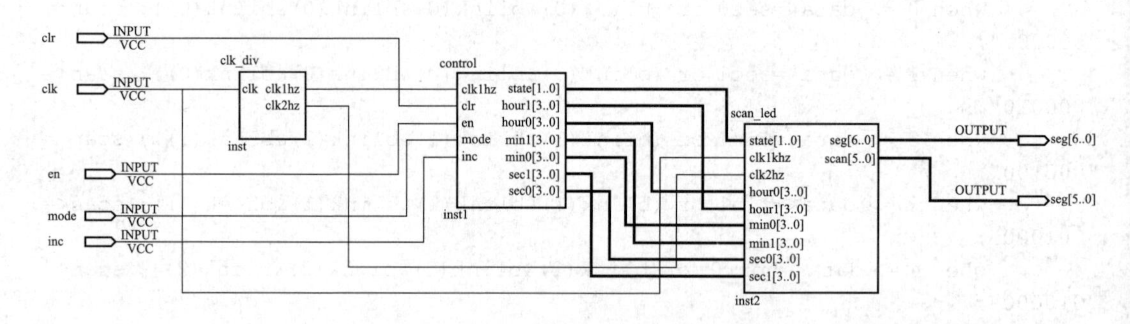

图 4-11　数字钟电路图

将工程设计完成之后，按照图 4-12 分配管脚，确认编程器中.sof 文件为当前工程 clock 的配置文件，单击“Start”，开始下载。下载完成后，根据 SW7 输入的频率观察 6 个数码管的计时状态是否正常，PLUS 按键能否对时钟进行设定。根据实际运行情况，进行硬件调试。

Named: | Edit: | Filter: Pins: all

	Node Name	Direction	Location	I/O Bank	VR
1	clk	Input	PIN_183		
2	clr	Input	PIN_7		
3	en	Input	PIN_8		
4	inc	Input	PIN_182		
5	mode	Input	PIN_9		
6	scan[5]	Output	PIN_92		
7	scan[4]	Output	PIN_93		
8	scan[3]	Output	PIN_94		
9	scan[2]	Output	PIN_95		
10	scan[1]	Output	PIN_96		
11	scan[0]	Output	PIN_97		
12	seg[6]	Output	PIN_73		
13	seg[5]	Output	PIN_74		
14	seg[4]	Output	PIN_75		
15	seg[3]	Output	PIN_83		
16	seg[2]	Output	PIN_85		
17	seg[1]	Output	PIN_86		
18	seg[0]	Output	PIN_87		

图 4-12　管脚分配图

4.2 简易电子奏乐系统的设计

一、实验目的

（1）学习 VHDL 程序的基本设计方法。

（2）掌握七段译码管的原理和实用方法。

（3）学习使用 Quartus II 文本输入工具输入 VHDL 代码，以及编译工具和仿真工具的使用。

二、实验环境

（1）软件环境：Quartus II 8.0 版本。

（2）硬件环境：KH-310。

三、实验任务

用 FPGA 设计并实现乐曲的演奏电路。

设计要求：以演奏《送别》的片段为例，用 FPGA 设计一个乐曲演奏系统。《送别》的简谱如下：

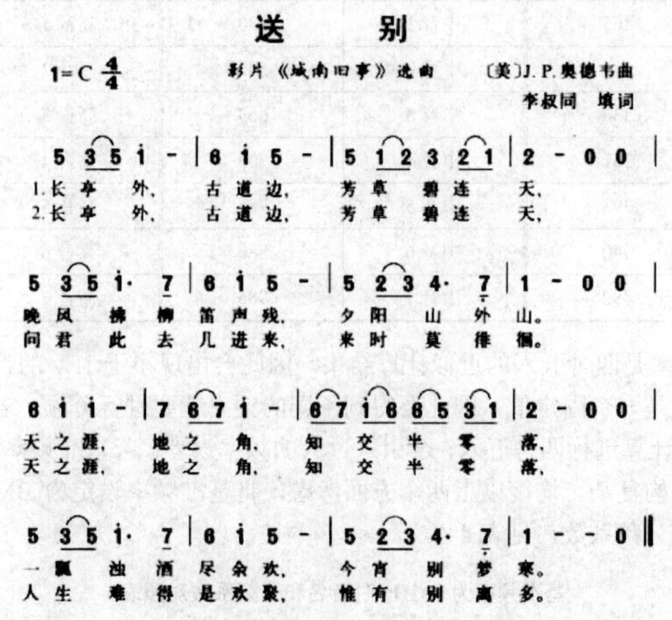

设计过程：要演奏乐曲必须考虑两个方面，一个是音符或音调，另一个是音长或节拍。

四、实验原理

1．乐曲中的音符和音长

（1）音符。不同频率的信号，可以使扬声器发出的不同的声音。在一个歌曲中会有许多不同的音符，因此需要有许多不同频率的时钟。在实际系统中生成不同的时钟源会使系统复杂化，因此可用一个基准频率即基准时钟信号输入到系统中，然后利用分频技术得到不同的频率来控制扬声器发出不同的声音。

使用同一个计数器实现多种频率的分频时，为实现不同的频率，分频系数必须不同，因此计数器必须是模可变的计数器，也就是不同的音符要对应不同的初始技术值，使计数器从不同的初始值开始计数，来实现使输出信号的频率不同。

音符中有 7 个音名：C、D、E、F、G、A、B，分别唱成 1、2、3、4、5、6、7。音名和简谱对照表见表 4-2。

表 4-2　　音名和简谱对照表

低音							中音							高音						
1	2	3	4	5	6	7	1	2	3	4	5	6	7	1	2	3	4	5	6	7
C	D	E	F	G	A	B	C	D	E	F	G	A	B	C	D	E	F	G	A	B

在音乐中有十二平均律的规定：每两个八度音之间的频率相差一倍，在两个八度音之间又分为十二个半音，每个半音的频率比为 1.05946。音名 B 到 C 之间及 E 到 F 之间为半音，其余为全音，两个全音频率比为 1.11892。另外，规定简谱中的低音 6（音名为 A）的频率是 440Hz，因此可以计算出每个音名的对应频率。表 4-3 列出了低音 1 到高音 7 的对应频率。

表 4-3　　低音 1 到高音 7 的频率对照表　　单位：Hz

音名	频率	音名	频率	音名	频率
低音 1	265	中音 1	530	高音 1	1060
低音 2	296	中音 2	593	高音 2	1186
低音 3	332	中音 3	663	高音 3	1327
低音 4	351	中音 4	703	高音 4	1406
低音 5	393	中音 5	786	高音 5	1573
低音 6	440	中音 6	880	高音 6	1760
低音 7	492	中音 7	985	高音 7	1969

在表 4-3 中频率是四舍五入的近似计算结果，因此会出现小于 1Hz 的误差。

由于基准频率是一个固定值，因此要得到不同的频率就要进行分频。若所选的基准频率过低，分频系数的计算进行四舍五入，会引入过大的频率误差；若基准频率过高，则在 FPGA 内部的分频电路结构复杂。均衡以上两个方面考虑，将基准频率设定为 3MHz，因此可以计算出各音名对应的分频系数，见表 4-4。

表 4-4　　基准频率为 3MHz 时音名和分频系数对照表

音名	分频系数	音名	分频系数	音名	分频系数
低音 1	18868	中音 1	9434	高音 1	4717
低音 2	16892	中音 2	8432	高音 2	4216
低音 3	15060	中音 3	7541	高音 3	3768
低音 4	14245	中音 4	7112	高音 4	3556
低音 5	12722	中音 5	6361	高音 5	3179
低音 6	11364	中音 6	5682	高音 6	2841
低音 7	10163	中音 7	5076	高音 7	2539

从音名和分频系数对照表中可以看出最大分频系数为18868，因此15位二进制数的最大计数值为32768，若用同一个15位二进制计数器对5MHz的频率分频，则需要给计数器设定预置数，预置数等于32767减去表1-3中相对应的分频系数。对应各音名的预置数见表4-5。

表4-5 各音名的预置数

音名	预置数	音名	预置数	音名	预置数
低音1	13899	中音1	23333	高音1	28050
低音2	15875	中音2	24335	高音2	28551
低音3	17707	中音3	25226	高音3	28999
低音4	18522	中音4	25655	高音4	29211
低音5	20044	中音5	26406	高音5	29588
低音6	21403	中音6	27085	高音6	29926
低音7	22604	中音7	27691	高音7	30228

另外，对于乐曲中的休止符，可以将分频系数设为0，预置数就是32767，此时扬声器不会发声。

（2）音长。乐曲中的音符不但有音调的高低问题，还有音的长短问题。例如，有的音要唱1拍，有的音要唱2拍，因此为了实现节拍，也要选择一个时钟频率来控制音长。表4-6就是利用4Hz的时钟频率来产生各节拍的音长对照表。

表4-6 4Hz时钟频率的各节拍音长对照表

名称	十六分音符	八分音符	八分符点音符	四分音符	四分符点音符	二分音符	全音符
拍数	$\frac{1}{4}$拍	$\frac{1}{2}$拍	$\frac{3}{4}$拍	1拍	$\frac{3}{2}$拍	2拍	4拍
音长（s）	0.0625	0.125	0.1875	0.25	0.375	0.5	1

2. 乐曲演奏系统的框图

通过以上音符和音长的分析可知，乐曲演奏电路应包括模可变计数器模块、预置数和音长的控制模块。另外，为了使扬声器有足够的功率发音，推动扬声器发音的信号的占空比应为50%，因此还应该增加一个占空比均衡控制模块。

乐曲演奏系统框图如图4-13所示。

图4-13中预置数和音长控制模块的作用是将乐曲的每个音符的预置数和音长输出到模可变计数器中，控制音长利用了4Hz的时钟信号来产生四分音符的各节拍的音长。模可变计数器接收到预置数和音长的控制信号之后，开始按规定计数。为了产生占空比为50%的输出信号，使用了2个模可变计数器，轮流计数，使输出信号的高电平和低电平持续的时间相同。

3. 预置数和音长控制模块

对照表4-5和《送别》乐曲的简谱，编制了《送别》乐曲的前8个小节的预置数和音长控制模块的程序，程序如下：

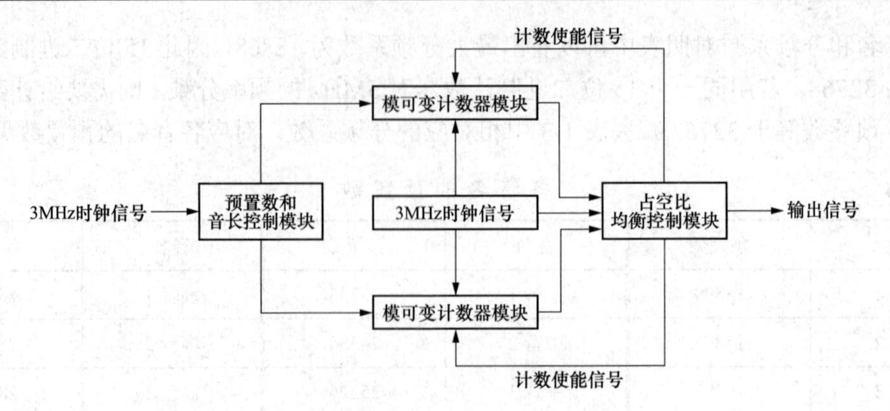

图 4-13　乐曲演奏系统框图

```
library ieee;
use ieee.std_logic_1164.all;
use ieee.std_logic_unsigned.all;

entity control is
port(clk:in std_logic;
       q:out integer range 0 to 32767);
end;

architecture a of control is
type mystate is (s0,s1,s2,s3,s4,s5,s6,s7,s8,s9,
                s10,s11,s12,s13,s14,s15,s16,s17,s18,s19,
                s20,s21,s22,s23,s24,s25,s26,s27,s28,s29,
                s30,s31,s32,s33,s34,s35,s36,s37,s38,s39,
                s40,s41,s42,s43,s44,s45,s46,s47,s48,s49,
                s50,s51,s52,s53,s54,s55,s56,s57,s58,s59,
                s60,s61,s62,s63,s64,s65,s66,s67,s68,s69,
                s70,s71,s72,s73,s74,s75,s76,s77,s78,s79,
                s80,s81,s82,s83,s84,s85,s86,s87,s88,s89,
                s90,s91,s92,s93,s94,s95,s96,s97,s98,s99,
                s100,s101,s102,s103,s104,s105,s106,s107,s108,s109,
                s110,s111,s112,s113,s114,s115,s116,s117,s118,s119,
                s120,s121,s122,s123,s124,s125);
signal state:mystate;
  begin
    process(clk)
     begin
      if(clk'event and clk='1') then
       case  state is
             when s0=>q<=26406;state<=s1;  --mid5
             when s1=>q<=26406;state<=s2;  --mid5
             when s2=>q<=26406;state<=s3;  --mid5
             when s3=>q<=26406;state<=s4;  --mid5
             when s4=>q<=25226;state<=s5;  --mid3
             when s5=>q<=25226;state<=s6;  --mid3
             when s6=>q<=26406;state<=s7;  --mid5
             when s7=>q<=26406;state<=s8;  --mid5
```

```
when s8=>q<=28050;state<=s9;  --hig1
when s9=>q<=28050;state<=s10;  --hig1
when s10=>q<=28050;state<=s11;  --hig1
when s11=>q<=28050;state<=s12;  --hig1
when s12=>q<=28050;state<=s13;  --hig1
when s13=>q<=28050;state<=s14;  --hig1
when s14=>q<=28050;state<=s15;  --hig1
when s15=>q<=28050;state<=s16;  --hig1
when s16=>q<=27085;state<=s17;  --mid6
when s17=>q<=27085;state<=s18;  --mid6
when s18=>q<=27085;state<=s19;  --mid6
when s19=>q<=27085;state<=s20;  --mid6
when s20=>q<=28050;state<=s21;  --hig1
when s21=>q<=28050;state<=s22;  --hig1
when s22=>q<=28050;state<=s23;  --hig1
when s23=>q<=28050;state<=s24;  --hig1
when s24=>q<=26406;state<=s25;  --mid5
when s25=>q<=26406;state<=s26;  --mid5
when s26=>q<=26406;state<=s27;  --mid5
when s27=>q<=26406;state<=s28;  --mid5
when s28=>q<=26406;state<=s29;  --mid5
when s29=>q<=26406;state<=s30;  --mid5
when s30=>q<=26406;state<=s31;  --mid5
when s31=>q<=26406;state<=s32;  --mid5
when s32=>q<=26406;state<=s33;  --mid5
when s33=>q<=26406;state<=s34;  --mid5
when s34=>q<=26406;state<=s35;  --mid5
when s35=>q<=26406;state<=s36;  --mid5
when s36=>q<=23333;state<=s37;  --mid1
when s37=>q<=23333;state<=s38;  --mid1
when s38=>q<=24335;state<=s39;  --mid2
when s39=>q<=24335;state<=s40;  --mid2
when s40=>q<=25226;state<=s41;  --mid3
when s41=>q<=25226;state<=s42;  --mid3
when s42=>q<=25226;state<=s43;  --mid3
when s43=>q<=25226;state<=s44;  --mid3
when s44=>q<=24335;state<=s45;  --mid2
when s45=>q<=24335;state<=s46;  --mid2
when s46=>q<=23333;state<=s47;  --mid1
when s47=>q<=23333;state<=s48;  --mid1
when s48=>q<=24335;state<=s49;  --mid2
when s49=>q<=24335;state<=s50;  --mid2
when s50=>q<=24335;state<=s51;  --mid2
when s51=>q<=24335;state<=s52;  --mid2
when s52=>q<=24335;state<=s53;  --mid2
when s53=>q<=24335;state<=s54;  --mid2
when s54=>q<=32767;state<=s55;  --0
when s55=>q<=32767;state<=s56;  --0
when s56=>q<=32767;state<=s57;  --0
when s57=>q<=32767;state<=s58;  --0
when s58=>q<=32767;state<=s59;  --0
```

```
when s59=>q<=32767;state<=s60;  --0
when s60=>q<=32767;state<=s61;  --0
when s61=>q<=32767;state<=s62;  --0
when s62=>q<=26406;state<=s63;  --mid5
when s63=>q<=26406;state<=s64;  --mid5
when s64=>q<=26406;state<=s65;  --mid5
when s65=>q<=26406;state<=s66;  --mid5
when s66=>q<=25226;state<=s67;  --mid3
when s67=>q<=25226;state<=s68;  --mid3
when s68=>q<=26406;state<=s69;  --mid5
when s69=>q<=26406;state<=s70;  --mid5
when s70=>q<=28050;state<=s71;  --hig1
when s71=>q<=28050;state<=s72;  --hig1
when s72=>q<=28050;state<=s73;  --hig1
when s73=>q<=28050;state<=s74;  --hig1
when s74=>q<=28050;state<=s75;  --hig1
when s75=>q<=28050;state<=s76;  --hig1
when s76=>q<=27691;state<=s77;  --mid7
when s77=>q<=27691;state<=s78;  --mid7
when s78=>q<=27085;state<=s79;  --mid6
when s79=>q<=27085;state<=s80;  --mid6
when s80=>q<=27085;state<=s81;  --mid6
when s81=>q<=27085;state<=s82;  --mid6
when s82=>q<=28050;state<=s83;  --hig1
when s83=>q<=28050;state<=s84;  --hig1
when s84=>q<=28050;state<=s85;  --hig1
when s85=>q<=28050;state<=s86;  --hig1
when s86=>q<=26406;state<=s87;  --mid5
when s87=>q<=26406;state<=s88;  --mid5
when s88=>q<=26406;state<=s89;  --mid5
when s89=>q<=26406;state<=s90;  --mid5
when s90=>q<=26406;state<=s91;  --mid5
when s91=>q<=26406;state<=s92;  --mid5
when s92=>q<=26406;state<=s93;  --mid5
when s93=>q<=26406;state<=s94;  --mid5
when s94=>q<=26406;state<=s95;  --mid5
when s95=>q<=26406;state<=s96;  --mid5
when s96=>q<=26406;state<=s97;  --mid5
when s97=>q<=26406;state<=s98;  --mid5
when s98=>q<=24335;state<=s99;  --mid2
when s99=>q<=24335;state<=s100;  --mid2
when s100=>q<=25226;state<=s101;  --mid3
when s101=>q<=25226;state<=s102;  --mid3
when s102=>q<=25655;state<=s103;  --mid4
when s103=>q<=25655;state<=s104;  --mid4
when s104=>q<=25655;state<=s105;  --mid4
when s105=>q<=25655;state<=s106;  --mid4
when s106=>q<=25655;state<=s107;  --mid4
when s107=>q<=25655;state<=s108;  --mid4
when s108=>q<=22604;state<=s109;  --low7
when s109=>q<=22604;state<=s110;  --low7
```

```
            when s110=>q<=23333;state<=s111;  --mid1
            when s111=>q<=23333;state<=s112;  --mid1
            when s112=>q<=23333;state<=s113;  --mid1
            when s113=>q<=23333;state<=s114;  --mid1
            when s114=>q<=23333;state<=s115;  --mid1
            when s115=>q<=23333;state<=s116;  --mid1
            when s116=>q<=23333;state<=s117;  --mid1
            when s117=>q<=23333;state<=s118;  --mid1
            when s118=>q<=32767;state<=s119;  --0
            when s119=>q<=32767;state<=s120;  --0
            when s120=>q<=32767;state<=s121;  --0
            when s121=>q<=32767;state<=s122;  --0
            when s122=>q<=32767;state<=s123;  --0
            when s123=>q<=32767;state<=s124;  --0
            when s124=>q<=32767;state<=s125;  --0
            when s125=>q<=32767;state<=s0;  --0
        end case;
      end if;
   end process;
end a;
```

在上述程序中，输入端口 clk 是控制音长的时钟，频率为 4Hz。输入信号 q 是各音符的预置数，各音符持续的时间由音符的重复输入的次数决定。音符的预置数和持续时间都是由程序中的 case 语句来完成的。

预置数和音长控制模块的波形仿真如图 4-14 所示。

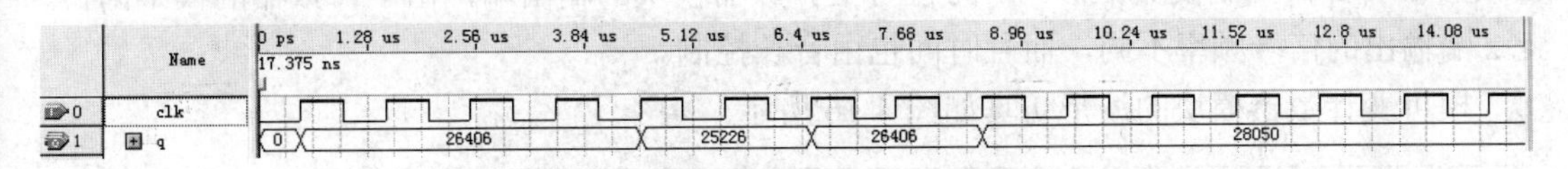

图 4-14 预置数和音长控制模块的波形仿真

图 4-14 显示了《送别》乐曲的第一小节中的前几个音符的预置数和音长，其中第一个音符是中音 5，它的预置数是 26406，占了四个状态的时间；第二个音符是中音 3，它的预置数是 25226，占了两个状态的时间；第二个音符是中音 5，它的预置数是 26406，占了两个状态的时间，符合《送别》乐曲中的要求。

预置数和音长控制模块的符号如图 4-15 所示。

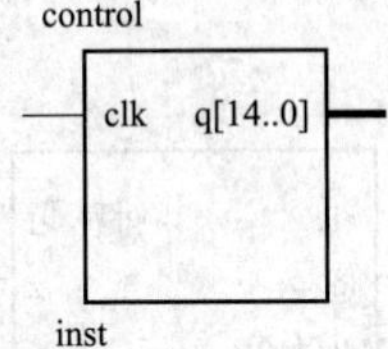

图 4-15 预置数和音长控制模块的符号

4. 模可变计数器模块

模可变计数器模块的程序如下：

```
library ieee;
use ieee.std_logic_1164.all;
use ieee.std_logic_unsigned.all;

entity cnt is
port(clk,ld:in std_logic;
     d:in std_logic_vector(14 downto 0);
     q:buffer std_logic_vector(14 downto 0);
     z:out std_logic);
end;
```

```
architecture a of cnt is
  begin
    process(clk)
      begin
        if(clk 'event and clk='1')  then
         if ld='1' then
           q<=q+1;
         else
           q<=d;
         end if;
        end if;
    end process;
    process(q)
      begin
        if q="111111111111111" then
          z<='1';
        else
          z<='0';
        end if;
    end process;
 end a;
```

在上述程序中，clk 是时钟输入信号端，输入的是 5MHz 的时钟信号。ld 是计数使能端，当 ld 为高电平时，允许计数；当 ld 为低电平时，允许置预置数。d 为预置数和音长输入端，由预置数和音长控制模块提供。z 为模可变计数器模块的输出端，由于计数器的模不同，因此 z 端输出的信号频率不同，而且时间也由音长控制。

模可变计数器模块的波形仿真如图 4-16 所示。

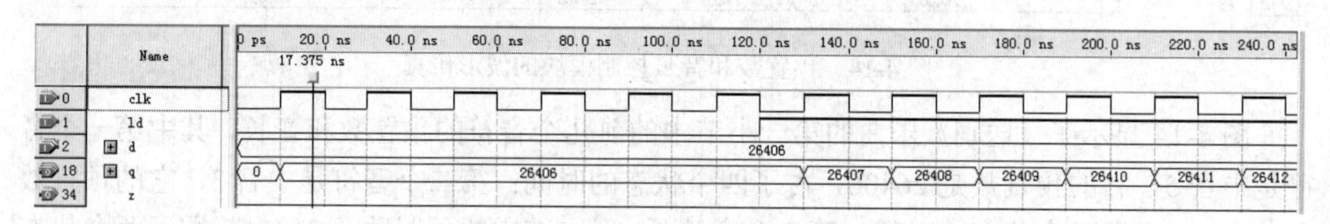

图 4-16　模可变计数器模块的波形仿真

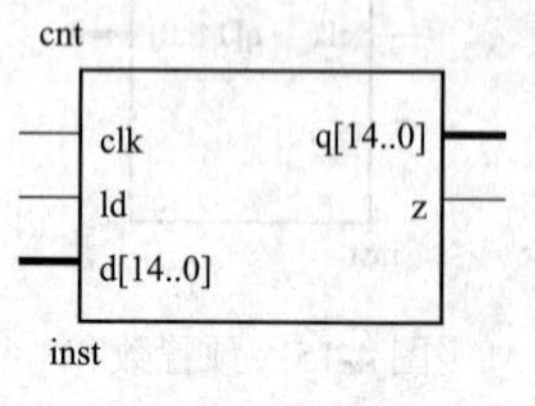

图 4-17　模可变计数器模块的符号

从图 4-16 可知，当 ld 为 0 时，模可变计数器置数，预置数为 26406；当 ld 为 1 时，模可变计数器在预置数的基础上每当 clk 的上升沿到来时计数，符合设计要求。

模可变计数器模块的符号如图 4-17 所示。

5. 占空比均衡控制模块

为了使扬声器有足够的功率推动而发声，输出信号的占空比应为 50%。设输入信号有两个状态，即 s0 状态和 s1 状态，使这两个状态的转换条件对称，则能实现输出信号的占空比为 50%。

占空比均衡控制模块的程序如下：

```
library ieee;
use ieee.std_logic_1164.all;
```

```
use ieee.std_logic_unsigned.all;
entity cntrl is
port(clk,c1,c0:in std_logic;
     z,en1,en0:out std_logic);
end;

architecture a of cntrl is
type mystate is (s0,s1);
signal state:mystate;
  begin
    process(clk)
      begin
        if(clk 'event and clk='1') then
          case state is
            when s0=>
                if c1='1' then
                   state<=s1;
                else
                   state<=s0;
                end if;
            when s1=>
                if c0='1' then
                   state<=s0;
                else
                   state<=s1;
                end if;
            end case;
        end if;
     end process;

     process(state)
       begin
         case state is
             when s0=>
                  z<='1';
                  en1<='1';
                  en0<='0';
             when s1=>
                  z<='0';
                  en1<='0';
                  en0<='1';
         end case;
     end process;
 end a;
```

在程序中，clk 是 5MHz 的时钟频率信号，c1、c0 是输入信号。输出信号占空比为 50%的波形仿真如图 4-18 所示。

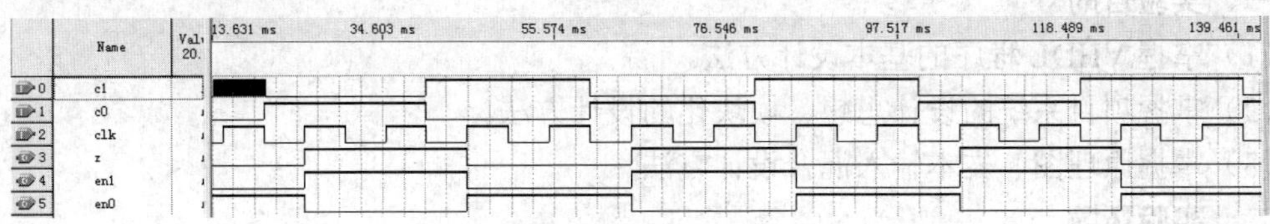

图 4-18 输出信号占空比为 50%的波形仿真

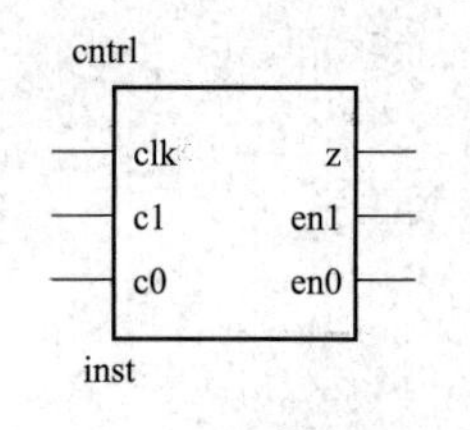

图 4-19 占空比均衡控制模块的符号

在图 4-18 中，当 c1 为 1 时，输出信号 z 为 1，输出信号 en1 也为 1，而输出信号 en0 为 0，使输出信号 z 的占空比为 50%。

占空比均衡控制模块的符号如图 4-19 所示。

6. 综合设计

整个乐曲演奏系统由 1 个预置数和音长控制模块、2 个模可变计数器模块和 1 个占空比均衡模块组成，电路图如图 4-20 所示。

整个乐曲演奏系统的符号如图 4-21 所示。

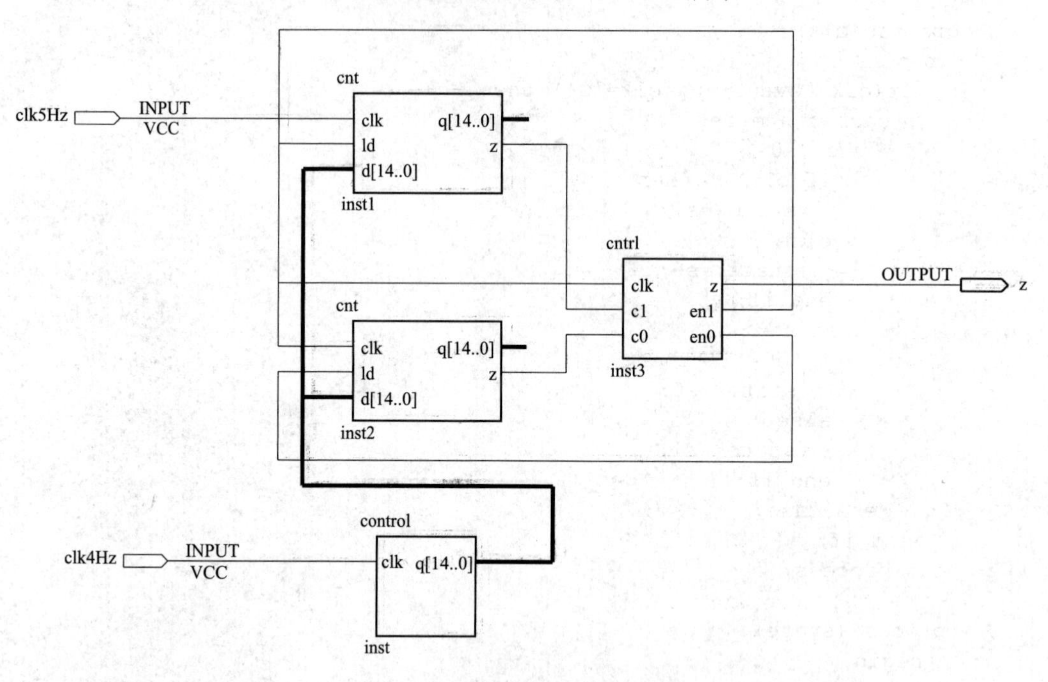

图 4-20 乐曲演奏系统的电路图

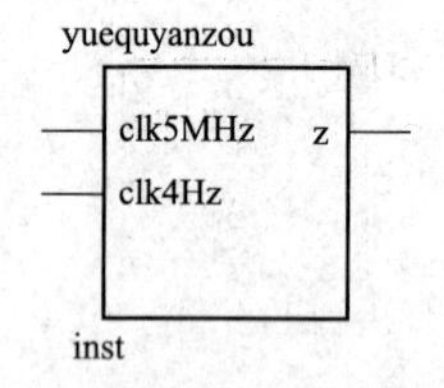

图 4-21 乐曲演奏系统的符号

4.3 数字频率计的设计

一、实验目的

（1）掌握 VHDL 程序的基本设计方法。

（2）掌握项目系统的设计思想、模块化的设计方法。

（3）掌握原理图、文本输入混合设计方法

二、实验环境

（1）软件环境：Quartus II 8.0 版本。

（2）硬件环境：KH-310。

三、实验任务

用 FPGA 设计并实现数字频率计，具体指标如下：

（1）被测输入信号：方波。

（2）测试频率范围：1～99999Hz。

（3）采用 BCD 数码管显示其测量读数。

四、实验原理与设计

1. 频率测量方法

常用的直接测频方法主要有测频法和测周法两种。

（1）测频法。在确定的闸门时间 T_w 内，记录被测信号的变化周期数（或脉冲个数）N_x，则被测信号的频率可表示为

$$f_x = N_x / T_w \tag{4-1}$$

测频法原理框图如图 4-22 所示。

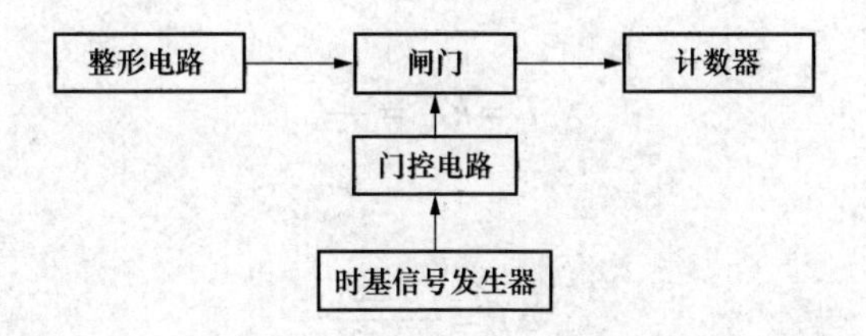

图 4-22 测频法原理框图

首先，被测信号（正弦波为例）通过整形电路转变为方波，其频率等于被测频率 f_x，然后将其加至闸门的一个输入端，闸门由门控信号来控制开、闭，在闸门开通时间 T_w 内，被计数的脉冲才能通过闸门，被送到计数器进行计数。门控信号由时基信号发生器提供。例如，闸门时间为 1s，即闸门开通时间为 1s，若此时计得 1000 个数，则按照式（4-1），被测频率 $f_x = 1000\text{Hz}$。

由式（4-1）可知，上述测频法的测量精确度取决于基准时间精确度和计数误差。根据误差合成方法，可得

$$\frac{\Delta f_x}{f_x} = \frac{\Delta N}{N} - \frac{\Delta T}{T} \tag{4-2}$$

其中，第一项 $\frac{\Delta N}{N}$ 是数字化仪器所特有的误差，第二项 $\frac{\Delta T}{T}$ 是闸门时间的相对误差，这项误差取决于标准频率的准确度。

在测频时，闸门的开启时间 T_w 与被测信号周期 T_x 之间的关系是不相关的，T_w 不一定是 T_x 的整数倍。这样，在相同的闸门开启时间内，计数器所计得的数不一定相同，在闸门开启时间 T_w 接近甚至等于被测信号周期 T_x 的整数倍时，此项误差为最大，如图 4-23 所示。

在闸门开启时间内，由图 4-23（a），计数器计得 N=4 个数，由图 4-23（b），计数器计得 N=5 个数。由此可知，最大的计数误差为 $\Delta N = \pm 1$ 个数，所以式（4-1）可写成

$$\frac{\Delta N}{N} = \frac{\pm 1}{N} = \frac{1}{T f_x} \tag{4-3}$$

式中：T 为闸门时间；f_x 为被测频率。

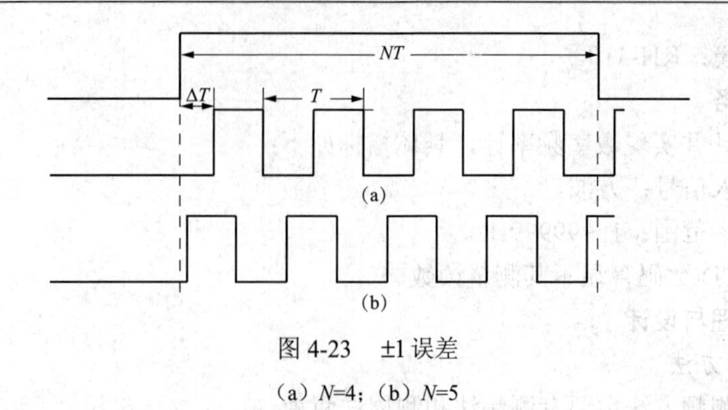

图 4-23 ±1 误差

（a）N=4；（b）N=5

由式（4-3）可知，不管计数值 N 为多少，其最大误差总是±1 个计数单位，故称为“±1 个字误差”，简称“±1 误差”。f_x 一定时，增大闸门时间 T，可减小±1 误差对测频误差的影响。当 T 选定后，f_x 越低，则由±1 误差产生的测频误差越大。

闸门时间 T 的精度主要决定于标准频率的准确度，若时基信号发生器的频率为 f_c，分频系数为 k，则

$$T = kT_c = \frac{k}{f_c} \tag{4-4}$$

而

$$\Delta T = -\frac{k\Delta f_c}{f_c^2} \tag{4-5}$$

所以

$$\frac{\Delta T}{T} = -\frac{\Delta f_c}{f_c} \tag{4-6}$$

可见，闸门时间的准确度在数值上等于标准频率的准确度，其负号表示由 Δf_c 引起的闸门时间的误差为 $-\Delta T$。

综上所述，可得以下结论：

1）计数器测频法的误差主要有两项：±1 误差和标准频率误差。一般，总误差可采用分项误差绝对值合成，即

$$\frac{\Delta f_x}{f_x} = \pm\left(\frac{1}{Tf_x} + \left|\frac{\Delta f_c}{f_c}\right|\right) \tag{4-7}$$

当 f_x 一定时，闸门时间 T 选得越长，测量精确度就越高，而当 T 选定时，f_x 越高，则由于±1 误差对测量结果的影响越小，测量准确度就越高。

2）测量低频时，测频误差比较大，测频法一般适合于测量高频信号。

如前所述，测量低频信号时，由±1 误差所带来的测频误差将会大到不可允许的程度，所以，为了提高测量低频信号时的准确度，即减小±1 误差的影响，可改为先测周期 T，然后计算 $f_x = \frac{1}{T_x}$。由于 f_x 越低，则 T_x 越大，计数器计得的数 N 也越大，±1 误差对测量结果的影响自然会减小。

（2）测周法。测周法原理框图如图 4-24 所示。

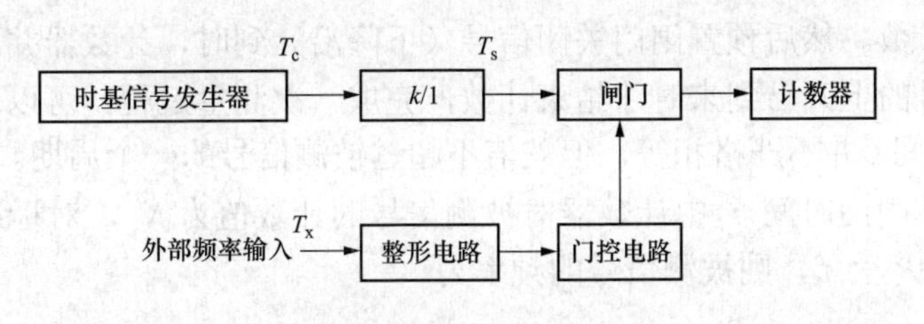

图 4-24　测周法原理框图

被测信号（以正弦波为例）输入，经由整形电路转换为同频率的方波信号，加到门控电路，若 $T_x = 10\text{ms}$，则闸门打开 10ms，在此期间被测信号通过闸门至计数器计数，若选择时基信号周期 $T_x = 1\mu\text{s}$，则计数器计得的脉冲数等于 $T_x / T_s = 10000$ 个。

与测频法的误差分析类似，根据误差传递公式，可得

$$\frac{\Delta T_x}{T_x} = \frac{\Delta N}{N} + \frac{\Delta T_s}{T_s} \tag{4-8}$$

由测周原理可知

$$N = \frac{T_x}{T_s} = \frac{T_x}{kT_c} = \frac{T_x f_c}{k} \tag{4-9}$$

$$\Delta N = \pm 1$$

所以

$$\frac{\Delta T_x}{T_x} = \pm \frac{k}{T_x f_c} \pm \frac{\Delta f_c}{f_c} \tag{4-10}$$

可见，T_x 越大，即被测频率越低，±1 误差对测周的精确度影响就越小。

一般对于低频信号采用测周期法，对于高频信号采用测频法，因此测试时很不方便。等精度测频方法是在直接测频方法的基础上发展起来的，它的闸门时间不是固定的值，而是被测信号周期的整数倍，即与被测信号同步，排除了对被测信号计数所产生的±1 个字误差，并且达到了在整个测试频段的等精度测量。

等精度测频原理波形图如图 4-25 所示。

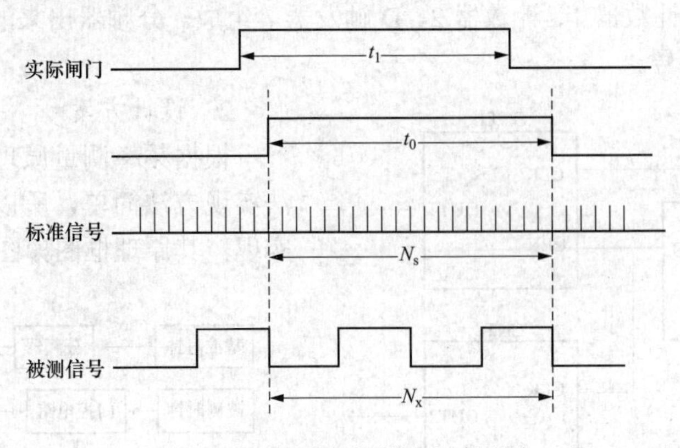

图 4-25　等精度测频原理波形图

在测量过程中，有两个计数器分别对标准信号和被测信号同时计数。首先给出闸门开启信号（预置闸门上升沿），此时计数器并不开始计数，而是等到被测信号的上升沿到来时，计

数器才真正开始计数。然后预置闸门关闭信号（下降沿）到时，计数器并不立即停止计数，而是等到被测信号的上升沿到来时才结束计数，完成一次测量过程。可以看出，实际闸门时间t与预置闸门时间t_1并不严格相等，但差值不超过被测信号的一个周期。

设在一次实际闸门时间 t 中计数器对被测信号的计数值为N_x，对标准信号的计数值为N_s。标准信号的频率为f_s，则被测信号的频率为

$$f_x = \frac{N_x}{N_s} f_s \tag{4-11}$$

若忽略f_s的误差，则等精度测频可能产生的相对误差为

$$\delta = (|f_{xe} - f_x| / f_{xe}) \times 100\% \tag{4-12}$$

式中：f_{xe}为被测信号频率的准确值。

在测量中，由于f_x计数的起停时间都是由该信号的上升沿触发的，在闸门时间内对f_x的计数N_x无误差；对f_s的计数N_s最多相差一个数的误差，即$|\Delta N_s| \leqslant 1$，其测量频率为

$$f_{xe} = [N_x / (N_s + \Delta N_s)] / f_s \tag{4-13}$$

将式（4-11）和式（4-13）代入式（4-12），并整理得

$$\delta = |\Delta N_s| / N_s \leqslant 1 / N_s \tag{4-14}$$

由式（4-14）可以看出，测量频率的相对误差与被测信号频率的大小无关，仅与闸门时间和标准信号频率有关，即实现了整个测试频段的等精度测量。闸门时间越长，标准频率越高，测频的相对误差就越小。标准频率可由稳定度好、精度高的高频率晶体振荡器产生，在保证测量精度不变的前提下，提高标准信号频率，可使闸门时间缩短，即提高测试速度。

等精度测频的实现方法可简化为图 4-26 所示的框图。CNT1 和 CNT2 是两个可控计数器，标准频率f_s信号从 CNT1 的时钟输入端 CLK 输入，经整形后的被测信号f_x从 CNT2 的时钟输入端 CLK 输入。每个计数器中的 CEN 输入端为时钟使能端控制时钟输入。当预置闸门信号为高电平（预置时间开始）时，被测信号的上升沿通过 D 触发器的输出端，同时启动两个计数器计数；同样，当预置闸门信号为低电平（预置时间结束）时，被测信号的上升沿通过 D 触发器的输出端，同时关闭计数器的计数。

系统由分频器、计数器 1、计数器 2、D 触发器等组成。分频器出来的信号作为等精度测频原理的预置闸门信号。

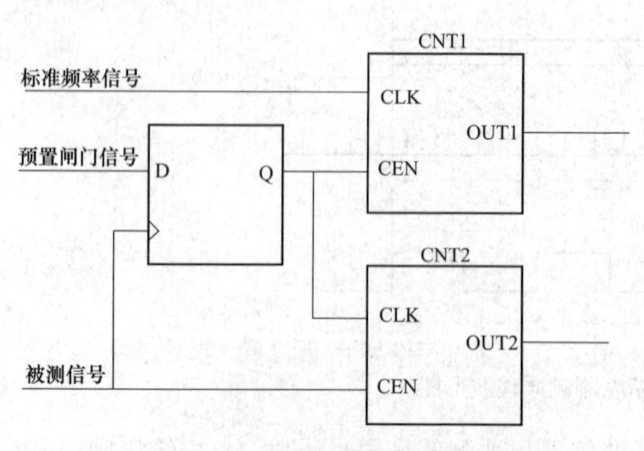

图 4-26 等精度测频原理框图

2. 设计方案

根据频率测量原理及指标要求，测频法实现方法简单，所以本设计采用测频法实现，其原理框图如图 4-27 所示。

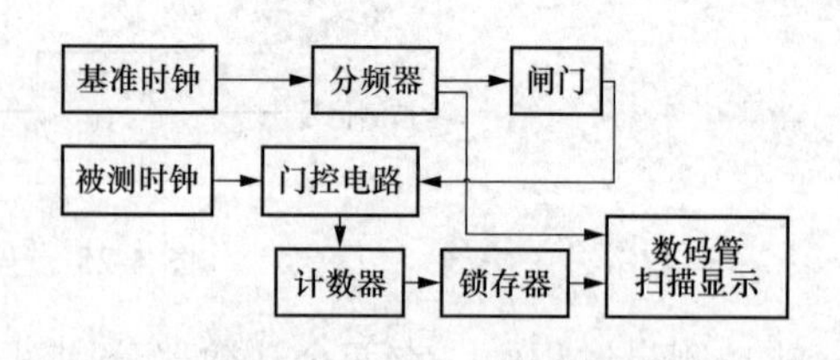

图 4-27 系统原理框图

各单元电路的功能如下：

（1）分频器：将20MHz的基准信号进行分频，产生1kHz、1Hz的信号，并将1Hz的信号作为闸门选择信号，1kHz的信号作为数码管扫描显示模块的扫描时钟信号。

（2）门控电路：产生闸门开通、计数器清零及锁存器的锁存信号。

（3）计数器：对被测信号进行计数。

（4）锁存器：将计数所得数据锁存下来。

（5）数码管扫描显示：数码管显示计数结果。

3. 系统设计

（1）分频器模块。分频器的功能是提供标准的闸门时间控制信号以精确控制计数器的闭合。由于实验平台所提供的系统时钟为20MHz，而设定闸门时间为1s，同时数码管扫描显示部分需要1kHz的扫描时钟信号，因此分频器模块需要产生1kHz及1Hz的信号。

分频器的详细设计方法见3.6“分频器的设计”实验。

分频设计方法相同，可以设计一个分频器，通过调用的方法实现多个分频。在程序中使用了隶属函数generic，Generic（N :integer:=5）；定义一个整型变量*N*，通过修改这个整型变量*N*的值，可以实现分频器分频系数的改变。

分频器模块的源程序如下：

```
Library IEEE;
Use IEEE.std_logic_1164.all;
Use ieee.std_logic_unsigned.all;
Use IEEE.std_logic_arith.all;
entity div10 is
  generic(N:integer:=5);
  port(fin:in std_logic;
      fout: out std_logic);
end div10;
architecture behav of div10 is
signal count : integer range 0 to N;
signal temp:std_logic;
begin
process (fin)
begin
  if rising_edge(fin) then
     if count/=N then
              count<=count+1;
      else    temp<=not temp;
                count<=1;
     end if;
  end if;
end process;
fout<=temp;
end behav;
```

分频器仿真结果如图4-28所示。

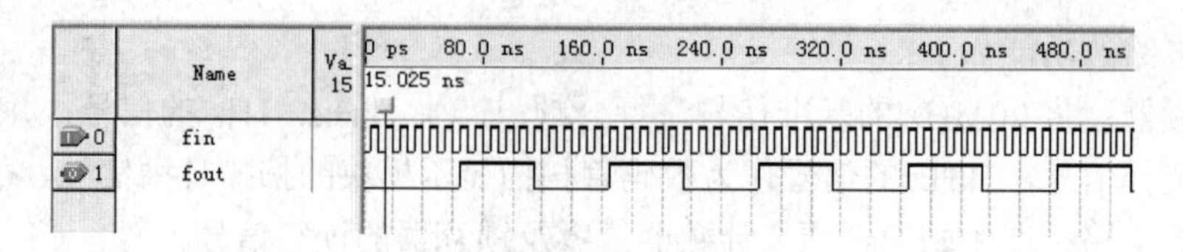

图 4-28 分频器仿真结果

运用元件例化调用上面程序，可以实现几个分频。多分频器模块实体如图 4-29 所示。

在这个模块中，通过 2 次调用元件，把 20MHz 的时基信号分成了 1kHz 及 1Hz 信号，具体源程序如下：

```
Library IEEE;
Use IEEE.std_logic_1164.all;
Use ieee.std_logic_unsigned.all;
Use IEEE.std_logic_arith.all;
entity div2 is
por(clkin:in std_logic;
    clkout_1:out std_logic;
    clkout_1k:out std_logic);
end div2;
architecture behav of div2 is
 component div10 is
   generic(N:integer:=5);
   port(fin:in std_logic;
        fout: out std_logic);
 end component div10;
signal clk1:std_logic;
begin
  u1:div10 generic map(N=>10000) port map(fin=>clkin,fout=>clk1);
  u2:div10 generic map (N=>500) port map(fin=>clk1,fout=>clkout_1);
  clkout_1k<=clk1;
end behav;
```

（2）门控模块。门控模块的功能是产生计数器使能信号、锁存信号及清零信号的时序关系，从而控制整个频率计各模块工作能够实现正确测频功能。三个信号之间的时序关系应该是：在闸门信号有效期内，计数器正常计数，计数完成后锁存信号有效实现锁存，数据锁存后在新的计数开始前，计数器清零。

门控模块实体如图 4-30 所示。其中，signal_in 为输入时钟信号，gate 为输出的闸门控制信号，latch 为锁存器控制信号，reset 为清零信号。程序产生的 gate 信号为高电平有效，latch 信号为上升沿有效，reset 为高电平有效。当 gate 为高电平时允许计数，为低电平时停止计数。

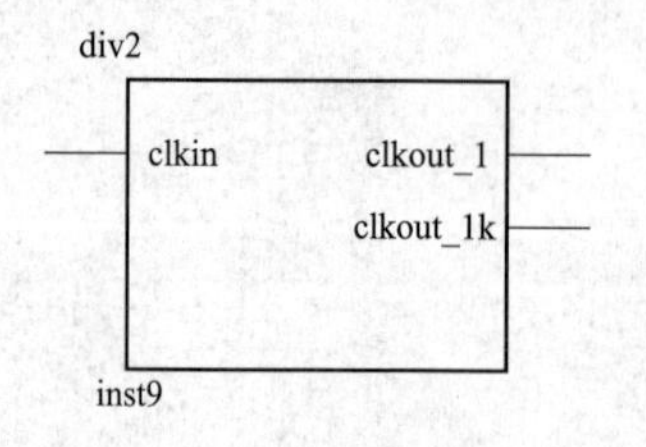

图 4-29 多分频器模块实体

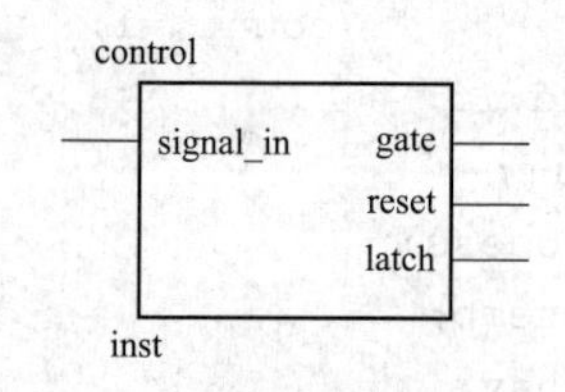

图 4-30 门控模块实体

在停止计数器件，锁存信号 latch 的上升沿有效，将计数结果锁存，并由数码管进行显示。锁存信号上升沿后，清零信号 reset 高电平有效，为下一次计数准备。

门控模块的源程序如下：

```
Library IEEE;
Use IEEE.std_logic_1164.all;
Use ieee.std_logic_unsigned.all;
Use IEEE.std_logic_arith.all;
entity control is
  port(signal_in:in std_logic;
      gate:out std_logic;
      reset:out std_logic;
      latch:out std_logic);
end control;
architecture behav of control is
signal s1,s2:std_logic;
begin
  process(signal_in,s1)
    begin
      if signal_in'event and signal_in='1' then
          s1<=not s1;
      end if;
       if signal_in'event and signal_in='0' then
          s2<=not s1;
      end if;
   end process;
   gate<=s1;
   latch<=s2;
   reset<=(not signal_in)and(not s1)and(s2);
end behav;
```

门控模块仿真结果如图 4-31 所示。

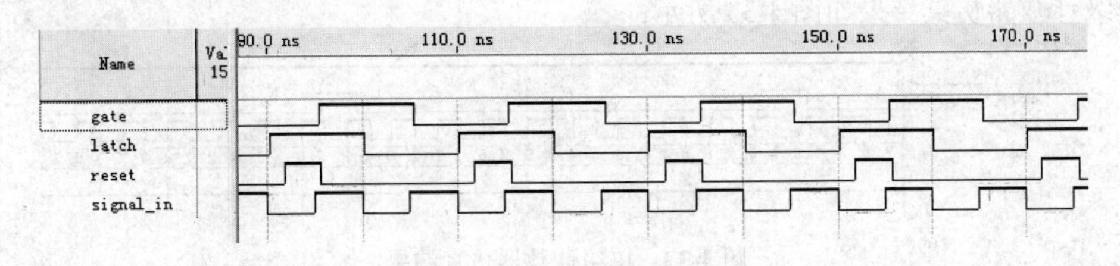

图 4-31 门控模块仿真结果

（3）计数器模块。由于频率计显示为 5 位十进制数，每位十进制计数器的功能相同，可以先设计一个单级的十进制计数器，然后将单级的十进制计数器进行级联来实现 5 位计数功能。

单级计数器模块实体如图 4-32 所示。其中 rst 为清零信号，clk 为计数信号输入端，carry_in 为计数保持端，即高电平计数，低电平停止计数并保持计数不变，count 为计数输出，carry_out 为计数进位端。

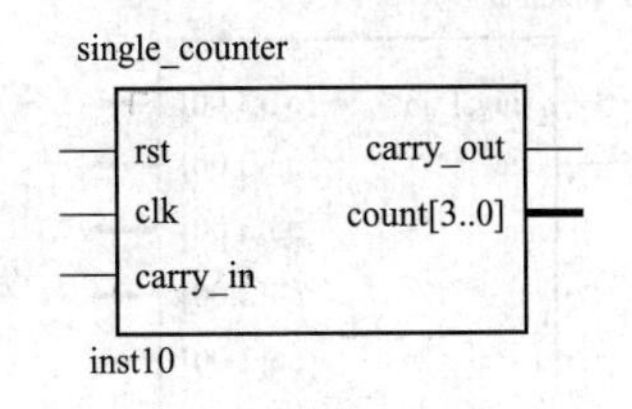

图 4-32 单级计数器模块实体

单级计数器模块的源程序如下：

```
Library IEEE;
Use IEEE.std_logic_1164.all;
Use ieee.std_logic_unsigned.all;
Use IEEE.std_logic_arith.all;
entity single_counter is
  port(rst,clk:in std_logic;
      carry_in:in std_logic;
      carry_out : out std_logic;
      count: out std_logic_vector(3 downto 0));
end single_counter;
architecture behav of single_counter is
signal cnt:std_logic_vector(3 downto 0);
begin
  process(rst,clk)
    begin
      if rst='1' then
         cnt<="0000";
      elsif clk'event and clk='1' then
            if carry_in='1' then
             if cnt<"1001" then
                cnt<=cnt+1;
             else
                cnt<="0000";
             end if;
             else
            null;
            end if;
     end if;
    end process;
    count<=cnt;
    carry_out<='1' when carry_in='1' and cnt="1001"  else '0';
 end behav;
```

单级计数器仿真结果如图 4-33 所示。

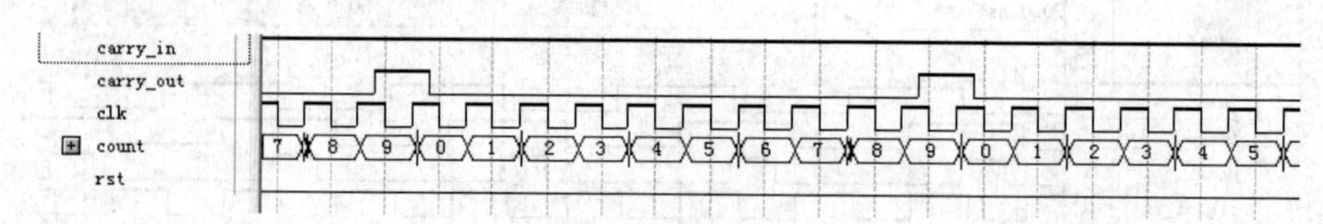

图 4-33　单级计数器仿真结果

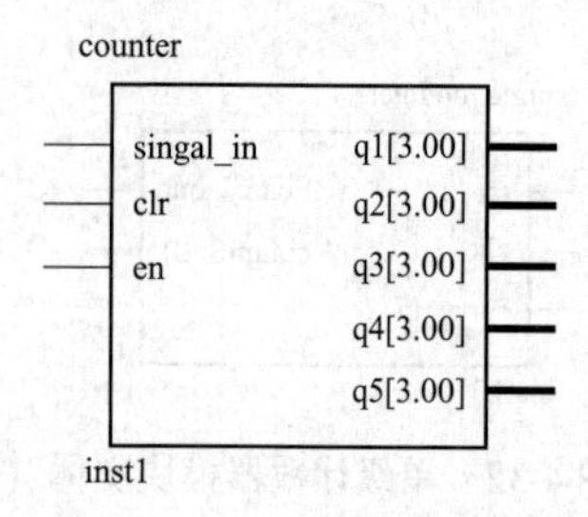

图 4-34　计数器模块实体

计数器采用同步级联方式，每个单级计数器的时钟信号端连在一起，同时接被测信号，每个单级计数器的清零端连在一起，低位计数器的进位输出接高位计数器的使能端，最低位的使能端接外部使能信号。计数器模块实体如图 4-34 所示。

计数器级联源程序如下：

```
Library IEEE;
Use IEEE.std_logic_1164.all;
Use ieee.std_logic_unsigned.all;
```

```
Use IEEE.std_logic_arith.all;
entity counter is
 port(singal_in:in std_logic;
     clr:in std_logic;
     en:in std_logic;
     q1:out std_logic_vector(3 downto 0);
     q2:out std_logic_vector(3 downto 0);
     q3:out std_logic_vector(3 downto 0);
     q4:out std_logic_vector(3 downto 0);
     q5:out std_logic_vector(3 downto 0));
end counter;
architecture behav of counter is
  component single_counter is
  port(rst,clk:in std_logic;
      carry_in:in std_logic;
      carry_out : out std_logic;
      count: out std_logic_vector(3 downto 0));
end component single_counter;
signal carry1,carry2,carry3,carry4,carry5:std_logic;
signal over1:std_logic;
begin
  u1:single_counter port map
(rst=>clr,clk=>singal_in,carry_in=>en,carry_out=>carry1,count=>q1);
  u2:single_counter port map
(rst=>clr,clk=>singal_in,carry_in=>carry1,carry_out=>carry2,count=>q2);
  u3:single_counter port map
(rst=>clr,clk=>singal_in,carry_in=>carry2,carry_out=>carry3,count=>q3);
  u4:single_counter port map
(rst=>clr,clk=>singal_in,carry_in=>carry3,carry_out=>carry4,count=>q4);
  u5:single_counter port map
(rst=>clr,clk=>singal_in,carry_in=>carry4,carry_out=>carry5,count=>q5);
  end behav;
```

计数器仿真结果如图 4-35 所示。

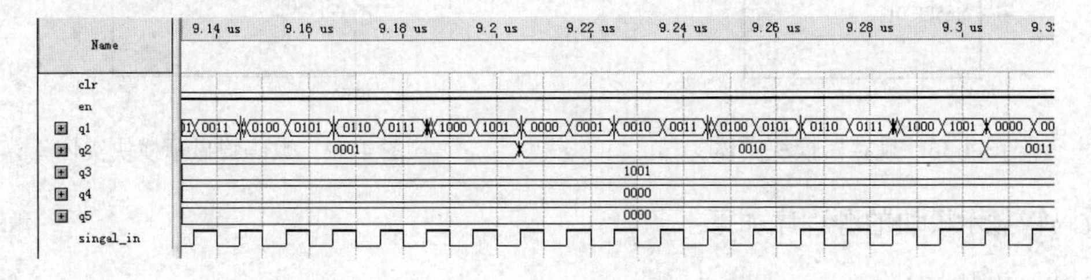

图 4-35 计数器仿真结果

（4）锁存器模块。如果计数器输出结果直接与数码管显示模块相连，那么在计数过程中输出值会随着输入脉冲数的增加而不断变化，那么数码管上数值会不断闪烁跳变，看不到稳定的输出，设置锁存器后，可将计数器在闸门开启时间内的最后计数结果锁存，送到数码管进行显示。锁存器模块实体如图 4-36 所示。

锁存器模块的源程序如下：

```
Library IEEE;
Use IEEE.std_logic_1164.all;
Use ieee.std_logic_unsigned.all;
Use IEEE.std_logic_arith.all;
entity la is
 port(latch_in:in std_logic;
     qin1,qin2,qin3,qin4,qin5:in std_logic_vector(3 downto 0);
     qout1,qout2,qout3,qout4,qout5:out std_logic_vector(3 downto 0));
end la ;
architecture behav of la  is
begin
   process(latch_in)
      begin
        if rising_edge(latch_in) then
           qout1<=qin1;
           qout2<=qin2;
           qout3<=qin3;
           qout4<=qin4;
           qout5<=qin5;
        end if;
    end process;
end behav;
```

（5）数码管扫描显示模块。数码管扫描显示模块可参考 3.8“六十进制计数器的设计”。数码管扫描显示模块实体如图 4-37 所示。其中，clk 为扫描时钟信号输入，a1～a5 为 5 位数码管显示数据，seg7［6..0］为数码管 a、b、c、d、e、f、g 各段，xt［4..0］为 5 位数码管位选信号。

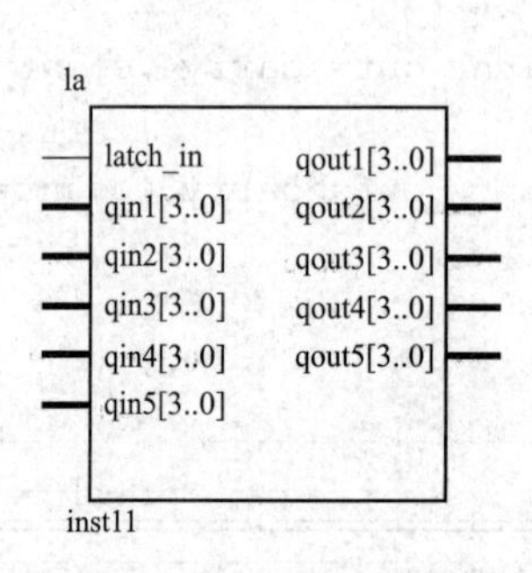

图 4-36　锁存器模块实体

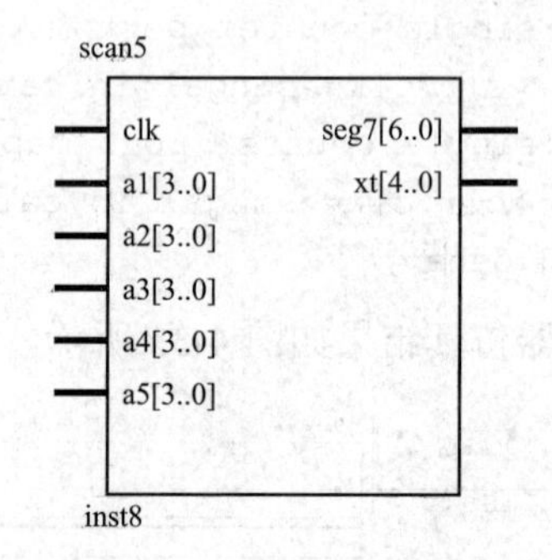

图 4-37　数码管显示模块实体

数码管显示模块的源程序如下：

```
library ieee;
use ieee.std_logic_1164.all;
use ieee.std_logic_unsigned.all;
entity scan5 is
port(clk:in std_logic;
    a1,a2,a3,a4,a5:in std_logic_vector(3 downto 0);
    seg7:out std_logic_vector(6 downto 0);
    xt:out std_logic_vector(4 downto 0)
```

```
);
end scan5;
architecture behave of scan5 is
signal cnt:std_logic_vector(2 downto 0);
signal a:std_logic_vector(3 downto 0);
begin
process(cnt)
begin
 case cnt is
    when "000" => xt<="10000";a<=a1;
    when "001" => xt<="01000";a<=a2;
    when "011" => xt<="00100";a<=a3;
    when "101" => xt<="00010";a<=a4;
    when "110" => xt<="00001";a<=a5;
    when others => null;
 end case;
end process;
process(clk)
begin
if(clk'event and clk='1') then
   cnt<=cnt+1;
end if;
end process;

process(a)
begin
 case a is
when "0000" => seg7<="1111110";
when "0001" => seg7<="0110000";
when "0010" => seg7<="1101101";
when "0011" => seg7<="1111001";
when "0100" => seg7<="0110011";
when "0101" => seg7<="1011011";
when "0110" => seg7<="1011111";
when "0111" => seg7<="1110000";
when "1000" => seg7<="1111111";
when "1001" => seg7<="1111011";
when others => null;
end case;
end process;
end behave;
```

（6）顶层原理图。根据系统原理将各程序生成的模块连接成顶层原理图，完成整个系统的设计。数字频率计顶层原理图如图 4-38 所示。

五、设计实现

完成设计输入后，进行整体的编译、综合、管脚分配，生成可编程文件，最后下载到 FPGA 实验平台，完成设计显示。

管脚分配中时基信号 clkin 接 20MHz 下载板上的系统时钟，被测信号 csclk 接可调时钟 SW7，选择 1～99999Hz，seg7［6..0］接七段数码管 O50～O56，xt［4..0］接七段数码管位选信号 SO58～SO62，具体引脚见硬件实验平台。

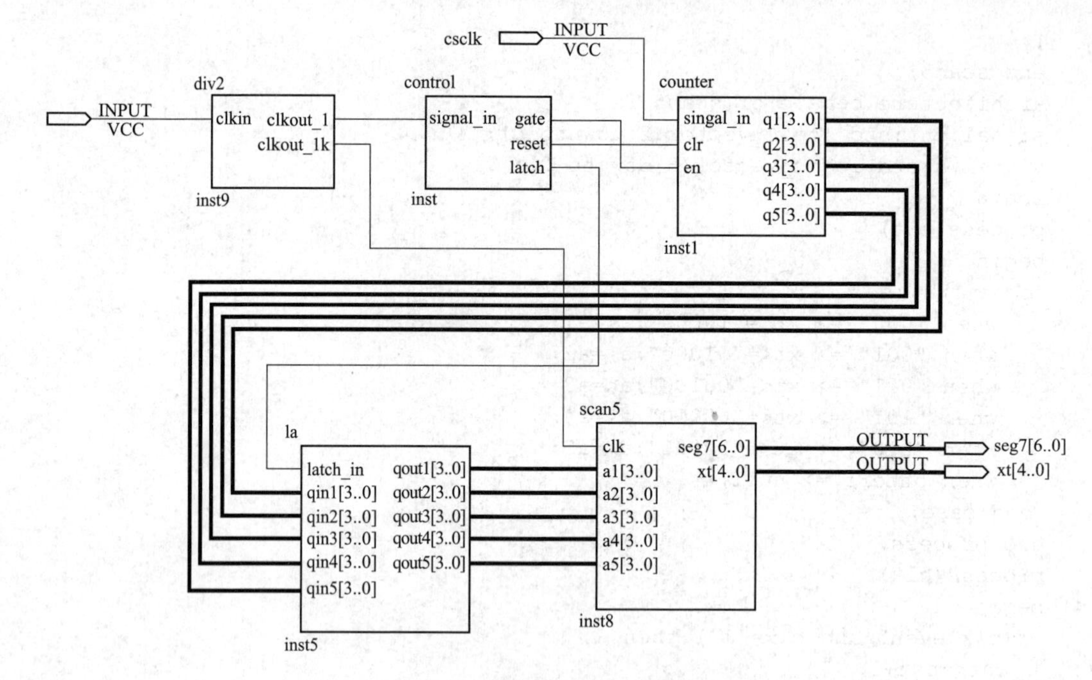

图 4-38　数字频率计顶层原理图

下载成功后运行，可以旋动 SW7 输入不同频率，查看数码管显示数据，将测试结果与输入信号频率进行比较，分析数字频率计的误差结果。

4.4　出租车计费系统的设计

一、实验目的

（1）熟悉基于 FPGA 的层次化设计流程。

（2）掌握 Quartus II 软件的混合输入的设计方法。

（3）掌握 VHDL 设计出租车计费系统的方法。

二、实验环境

（1）软件环境：Quartus II 8.0 版本。

（2）硬件环境：KH-310。

三、实验任务

采用 VHDL 编写出租车计费系统，需完成以下几项任务：

（1）按行驶里程进行计费，起步价为 12.00 元，在行驶 3km 之后按 2.4 元/km 计费，当计费达到或超过 30 元时，每千米加收 50%的车费，车停止和暂停不计费。

（2）现场模拟汽车的启动、停止、暂停和换挡等状态。

（3）设计数码管动态扫描电路，在开发实验系统 KH-310 上将车费和路程显示出来，各有两位小数。

四、实验原理

根据系统设计任务的要求，将出租车计费器分为两大模块：控制模块和译码显示模块。其中，控制模块实现的功能是：通过外部信号的输入，实现计费和路程的计数；译码显示模块实现的功能是：计数结果分解成 4 位十进制数，并进行译码，分别在动态数码管上显示出来。为了使系统明确化，可以由系统框图明确表示系统总体设计思路，如图 4-39 所示。

在出租车运行的过程中，会涉及的状态和过程有启动、停止、暂停和速度挡位变换等。因此，出租车计费系统中需要设置启动键、挡位键作为系统输入信号。每一部分的作用和功能如下：

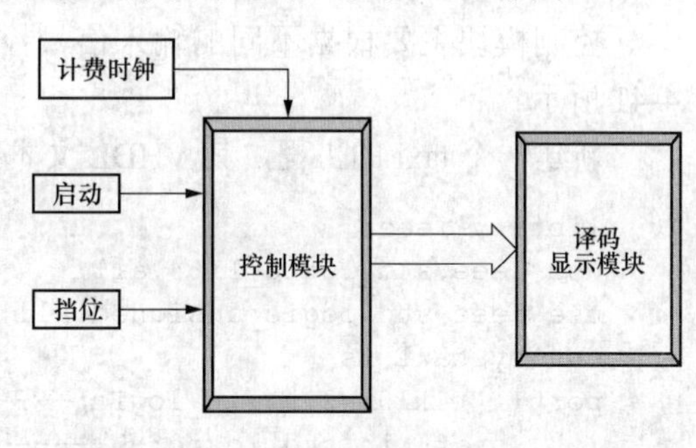

图 4-39　出租车计费系统的原理框图

（1）启动键（start）。启动键为逻辑电平信号，当它为高电平时，表示出租车启动，并根据车速的选择和基本车速发出响应频率的脉冲（计费脉冲），实现车费和路程的计数，同时车费显示起步价。当它为低电平时，表示出租车熄火，停止发出脉冲，此时车费和路程计数清零。

（2）挡位键（speedup［2..0］）。挡位键用来改变出租车状态和车速，不同的挡位对应着不同的车速，同时路程递增的频率也不同。speedup 为 000 时，表示出租车开始进行计费；speedup 为 001、010、011、100、101 时，分别对应汽车 1～5 挡，其速度越来越快，路程与计费频率也相应加快；speedup 为 110 时，表示汽车处于空挡，即为暂停状态，计费系统也暂时停止，见表 4-7。

表 4-7　　挡位键与出租车状态的对应关系

挡位键（speedup［2..0］）	出租车状态	挡位键（speedup［2..0］）	出租车状态
000	计费启动	100	汽车 4 挡
001	汽车 1 挡	101	汽车 5 挡
010	汽车 2 挡	110	汽车空挡
011	汽车 3 挡		

出租车计费系统输入端与实验箱系统（KH-310）拨码开关的对照表见表 4-8。

表 4-8　　出租车计费系统输入端与实验箱系统（KH-310）拨码开关的对照表

名称	开关对应关系			
状态输入名称	启动键	挡位键		
	start	speedup［2］	speedup［1］	speedup［0］
实验箱系统（KH-310）拨码开关名称	SW3-I01	SW3-I02	SW3-I03	SW3-I04

出租车计费系统的输出端采用 8 位数码管动态扫描显示汽车行驶路程和记录车费，并且均保留小数点后两位，如图 4-40 所示。

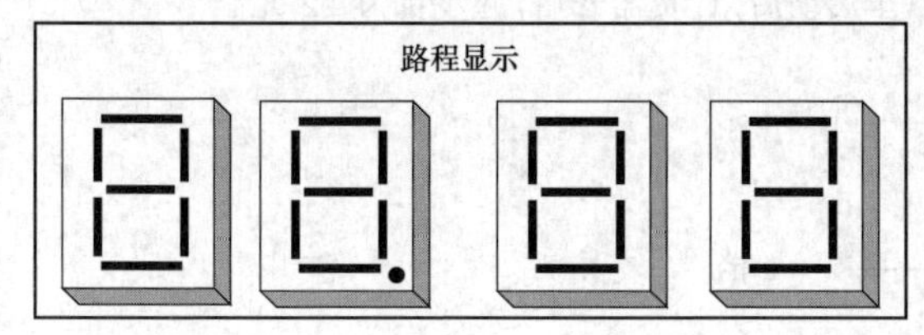

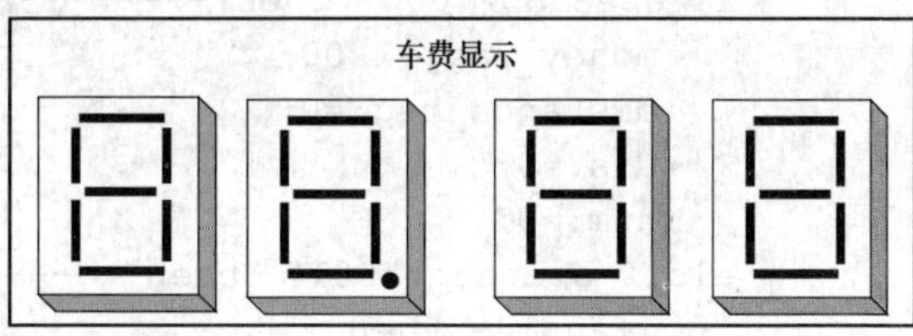

图 4-40　出租车计费系统译码显示模块

五、项目设计

1. 控制模块的设计

控制模块主要根据不同的输入信号控制系统处于不同的计费状态。控制模块实体如图 4-41 所示。

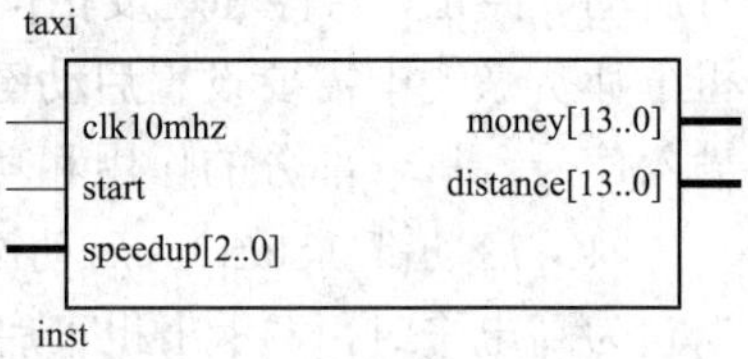

taxi
clk10mhz
start
speedup[2..0]
money[13..0]
distance[13..0]
inst

图 4-41 控制模块实体

新建一个 taxi 的工程，其 VHDL 文本描述如下：

```
library ieee;
use ieee.std_logic_1164.all;
use ieee.std_logic_unsigned.all;
entity taxi is
port(   clk10mhz:in std_logic;----------计费时钟
     start:in std_logic;---------汽车启动
    speedup:in std_logic_vector(2 downto 0);------挡位(7 个挡位)
     money:out integer range 0 to 9900;--------------车费
   distance:out integer range 0 to 9900);------------路程
end;
architecture one of taxi is
signalclk :std_logic;
begin
process(clk10mhz)
             variablecount:integer range 0 to 49999;
begin
     if clk10mhz'event and clk10mhz='1' then
if count=49999 then clk<=not clk; count:=0;
else count:=count+1;
end if;
        end if;
end process;
process(clk,start,speedup)
     variable money_reg,distance_reg:integer range 0 to 9900;--------车费和
路程的寄存器
     variable num: integer range 0 to 9;------控制车速的计数器
     variable dis: integer range 0 to 100;-----千米计数器
     variable d: std_logic;----------千米标志位
begin
if start='0'then--------------汽车停止,计费和路程清零
     money_reg:=0;
     distance_reg:=0;
     dis:=0;
     num:=0;
else
if clk'event and clk='1' then
     if speedup="000" then --------汽车启动后,计费器开启,起步价为 12 元
         money_reg:=1200;
         distance_reg:=0;
         dis:=0;
         num:=0;
     elsif speedup="001"  then------------1 挡
         if num=9 then
             num:=0;
```

```
            distance_reg:= distance_reg+1;
            dis:=dis+1;
         else num:=num+1;
         end if;
     elsif  speedup="010" then---------2 挡
        if num=9 then
            num:=0;
            distance_reg:= distance_reg+2;
            dis:=dis+2;
         else num:=num+1;
         end if;
     elsif  speedup="011" then---------3 挡
        if num=9 then
            num:=0;
            distance_reg:= distance_reg+5;
            dis:=dis+5;
         else num:=num+1;
         end if;
     elsif  speedup="100"  then---------4 挡
            distance_reg:= distance_reg+1;
            dis:=dis+1;
     elsif  speedup="101"  then---------5 挡
            distance_reg:= distance_reg+5;
            dis:=dis+5;
     elsif  speedup="110"  then --------空挡
            distance_reg:= distance_reg;
            dis:=dis;
     end if;
     if dis>=100 then
            d:='1';
            dis:=0;
       else d:='0';
     end if;
     if distance_reg>=300 then -----------------如果超过 3km 则按 2.4 元/km 计算
        if money_reg<3000 and d='1' then
            money_reg:= money_reg+240;
        elsif money_reg>=3000 and d='1' then
            money_reg:= money_reg+360;
                  ------------当计费器达到 30 元时,每千米加收 50%的车费
        end if;
     end if;
  end if;
  end if;
     money<= money_reg;
     distance<= distance_reg;
  end process;
  end;
```

当 start=1 时，表示出租车点火启动，speedup=000 时表示计费系统开启，speedup=001 时表示汽车以 1 挡速度行驶，此刻的功能仿真波形，如图 4-42 所示。从图中可看出租车计费初始值为 12 元，汽车以 1 挡的速度行驶时，里程数按照每 10 个时钟脉冲进行递增。

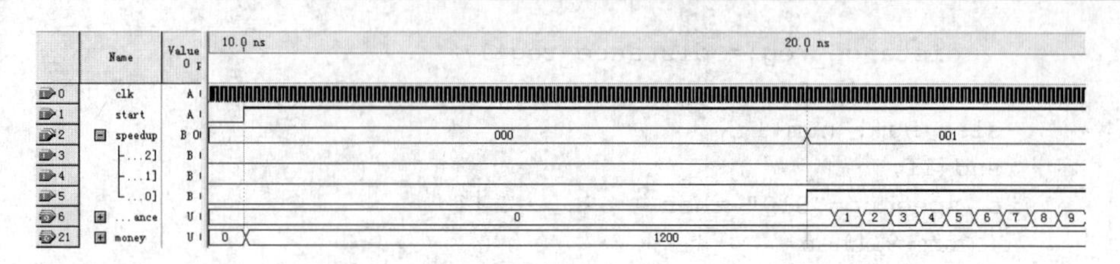

图 4-42 出租车启动情况的功能仿真波形

当 speedup 从 010→011→100 时，表示出租车从 2 挡换至 4 挡行驶的过程，此刻的功能仿真波形，如图 4-43 所示。从图中可看出租车里程数递增情况随速度不同而不同，此时行驶路程还未到 3km，因此计费仍然为初始值 12 元。

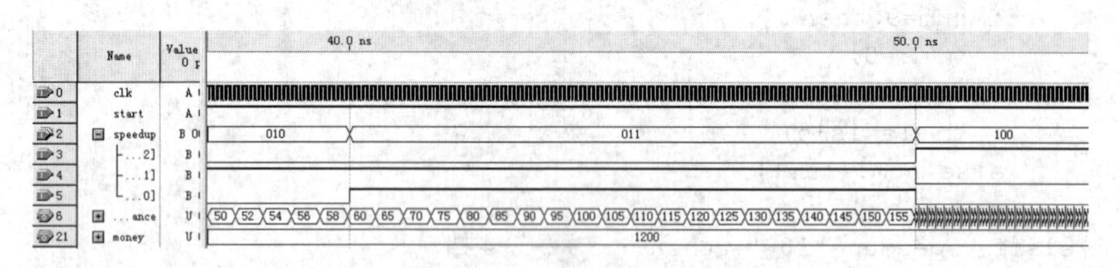

图 4-43 出租车加速情况的功能仿真波形

当 speedup 从 100 增至 101 时，表示出租车从 4 挡增加至 5 挡速度行驶，此刻的功能仿真波形，如图 4-44 所示。从图中可看出租车里程数递增频率加快，此时行驶路程超过 3km 之后计费按照 2.4 元/km 增加。

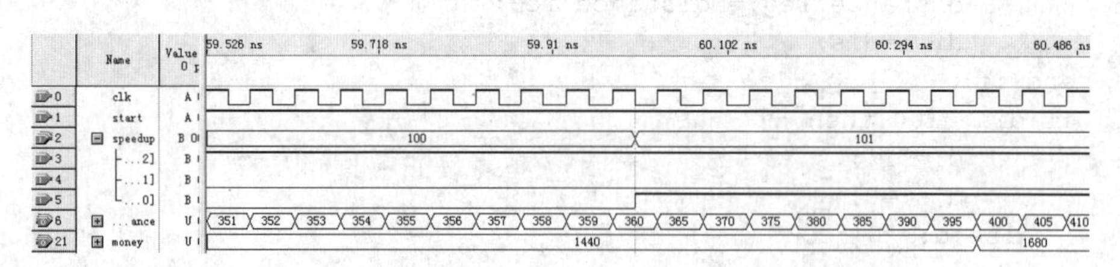

图 4-44 出租车计费情况的功能仿真波形

当 speedup 从 101 增至 110 时，表示出租车从 5 挡归置空挡，此刻的功能仿真波形，如图 4-45 所示。从图中可看出租车计费额已经超过 30 元，因此计费按照 3.6 元/km。当汽车处于空挡暂停状态时，里程数和计费额都保持不变。

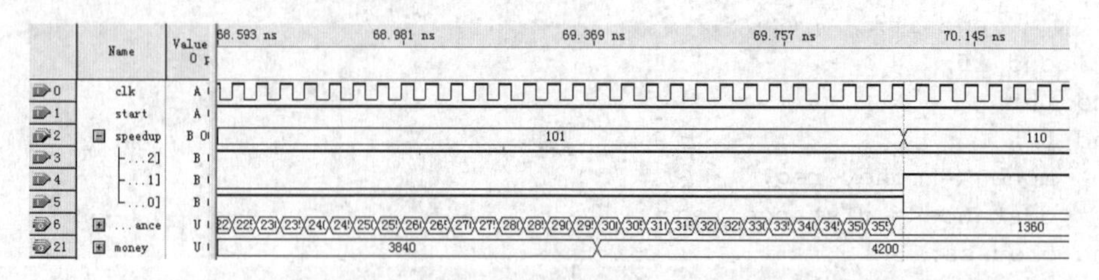

图 4-45 出租车运行至空挡的功能仿真波形

当 start=0 时，表示出租车熄火，此刻的功能仿真波形，如图 4-46 所示。从图中可看出出租车熄火时，里程数和计费额均清零。

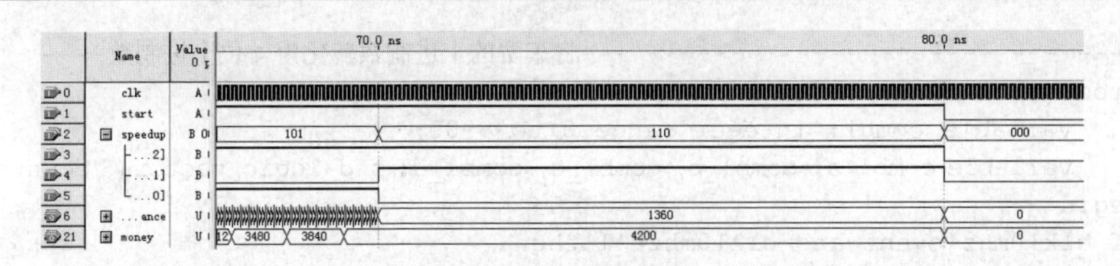

图 4-46　出租车熄火状态的功能仿真波形

2. 译码显示模块的设计

本次设计使用 KH-310 实验系统中的 DP1～DP8 共阴极七段数码显示管，相应的 Y*i*（Yg～Ya）为高电平 1 时，对应的数码管点亮。数码管采用动态扫描显示的方式进行显示，表示十进制数。8 个七段数码管采用动态点亮显示车费和路程的数值，小数点由 dp 表示。

与控制模块类似，译码显示模块的 VHDL 语言程序编写并调试成功后，可生成以下实体图，如图 4-47 所示。

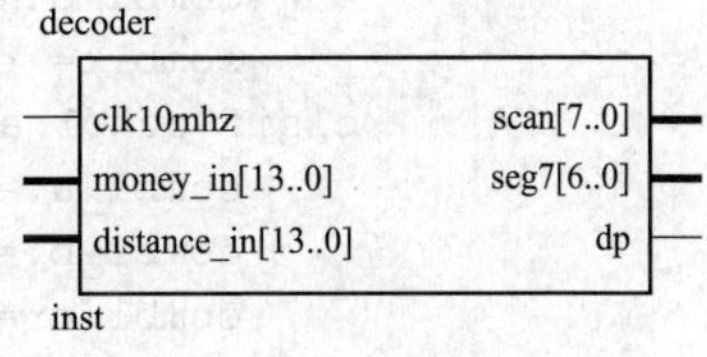

图 4-47　译码显示模块实体

建立 decoder 工程，其 VHDL 文本描述如下：

```
library ieee;
use ieee.std_logic_1164.all;
use ieee.std_logic_unsigned.all;

entity decoder is
port(clk10mhz:in std_logic;------------------------系统时钟 10MHz
money_in:in integer range 0 to 9900;------车费
distance_in:in integer range 0 to 9900;-----路程
scan:out std_logic_vector(7 downto 0);-----7 段显示控制信号(a、b、c、d、e、f、g)
seg7:out std_logic_vector(6 downto 0);-----数码管地址选择信号
dp:out std_logic);-------------------------------小数点
end;

architecture one of decoder is
signal clk1khz:std_logic;----------1kHz 的分频时钟,用于扫描数码管地址
signal data: std_logic_vector(3 downto 0);
signal m_one,m_ten,m_hun,m_tho: std_logic_vector(3 downto 0);---车费的 4 位
十进制表示
signal d_one,d_ten,d_hun,d_tho: std_logic_vector(3 downto 0);-------路程的
4 位十进制表示
begin
----------------------------------1kHz 分频,用于扫描数码管地址-----------
process(clk10mhz)
variable count:integer range 0 to 4999;
begin
if clk10mhz'event and clk10mhz='1' then
  if count=4999 then clk1khz<=not clk1khz;count:=0;
  else count:=count+1;
  end if;
end if;
end process;
```

```
    ---------------------------------将车费的十进制数转化为 4 位十进制数----
    process(clk10mhz,money_in)
        variable comb1: integer range 0 to 9900;
        variable comb1_a, comb1_b, comb1_c, comb1_d: std_logic_vector(3 downto 0);
    begin
    if clk10mhz'event and clk10mhz='1'then
        if comb1< money_in then
            if comb1_a=9 and comb1_b=9 and comb1_c=9 then
                comb1_a:="0000";
                comb1_b:="0000";
                comb1_c:="0000";
                comb1_d:= comb1_d+1;
                comb1:= comb1+1;
            elsif comb1_a=9 and comb1_b=9 then
                comb1_a:="0000";
                comb1_b:="0000";
                comb1_c:= comb1_c+1;
                comb1:= comb1+1;
            elsif comb1_a=9 then
                comb1_a:="0000";
                comb1_b:= comb1_b+1;
                comb1:= comb1+1;
            else
    comb1_a:= comb1_a+1;
                comb1:= comb1+1;
            end if;
        elsif comb1=money_in then
            m_one<= comb1_a;
            m_ten<= comb1_b;
            m_hun<= comb1_c;
            m_tho<= comb1_d;
        elsif comb1>money_in then
            comb1_a:="0000";
            comb1_b:="0000";
            comb1_c:="0000";
            comb1_d:="0000";
            comb1:=0;
        end if;
    end if;
    end process;
    -------------------------将路程的十进制数转换为 4 位十进制数------------------
    process(clk10mhz, distance_in)
        variable comb2: integer range 0 to 9900;
        variable comb2_a, comb2_b, comb2_c, comb2_d: std_logic_vector(3 downto
0);
    begin
    if clk10mhz'event and clk10mhz='1'then
        if comb2< distance_in then
            if comb2_a=9 and comb2_b=9 and comb2_c=9 then
                comb2_a:="0000";
                comb2_b:="0000";
```

```
            comb2_c:="0000";
            comb2_d:= comb2_d+1;
            comb2:= comb2+1;
        elsif comb2_a=9 and comb2_b=9 then
            comb2_a:="0000";
            comb2_b:="0000";
            comb2_c:= comb2_c+1;
            comb2:= comb2+1;
        elsif comb2_a=9 then
            comb2_a:="0000";
            comb2_b:= comb2_b+1;
            comb2:= comb2+1;
        else
comb2_a:= comb2_a+1;
            comb2:= comb2+1;
        end if;
    elsif comb2= distance_in then
        d_one<= comb2_a;
        d_ten<= comb2_b;
        d_hun<= comb2_c;
        d_tho<= comb2_d;
    elsif comb2> distance_in then
        comb2_a:="0000";
        comb2_b:="0000";
        comb2_c:="0000";
        comb2_d:="0000";
        comb2:=0;
    end if;
end if;
end process;
-----------------------------数码管动态扫描----------------------------------
Process(clk1khz,m_one,m_ten,m_hun,m_tho,d_one,d_ten,d_hun,d_tho)
Variable cnt:std_logic_vector(2 downto 0);
begin
if clk1khz'event and clk1khz='1' then
    cnt:=cnt+1;
end if;
case cnt is
    when"000"=>data<= m_one;dp<='0';scan<="00000001";
    when"001"=>data<= m_ten;dp<='0';scan<="00000010";
    when"010"=>data<= m_hun;dp<='1';scan<="00000100";
    when"011"=>data<= m_tho;dp<='0';scan<="00001000";
    when"100"=>data<= d_one;dp<='0';scan<="00010000";
    when"101"=>data<= d_ten;dp<='0';scan<="00100000";
    when"110"=>data<= d_hun;dp<='1';scan<="01000000";
    when"111"=>data<= d_tho;dp<='0';scan<="10000000";
end case;
end process;
-------------------------------7段译码-------------------------------------
process(data)
begin
```

```
case data is
    when"0000"=>seg7<="1111110";
    when"0001"=>seg7<="0110000";
    when"0010"=>seg7<="1101101";
    when"0011"=>seg7<="1111001";
    when"0100"=>seg7<="0110011";
    when"0101"=>seg7<="1011011";
    when"0110"=>seg7<="1011111";
    when"0111"=>seg7<="1110000";
    when"1000"=>seg7<="1111111";
    when"1001"=>seg7<="1111011";
    when others=>seg7<="0000000";
end case;
end process;
end;
```

将扫描数码管的分频系数改小之后对译码显示模块 decoder 的功能仿真波形如图 4-48 所示。进行译码的时钟频率必须比汽车的计费时钟高得多才能实时显示出车费和路程的变化，这里直接采用晶振时钟 10MHz 即可。其中 comb1 和 comb2 是采用高频时钟控制的计数器，当输入车费 money_in 和路程 distance_in 的数据后，此计数器开始计数，直到与车费和路程的数值相等后才停止，这样就实现了大整数到多位十进制数的转换。d_tho、d_hun、d_ten、d_one 为路程的 4 位十进制数表示，m_tho、m_hun、m_ten、m_one 为车费的 4 位十进制数表示。可以看出当输入的车费和路程为不同的值时，用高频计数器转换后均输出对应的 4 位十进制数。

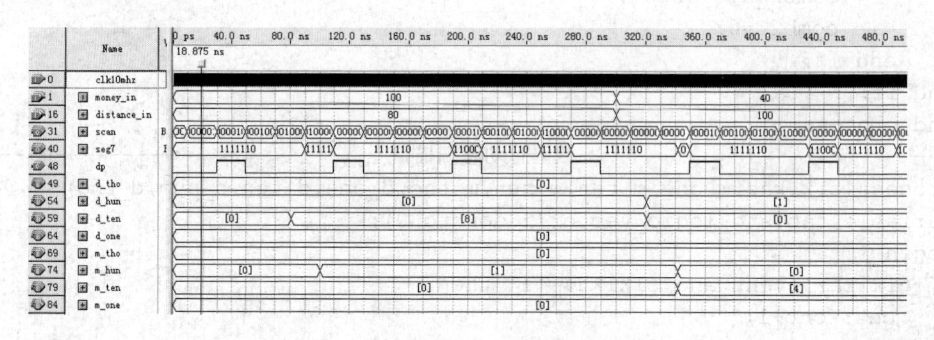

图 4-48 译码显示模块的功能仿真波形

3. 顶层模块的设计

本次设计采用混合编辑法，在 VHDL 文本设计两个模块的基础上，使用原理图编辑方法实现顶层文件的设计，其电路图如图 4-49 所示。其中，taxi 为控制模块，decoder 为译码显示模块。

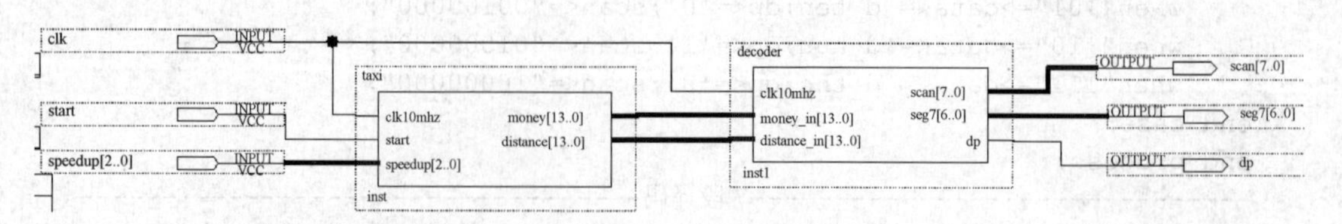

图 4-49 出租车计费系统电路图

将工程设计完成之后，按照图 4-50 所示分配管脚，确认编程器中.sof 文件为当前工程 taxi_main 的配置文件，单击“Start”，开始下载。下载完成后，根据 SW7 输入的频率观察 8 个数码管的显示结果状态是否正确。

当 start 拨动开关为 1，speedup 拨至“000”时，左侧路程四位数码管应显示为 00.00，右侧计费数码管应显示为 12.00。

当 start 保持 1 不变，speedup 拨至“001”→“010”→“011”→“100”→“101”时，左侧路程四位数码管应能根据不同的速度挡位，按不同频率递增，右侧计费数码管也应有相应的变化显示。路程每增加 1km，计费增加 2.4 元，当路费超过 30 元时，计费会按照 3.6 元/km 进行增加。

	Node Name	Direction	Location
1	clk	Input	PIN_183
2	dp	Output	PIN_88
3	scan[7]	Output	PIN_89
4	scan[6]	Output	PIN_90
5	scan[5]	Output	PIN_92
6	scan[4]	Output	PIN_93
7	scan[3]	Output	PIN_94
8	scan[2]	Output	PIN_95
9	scan[1]	Output	PIN_96
10	scan[0]	Output	PIN_97
11	seg7[6]	Output	PIN_73
12	seg7[5]	Output	PIN_74
13	seg7[4]	Output	PIN_75
14	seg7[3]	Output	PIN_83
15	seg7[2]	Output	PIN_85
16	seg7[1]	Output	PIN_86
17	seg7[0]	Output	PIN_87
18	speedup[2]	Input	PIN_8
19	speedup[1]	Input	PIN_9
20	speedup[0]	Input	PIN_10
21	start	Input	PIN_7

图 4-50 管脚分配图

4.5 交通灯控制系统的设计

一、实验目的

（1）学习 VHDL 程序的基本设计方法。

（2）掌握七段译码管的原理和实用方法。

（3）学习使用 Quartus II 文本输入工具输入 VHDL 代码，以及编译工具和仿真工具的使用。

二、实验环境

（1）软件环境：Quartus II 8.0 版本。

（2）硬件环境：KH-310。

三、实验任务

设计并实现一个十字路口交通灯控制系统。设计过程要求采用自顶向下的模块化设计方法。

（1）交通灯从绿色变成红色时，要经过黄色的过渡，黄色灯点亮的时间为 5s。

（2）交通灯从红色变成绿色时，不需要经过黄色的过渡，直接由红色变成绿色，绿色灯点亮的时间为 25s，红色灯点亮的时间为 20s。

（3）各种灯点亮时，要实现时间的倒计时显示。

四、实验原理及设计

假设十字路口的方向为 X 方向和 Y 方向，对两个方向需要两个控制模块来控制交通灯的点亮，还需要时间的倒计时显示，即需要有显示模块，因此系统的总设计模块图如图 4-51 所示。

从图 4-51 可以看出，整个系统有三个模块组成，分别是 X 方向控制模块、Y 方向控制模块和显示模块。其中显示模块又包含三个子模块，分别是数码管选择模块、数据分配模块和数码管驱动模块。

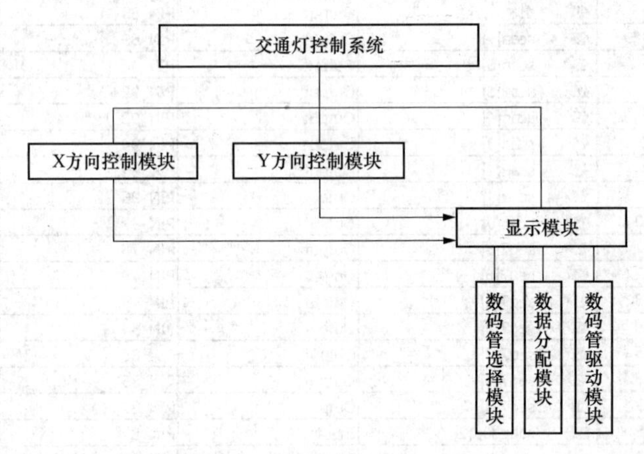

图 4-51　交通灯控制系统模块图

1. 控制模块设计

控制模块是整个交通灯控制系统的核心部分，实现了交通灯三种颜色的交替点亮和时间的倒计时控制。

将十字路口的方向分为 X 方向和 Y 方向，每个方向上的交通灯的转换方式如图 4-52 所示，状态转移图如图 4-53 所示。

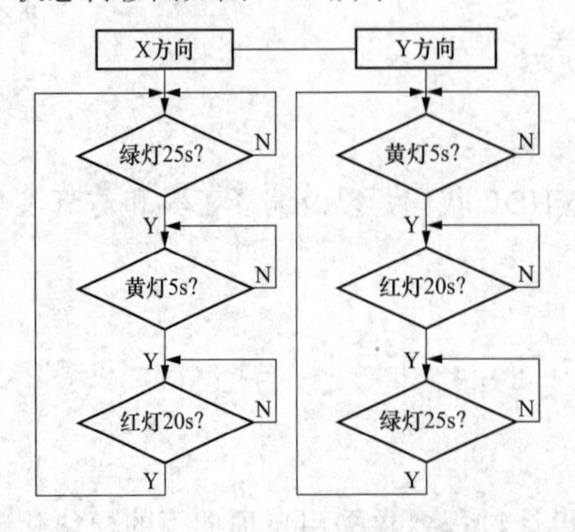

图 4-52　交通灯的转换方式

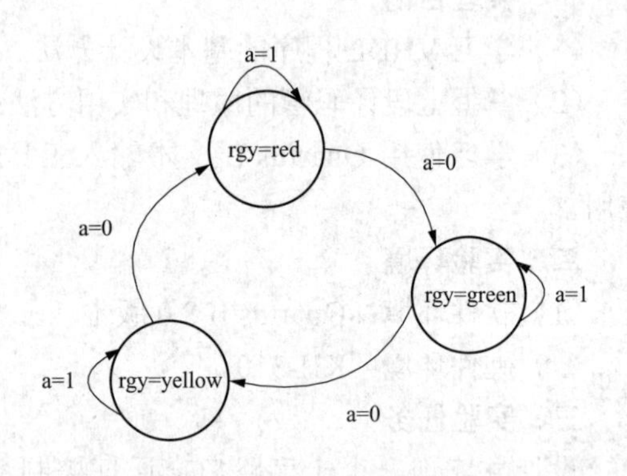

图 4-53　交通灯状态转移图

X 方向的控制程序如下：

```
LIBRARY IEEE;
USE IEEE.STD_LOGIC_1164.ALL;
USE IEEE.STD_LOGIC_UNSIGNED.ALL;

ENTITY jiaotongdeng_X is
port(clk:in std_logic;
    r,g,y:out std_logic;
    timh,timl:out std_logic_vector(3 downto 0));
end jiaotongdeng_X;

architecture a of jiaotongdeng_X is
   type rgy is(green,yellow,red);
     begin
        process(clk)
           variable a:std_logic;
           variable th,tl:std_logic_vector(3 downto 0);
           variable state:rgy;
             begin
              if(clk'event and clk='1') then
                 case state is
                       when  green=>
                          if a='0'then
                             th:="0010";
                             tl:="0100";
                             a:='1';
                             g<='1';
                             r<='0';
                             y<='0';
                          else
                            if not(th="0000" and tl="0001") then
                             if tl="0000" then
                                 tl:="1001";
                                 th:=th-1;
                             else
                                 tl:=tl-1;
                             end if;
                            else
                             th:="0000";
                             tl:="0000";
                             a:='0';
                             state:=yellow;
                            end if;
                           end if;
                        when yellow=>
                           if a='0'then
                             th:="0000";
                             tl:="0100";
                             a:='1';
                             y<='1';
```

```
                    g<='0';
                    r<='0';
                else
                  if not(th="0000" and tl="0001") then
                    tl:=tl-1;
                   else
                    th:="0000";
                    tl:="0000";
                    a:='0';
                    state:=red;
                  end if;
                 end if;
            when  red=>
                if a='0'then
                    th:="0001";
                    tl:="1001";
                    a:='1';
                    r<='1';
                    y<='0';
                    g<='0';
                else
                  if not(th="0000" and tl="0001") then
                    if tl="0000" then
                         tl:="1001";
                         th:=th-1;
                    else
                         tl:=tl-1;
                    end if;
                  else
                    th:="0000";
                    tl:="0000";
                    a:='0';
                    state:=green;
                  end if;
                end if;
            end case;
        end if;
          timh<=th;
          timl<=tl;
    end process;
end a;
```

在以上程序中，实体部分定义的输入时钟信号 clk 为 1Hz 的脉冲信号，r、g、y 为接交通灯的信号，timh 和 timl 为时间显示信号的十位和个位值。

在结构体中定义了交通灯显示状态 rgy，显示状态的顺序为绿、黄、红（green、yellow、red）。在进程中进行交通灯点亮的循环操作和倒计时，定义了变量 a 为倒计时的标志。a 为 0 时表示倒计时开始，此时设置倒计时的初始值和哪种颜色的灯点亮，并将 a 置 1；a 为 1 时表示倒计时在进行中，当倒计时计到时间的高位和地位均为零时，a 置 0，并将状态设置为下一种该点亮的交通灯。

X 方向控制程序的波形仿真如图 4-54 所示。

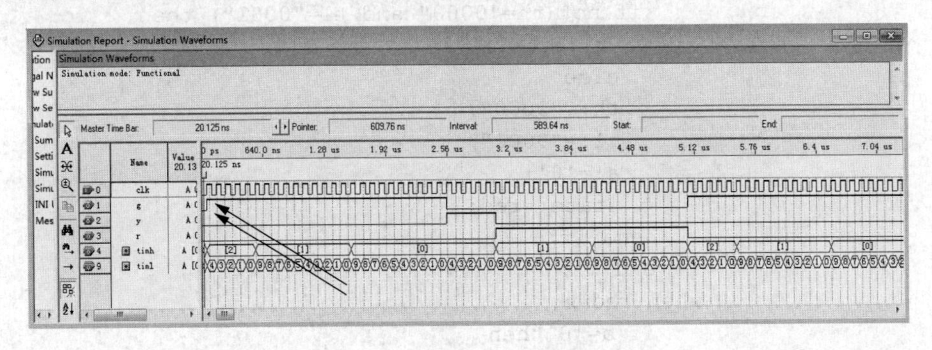

图 4-54 X 方向控制程序的波形仿真

在图 4-54 中，箭头处此时绿灯亮，即 g 为 1，y 和 r 均为 0，输出的倒计时从 24s（timh 为 2，timl 为 4）到 0s（timh 为 0，timl 为 0）。接下来是黄灯亮，即 y 为 1，g 和 r 均为 0，输出的倒计时从 4s（timh 为 0，timl 为 4）到 0s（timh 为 0，timl 为 0）。最后是红灯亮，即 r 为 1，g 和 y 均为 0，输出的倒计时从 19s（timh 为 1，timl 为 9）到 0s（timh 为 0，timl 为 0）。

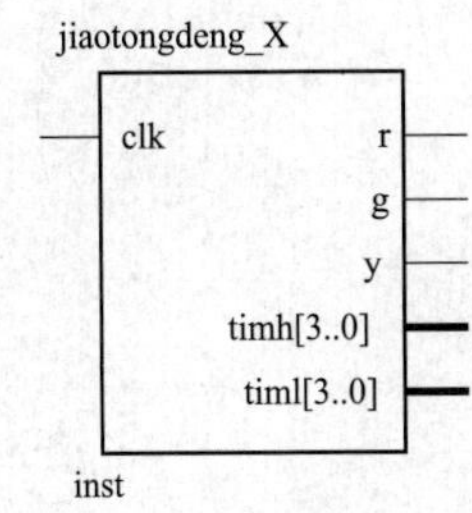

图 4-55 X 方向控制程序的符号

X 方向控制程序的符号如图 4-55 所示。

Y 方向的控制程序如下：

```
LIBRARY IEEE;
USE IEEE.STD_LOGIC_1164.ALL;
USE IEEE.STD_LOGIC_UNSIGNED.ALL;
ENTITY jiaotongdeng_Y is
port(clk:in std_logic;
    r,g,y:out std_logic;
    timh,timl:out std_logic_vector(3 downto 0));
end jiaotongdeng_Y;

architecture a of jiaotongdeng_Y is
  type rgy is(yellow,red,green);
    begin
      process(clk)
        variable a:std_logic;
        variable th,tl:std_logic_vector(3 downto 0);
        variable state:rgy;
          begin
           if(clk'event and clk='1') then
             case state is
                when  yellow=>
                    if a='0'then
                        th:="0000";
                        tl:="0100";
                        a:='1';
                        y<='1';
                        g<='0';
                        r<='0';
```

```
          else
            if not(th="0000" and tl="0001") then
              tl:=tl-1;
             else
             th:="0000";
             tl:="0000";
             a:='0';
             state:=red;
           end if;
          end if;
      when red=>
          if a='0'then
             th:="0001";
             tl:="1001";
             a:='1';
             r<='1';
             g<='0';
             y<='0';
         else
           if not(th="0000" and tl="0001") then
              if tl="0000" then
                  tl:="1001";
                  th:=th-1;
             else
                  tl:=tl-1;
             end if;
           else
             th:="0000";
             tl:="0000";
             a:='0';
             state:=green;
           end if;
         end if;
     when  green=>
         if a='0'then
             th:="0010";
             tl:="0100";
             a:='1';
             g<='1';
             y<='0';
             r<='0';
         else
           if not(th="0000" and tl="0001") then
             if tl="0000" then
                  tl:="1001";
                  th:=th-1;
             else
                  tl:=tl-1;
             end if;
```

```
                    else
                      th:="0000";
                      tl:="0000";
                      a:='0';
                      state:=yellow;
                    end if;
                  end if;
                end case;
            end if;
              timh<=th;
              timl<=tl;
        end process;
    end a;
```

从以上程序可以看出，Y 方向的程序和 X 方向的程序只在交通灯点亮的初始状态上有差别，其他完全相同。

Y 方向控制程序的波形仿真如图 4-56 所示。

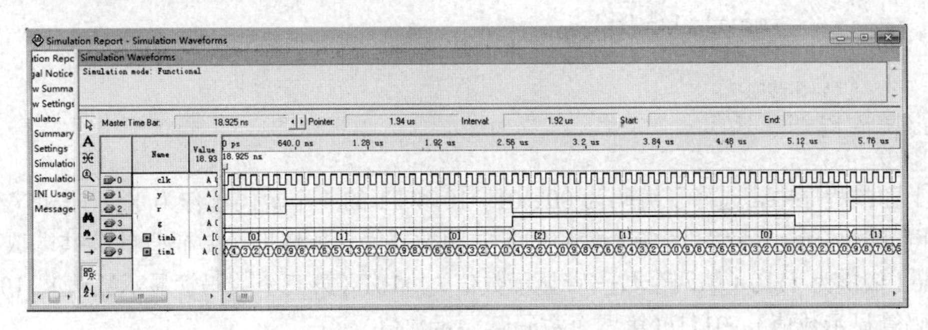

图 4-56 Y 方向控制程序的波形仿真

Y 方向控制程序的符号如图 4-57 所示。

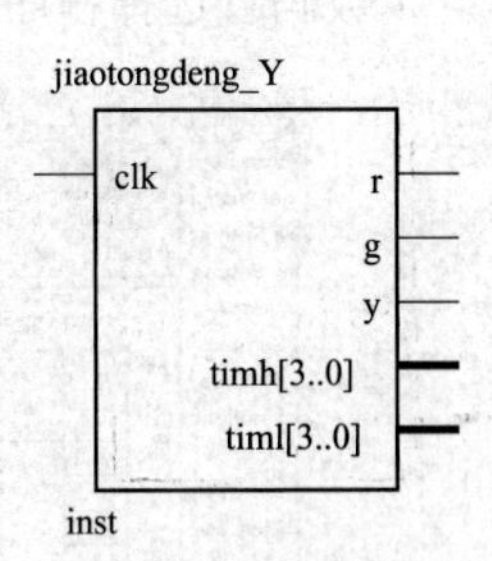

图 4-57 Y 方向控制程序的符号

2. 显示模块设计

显示模块又分为三个子模块：数码管选择模块、数据分配模块和数码管显示模块。

（1）数码管选择模块。在实验箱上有 8 个数码管，选择其中的两对共 4 个数码管作为 X 方向和 Y 方向的倒计时显示。数码管的选择程序如下：

```
LIBRARY IEEE;
USE IEEE.STD_LOGIC_1164.ALL;
USE IEEE.STD_LOGIC_UNSIGNED.ALL;

entity sel is
  port(clk:in std_logic;
       sell:out std_logic_vector(3 downto 0));
end;

architecture a of sel is
signal t:std_logic_vector(1 downto 0);
```

```
begin
  process(clk)
    begin
       if(clk'event and clk='1') then
         t<=t+1;
       end if;
   end process;

  process(t)
  variable tmp:std_logic_vector(3 downto 0);
    begin
         if t="00" then
            tmp:="1110";
          elsif t="01" then
            tmp:="1101";
          elsif t="10" then
            tmp:="1011";
          elsif t="11" then
            tmp:="0111";
         end if;
      sell<=tmp;
  end process;
end a;
```

在上面的程序中，选择了编码为 00、01、10 和 11 的 4 个数码管作为 X 方向和 Y 方向的交通灯倒计时显示。因为实验箱上使用的是共阴数码管，所以四个数码管的公共端依次为低电平，sell 依次为 1110（第四个数码管显示数值）、1101（第三个数码管显示数值）、1011（第二个数码管显示数值）、0111（第四个数码管显示数值）。

数码管选择程序的波形仿真如图 4-58 所示。

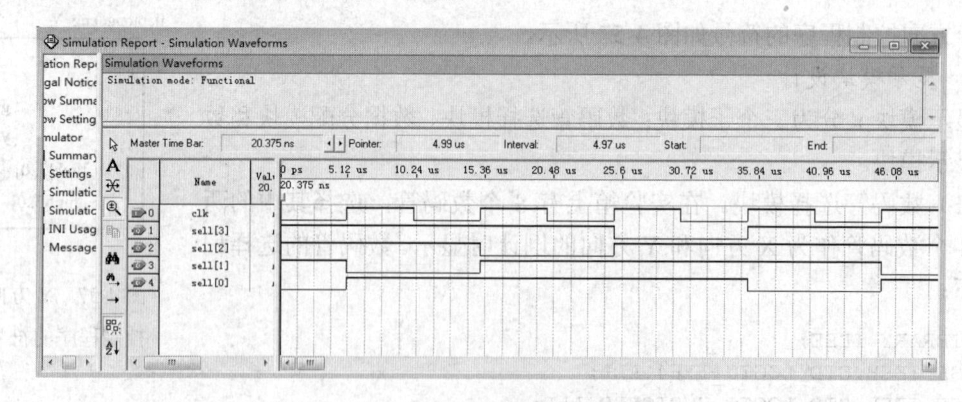

图 4-58　数码管选择程序的波形仿真

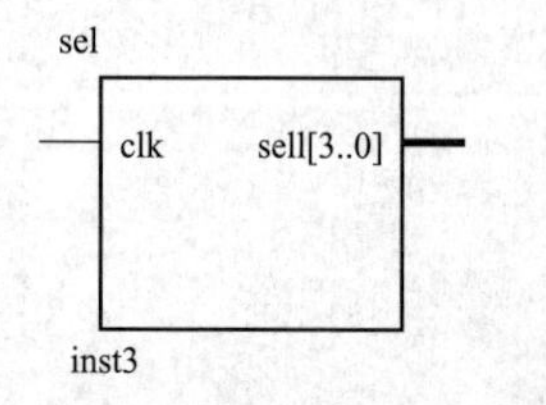

图 4-59　数码管选择程序的符号

数码管选择程序的符号如图 4-59 所示。

（2）数据分配模块。数据分配程序如下：

```
LIBRARY IEEE;
USE IEEE.STD_LOGIC_1164.ALL;

entity fenpei is
```

```
  port(sel:in std_logic_vector(3 downto 0);
      d0,d1,d2,d3:in std_logic_vector(3 downto 0);
      q:out std_logic_vector(3 downto 0));
end;

architecture a of fenpei is
 begin
    process(sel)
      begin
        case sel is
          when "1011"=>q<=d2;
          when "0111"=>q<=d3;
          when "1110"=>q<=d0;
          when others=>q<=d1;
        end case;
    end process;
end;
```

在以上程序中，8 个数码管由 case 语句的敏感量 sel 控制，只允许为 1110、1101、1011 和 0111 的 4 个数码管显示，它们显示的数值为 d0、d1、d2、d3。

数据分配程序的仿真波形如图 4-60 所示。

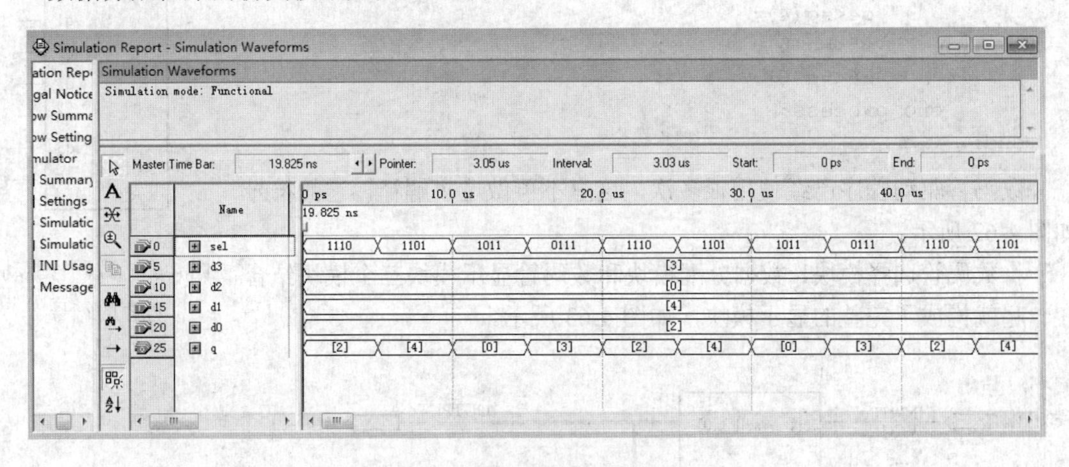

图 4-60 数据分配程序的波形仿真

在图 4-60 中，d0、d1、d2、d3 分别被置为 2、4、0、3，当 sel 为 1110 和 1101 时，输出 q 值为 2 和 4，当 sel 为 1011 和 0111 时，输出 q 值为 0 和 3，符合设计要求。

数据分配程序的符号如图 4-61 所示。

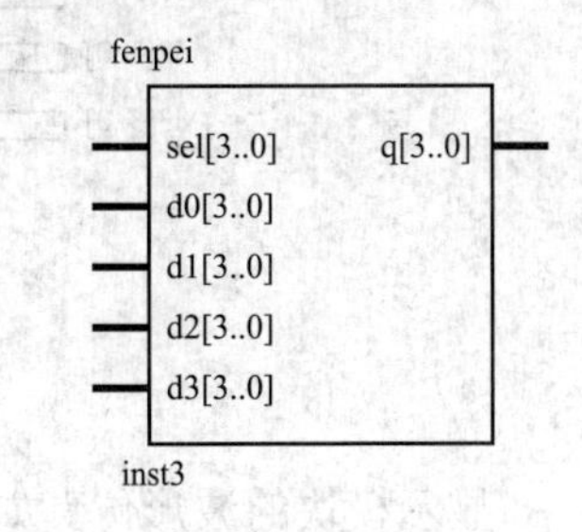

图 4-61 数据分配程序的符号

（3）数码管驱动模块。数码管的驱动程序如下：

```
LIBRARY IEEE;
USE IEEE.STD_LOGIC_1164.ALL;

entity dispa is
  port(d:in std_logic_vector(3 downto 0);
      q0,q1,q2,q3,q4,q5,q6:out std_logic);
end;
```

```
architecture a of dispa is
   begin
       process(d)
       variable q:std_logic_vector(6 downto 0);
          begin
             case d is
               when"0000"=>q:="0111111";
               when"0001"=>q:="0000110";
               when"0010"=>q:="1011011";
               when"0011"=>q:="1001111";
               when"0100"=>q:="1100110";
               when"0101"=>q:="1101101";
               when"0110"=>q:="1111101";
               when"0111"=>q:="0100111";
               when"1000"=>q:="1111111";
               when others=>q:="1101111";
             end case;
             q0<=q(0);
             q1<=q(1);
             q2<=q(2);
             q3<=q(3);
             q4<=q(4);
             q5<=q(5);
             q6<=q(6);
       end process;
end;
```

数码管驱动程序已经使用很多次，这里不再做过多解释，它的符号如图 4-62 所示。

图 4-62 数码管驱动程序的符号

将数码管选择模块、数据分配模块和数码管显示模块三个模块结合在一起就构成了完整的显示模块，如图 4-63 所示。

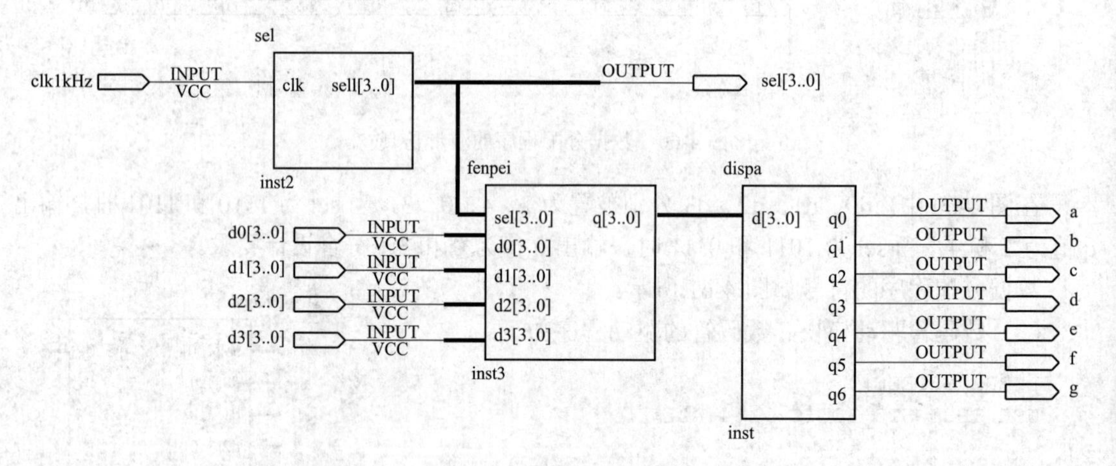

图 4-63 显示模块的电路图

显示模块的波形仿真如图 4-64 所示。

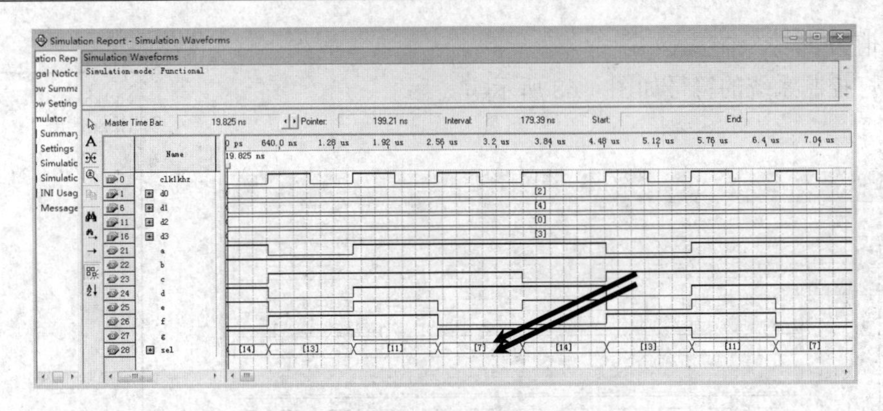

图 4-64 显示模块的波形仿真

从图 4-64 中可以看出，由 sel 选择的数码管编号是 1110（14）、1101（13）、1011（11）、0111（7）。图中设置 d0、d1、d2、d3 的值分别为 2、4、0、3，对应时钟信号的变化，输出的数码管的 a、b、c、d、e、f、g 七段显示是正确的。例如图中箭头处显示编码为 0111 的数码管，对应的显示数字为 3，此时对应数码管七段的值为 1111001（a～g）。

显示模块的符号如图 4-65 所示。

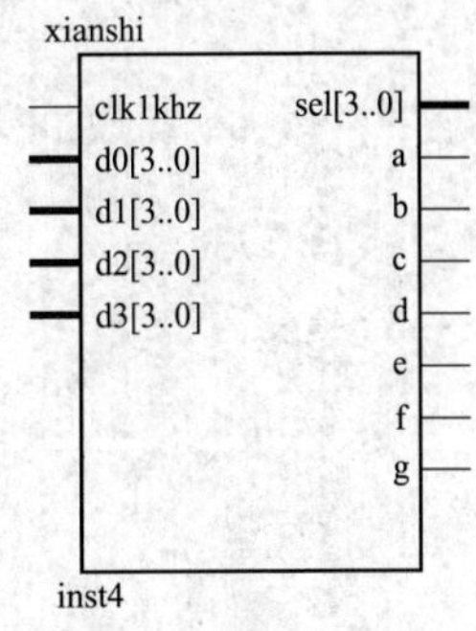

图 4-65 显示模块的符号

3. 综合设计

整个交通灯控制系统模块图如图 4-66 所示。

由图 4-66 可以看出，整个系统由三大模块组成，图中有两个时钟信号，一个是 1Hz 的信号，供 X 和 Y 方向的控制模块使用；另一个是 1kHz 的时钟信号，供显示模块使用。

交通灯控制系统的波形仿真如图 4-67 所示。

在图 4-67 中，箭头处对应的是 X 方向的绿灯点亮，即 gx 为 1，Y 方向的黄灯点亮，即 yy 为 1。与此同时，sel 为 1110（14），数码

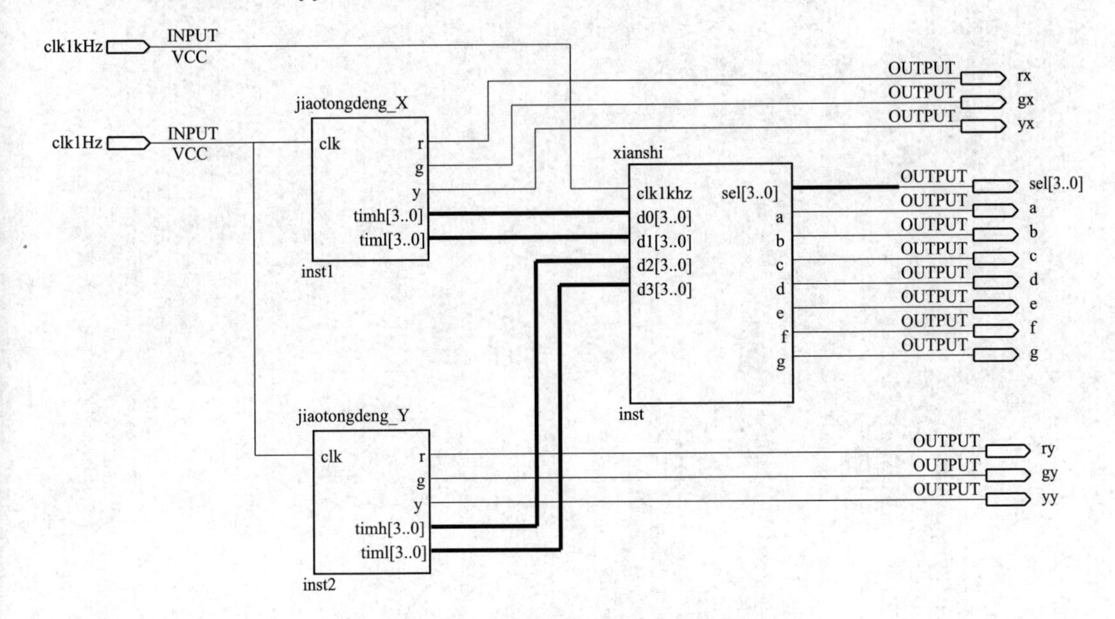

图 4-66 交通灯控制系统整体模块图

管显示的值为 2。

交通灯控制系统的符号如图 4-68 所示。

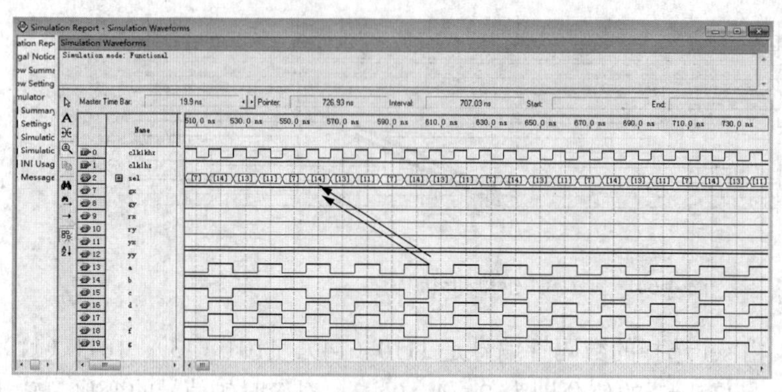

图 4-67　交通灯控制系统的波形仿真

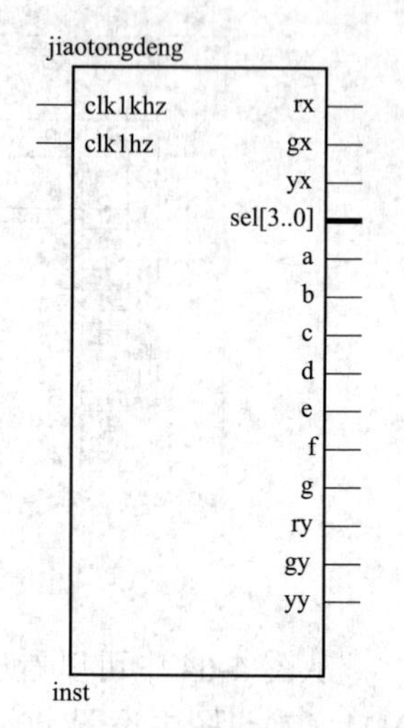

图 4-68　交通灯控制系统的符号

附录A I/O对照表

EP1C6 EP1C12 （240PIN）	EP1K30 EP1K50 EP1K100 （208PIN）	EPF10K10 （144PIN）	负载区脚位	EP1C6 EP1C12 （240PIN）	EP1K30 EP1K50 EP1K100 （208PIN）	EPF10K10 （144PIN）	负载区脚位
PIN1	PIN7	PIN55	I01	PIN44	PIN40	PIN33	O26
PIN2	PIN8	PIN124	I02	PIN45	PIN41	PIN36	O27
PIN3	PIN9	PIN125	I03	PIN46	PIN44	PIN37	O28
PIN4	PIN10	PIN126	I04	PIN47	PIN45	PIN38	O29
PIN5	PIN11	PIN08	I05	PIN48	PIN46	PIN39	O30
PIN6	PIN12	PIN09	I06	PIN49	PIN47	PIN41	O31
PIN7	PIN13	PIN10	I07	PIN50	PIN53	PIN42	O32
PIN8	PIN14	PIN11	I08	PIN53	PIN54	—	O33
PIN11	PIN15	PIN12	I09	PIN54	PIN55	—	O34
PIN12	PIN16	PIN13	I10	PIN55	PIN56	—	O35
PIN13	PIN17	PIN14	I11	PIN56	PIN57	—	O36
PIN14	PIN18	PIN17	I12	PIN57	PIN58	—	O37
PIN15	PIN19	PIN18	I13	PIN58	PIN60	—	O38
PIN16	PIN24	PIN19	I14	PIN59	PIN61	—	O39
PIN17	PIN25	PIN20	I15	PIN60	PIN62	—	O40
PIN18	PIN26	PIN21	I16	PIN61	PIN63	—	O41
PIN19	PIN27	PIN22	I17	PIN62	PIN64	—	O42
PIN20	PIN28	PIN23	I18	PIN63	PIN65	—	O43
PIN21	PIN29	PIN26	I19	PIN64	PIN67	—	O44
PIN23	PIN30	PIN27	I20	PIN65	PIN68	—	O45
PIN38	PIN31	PIN28	I21	PIN66	PIN69	—	O46
PIN39	PIN36	PIN29	I22	PIN67	PIN70	—	O47
PIN41	PIN37	PIN30	I23	PIN68	PIN71	—	O48
PIN42	PIN38	PIN31	I24	PIN73	PIN73	—	O50
PIN43	PIN39	PIN32	O25	PIN74	PIN74	—	O51
PIN79	PIN87	PIN43	O56	PIN75	PIN75	—	O52
*PIN80	—	PIN44	EX01	PIN76	PIN83	—	O53
*PIN81	—	PIN46	EX02	PIN77	PIN85	—	O54
PIN82	PIN88	PIN47	SO57	PIN78	PIN86	—	O55
PIN83	PIN89	—	SO58	PIN117	PIN121	—	IO80
PIN84	PIN90	—	SO59	PIN118	PIN122	—	IO81
PIN85	PIN92	—	SO60	PIN119	PIN125	PIN49	IO82
PIN86	PIN93	—	SO61	PIN120	PIN126	PIN48	IO83

续表

EP1C6 EP1C12 （240PIN）	EP1K30 EP1K50 EP1K100 （208PIN）	EPF10K10 （144PIN）	负载区脚位	EP1C6 EP1C12 （240PIN）	EP1K30 EP1K50 EP1K100 （208PIN）	EPF10K10 （144PIN）	负载区脚位
PIN87	PIN94	—	SO62	PIN121	PIN127	—	IO84
PIN88	PIN95	—	SO62	PIN122	PIN128	—	CT85
PIN93	PIN96	—	SO64	PIN123	PIN131	—	CT86
PIN94	PIN97	—	SO65	PIN124	PIN132	—	CT87
PIN95	PIN99	—	SO66	PIN125	PIN133	—	CT88
*PIN96	—	—	EX03	PIN126	PIN134	—	CT89
*PIN97	—	—	EX04	PIN127	PIN135	—	KIO90
PIN98	PIN100	—	SO69	PIN128	PIN136	—	KIO91
PIN99	PIN101	—	IO68	PIN131	PIN139	—	KIO92
PIN100	PIN102	—	IO69	PIN132	PIN140	—	KIO93
PIN101	PIN103	—	IO70	PIN133	PIN141	—	KIO94
*PIN102	—	—	EX05	PIN134	PIN142	—	KIO95
*PIN103	—	—	EX06	PIN135	PIN143	PIN60	KIO96
PIN104	PIN104	—	IO71	PIN136	PIN144	PIN62	KIO97
PIN105	PIN111	—	IO72	PIN137	PIN147	PIN64	M98
PIN106	PIN112	—	IO73	PIN138	PIN148	PIN63	M99
PIN107	PIN113	—	CT74	PIN139	PIN149	PIN67	M100
PIN108	PIN114	—	CT75	PIN140	PIN150	PIN65	M101
PIN113	PIN115	—	CT76	PIN141	PIN157	PIN69	M102
PIN114	PIN116	—	IO77	PIN143	PIN158	PIN68	M103
PIN115	PIN119	—	IO78	PIN144	PIN159	PIN72	M104
PIN116	PIN120	—	IO79	PIN156	PIN160	PIN70	M105
PIN162	—	PIN81	M110	PIN158	—	PIN78	M106
PIN163	—	PIN86	M111	PIN159	—	PIN80	M107
PIN164	—	PIN83	M112	PIN160	—	PIN79	M108
PIN165	—	PIN88	M113	PIN161	—	PIN82	M109
PIN166	—	PIN87	M114	*PIN198	—	—	EX07
PIN167	—	PIN90	M115	*PIN199	—	—	EX08
PIN168	—	PIN89	M116	PIN200	PIN173	—	M140
PIN169	—	PIN92	M117	PIN201	PIN174	—	M141
PIN170	—	PIN91	M118	PIN202	PIN175	—	M142
PIN173	—	PIN96	M119	PIN203	PIN176	—	M143
PIN174	—	PIN95	M120	*PIN204	—	—	EX09
PIN175	—	PIN98	M121	*PIN205	—	—	EX10

续表

EP1C6 EP1C12 （240PIN）	EP1K30 EP1K50 EP1K100 （208PIN）	EPF10K10 （144PIN）	负载区脚位	EP1C6 EP1C12 （240PIN）	EP1K30 EP1K50 EP1K100 （208PIN）	EPF10K10 （144PIN）	负载区脚位
PIN176	PIN161	PIN97	M122	PIN206	PIN177	—	M144
PIN177	PIN162	—	M123	PIN207	PIN179	—	M145
PIN178	—	—	M124	PIN208	PIN180	—	M146
PIN179	—	—	M125	PIN213	PIN187	—	M147
PIN180	—	—	M126	PIN214	PIN189	—	M148
PIN181	—	—	M127	PIN215	PIN190	—	M149
PIN182	—	—	M128	PIN216	PIN191	—	M150
PIN183	—	—	M129	PIN217	PIN193	—	M151
PIN184	—	—	M130	PIN218	PIN195	—	M152
PIN185	—	—	M131	PIN219	PIN196	—	M153
PIN186	PIN163	—	M132	*PIN220	—	—	EX11
PIN187	PIN164	—	M133	*PIN221	—	—	EX12
PIN188	PIN166	—	M134	PIN222	PIN197	—	M154
PIN193	PIN167	—	M135	PIN223	PIN198	—	M155
PIN194	PIN168	—	M136	PIN224	PIN199	—	M156
PIN195	PIN169	—	M137	PIN225	PIN200	—	M157
PIN196	PIN170	—	M138	PIN226	PIN202	—	M158
PIN197	PIN172	—	M139	PIN227	PIN203	—	M159
PIN236	PIN78	—	EPI0	PIN228	PIN205	—	M160
PIN237	PIN80	—	EPI2	PIN233	—	—	M161
PIN238	PIN182	—	EPI1	PIN234	—	—	M162
PIN239	PIN184	—	EPI3	PIN235	—	—	M163
PIN240	—	—	EPI05				
PIN28	PIN79	—	CLK				
PIN29	—	—	GCLK2				
PIN152	PIN183	—	SW7/GCK				

参 考 文 献

[1] 潘松，黄继业. EDA 技术与 VHDL [M]. 4 版. 北京：清华大学出版社，2013.

[2] 周润景，苏良碧. 基于 Quartus II 的 FPGA/CPLD 数字系统设计实例 [M]. 北京：电子工业出版社，2013.

[3] 胥勋涛. EDA 技术项目化教程 [M]. 北京：电子工业出版社，2011.

[4] 陈学英，李颖. FPGA 应用实验教程 [M]. 北京：国防工业出版社，2013.

[5] 高有堂，徐源. EDA 技术与创新实践 [M]. 北京：机械工业出版社，2012.

[6] 郑燕，赫建国. 基于 VHDL 与 Quartus II 软件的可编程逻辑器件应用与开发 [M]. 北京：国防工业出版社，2011.

[7] 周淑阁. FPGA/CPLD 系统设计与应用开发 [M]. 北京：电子工业出版社，2011.

[8] 王振红. FPGA 电子系统设计项目实战（VHDL 语言）[M]. 北京：清华大学出版社，2014.

[9] 李裕华，马慧敏. FPGA 硬件软件设计及项目开发 [M]. 西安：西安交通大学出版社，2014.

[10] 张鹏南，孙宇，夏洪洋. 基于 Quartus II 的 VHDL 数字系统设计入门与应用实例 [M]. 北京：电子工业出版社，2012.